21世纪高等学校数字媒体专业规划教材

3ds Max 三维动画制作教程

刘宁　编著

清华大学出版社
北　京

内 容 简 介

本书是一本有关 3ds Max 的基础教材，本书从制作效果图的一般步骤出发，从建模，到添加材质、贴图，添加灯光、摄影机，动画制作、Photoshop 后期制作效果图，作者从大量的案例中取材，通过大量的实例讲解制作效果图的一般步骤。最后一章的实例制作房间的效果图，讲解了制作的详细步骤。本书有图有实例，每一章每一个主要的命令，都配有几个案例的详细制作步骤，是 3ds Max 的一本初级入门教程。

本书既可作为应用型本科、成人高校和高职高专院校计算机动画制作技术、景观设计、室内设计等相关专业的教材，也可作为 3ds Max 培训和自学的教材及参考书。

图书在版编目(CIP)数据

3ds Max 三维动画制作教程/刘宁编著. —北京：清华大学出版社，2016(2021.2重印)
(21 世纪高等学校数字媒体专业规划教材)
ISBN 978-7-302-45239-3

Ⅰ. ①3… Ⅱ. ①刘… Ⅲ. ①三维动画软件—教材 Ⅳ. ①TP391.41

中国版本图书馆 CIP 数据核字(2016)第 243990 号

责任编辑：黄 芝 薛 阳
封面设计：杨 兮
责任校对：时翠兰
责任印制：从怀宇

出版发行：清华大学出版社
网 址：http://www.tup.com.cn，http://www.wqbook.com
地 址：北京清华大学学研大厦 A 座 **邮 编**：100084
社 总 机：010-62770175 **邮 购**：010-83470235
投稿与读者服务：010-62776969，c-service@tup.tsinghua.edu.cn
质量反馈：010-62772015，zhiliang@tup.tsinghua.edu.cn
课件下载：http://www.tup.com.cn，010-83470236
印 装 者：三河市君旺印务有限公司
经 销：全国新华书店
开 本：185mm×260mm **印 张**：13.75 **字 数**：335 千字
版 次：2016 年 12 月第 1 版 **印 次**：2021 年 2 月第 3 次印刷
印 数：4001～5000
定 价：49.50 元

产品编号：071265-01

前言

随着三维制作技术的发展，三维软件越来越多，人们可以通过专业的三维软件制作场景、动画、园林及建筑效果图，如3ds Max，Sketchup等，也可以通过编程软件实现，如OpenGL等。其中Autodesk 3ds Max是欧特克旗下最著名的三维产品之一，具有精细的建模效果，强大的角色动画渲染和制作能力，能在更短的时间内打造令人难以置信的3D特效，快速高效地打造逼真的角色、无缝的CG特效和令人惊叹的游戏场景，被广泛应用于广告、电影特效、工业设计、建筑设计、三维动画、多媒体制作、游戏、辅助教学以及工程可视化等领域。

3ds Max作为一个成熟的三维软件，是很多效果图设计、制作者的首选软件，可以让用户实现从建模到灯光、材质，再到渲染输出的全部过程。本书是一本3ds Max的入门教程，主要内容包括建模，添加材质、贴图，添加灯光、摄影机，制作动画；应用部分包括Photoshop软件的使用，室内效果图的制作。建模部分详细讲解了当前最常用的三维建模方法，并配有大量的实例步骤讲解，适合零基础的人使用，本书的前6章主要讲解3ds Max基本、常用的建模方法。第1章介绍3ds Max软件的界面及基本命令，用3ds Max自带的工具直接建立简单模型。第2章介绍常用的二维转三维的命令，包括挤出、车削、倒角、倒角剖面、可渲染样条线、轮廓倒角以及每一个命令的具体实例的操作步骤。第3章复合建模介绍布尔运算和放样操作。第4章修改模型包括FFD修改、锥化、扭曲、晶格、噪波、弯曲、壳命令。第5章介绍阵列命令及实例。第6章介绍多边形建模及三个实例。第7章介绍材质贴图。第8章介绍光能传递。第9章介绍3ds Max的渲染器VRay。第10章讲解三维动画的制作。第11章介绍通过Photoshop软件制作园林景观效果图。第12章介绍制作室内效果图。

本书适合对计算机三维动画制作有兴趣、零基础的人阅读，也适合作为高等院校计算机、室内设计、景观设计、环境艺术设计专业本科生、研究生的教材。同时可作为对3ds Max软件比较熟悉并且对软件建模有所了解的开发人员、广大科技工作者和研究人员的参考书。

由于编者水平有限，书中难免存在疏漏和不足，殷切希望读者批评指正。

本书参考和引用了部分文献资料，在此对这些作者表示深深的谢意，另外感谢我的家里人的支持和理解，在这段时间的创造过程中给予我最大的帮助。

编　者

2016年6月13日

目录

第1章　现成三维体建模

本章将主要介绍现成三维体的建模和3ds Max的基本工作界面，并讲解用现成的三维体建模的实例。

1.1　3ds Max发展历史

3ds系列软件在三维动画领域拥有悠久的历史，在1990年以前，只有少数几种在PC上可用的渲染和动画软件，这些软件或者功能极为有限，或者价格非常昂贵，或者二者兼而有之。作为一种突破性新产品，3D Studio的出现，打破了这一僵局。3D Studio为在PC上进行渲染制作动画提供了价格合理、专业化、产品化的工作平台，并且使制作计算机动画成为一种前人所不能的职业。DOS版本的3D Studio诞生在20世纪80年代末，那时只要有一台386 DX以上的微机就可以圆一个电脑设计师的梦。但是进入20世纪90年代后，PC以及Windows 9x操作系统的进步，使DOS下的设计软件在颜色深度、内存、渲染和速度上存在严重不足，同时，基于工作站的大型三维设计软件Softimage、Light Wave、Wave Front等在电影特技行业的成功使3D Studio的设计者决心迎头赶上。与前述软件不同，3D Studio从DOS向Windows的移植要困难得多，而3D Studio Max的开发则几乎从零开始。后来随着Windows平台的普及以及其他三维软件开始向Windows平台发展，三维软件技术面临着重大的技术改革。在1993年，3D Studio软件所属公司果断地放弃了在DOS操作系统下创建的3D Studio源代码，而开始使用全新的操作系统(Windows NT)、全新的编程语言(Visual C++)、全新的结构(面向对象)编写了3D Studio Max，从此，PC上的三维动画软件问世。Autodesk 3ds Max的前身是基于DOS操作系统的3D Studio系列软件。3ds Max软件每年都有更新，从最初的版本到现在出现的3ds Max 2015，3ds Max软件功能越来越强大，在建模速度、渲染功能、图形修改和编辑能力的完善等方面深受用户欢迎。

1990年Autodesk成立多媒体部，推出了第一个动画工作——3D Studio软件。

1996年Autodesk成立Kinetix分部负责3ds Max的发行。

1999年Autodesk收购Discreet Logic公司，并与Kinetix合并成立了新的Discreet分部。

1. 3D Studio Max 1.0

1996年4月，3D Studio Max 1.0诞生了，这是3D Studio系列的第一个Windows版本。

它于1997年8月4日在加利福尼亚洛杉矶Siggraph 97上正式发布。新的软件不仅具有超过以往3D Studio Max几倍的性能，而且还支持各种三维图形应用程序开发接口，包括OpenGL和Direct3D。3D Studio Max针对IntelPentium Pro和Pentium Ⅱ处理器进行了优化，特别适合Intel Pentium多处理器系统。

2. 3D Studio Max R3

该版本在1999年4月加利福尼亚圣何塞游戏开发者会议上正式发布。这是带有

Kinetix 标志的最后版本。

3. Discreet 3ds Max 4

它在新奥尔良 Siggraph 2000 上发布。从 4.0 版开始，软件名称改写为小写的 3ds Max。3ds Max 4 主要在角色动画制作方面有了较大提高。

4. Discreet 3ds Max 5

2002 年 6 月 26,27 日分别在波兰、西雅图、华盛顿等地举办的 3ds Max 5 演示会上发布。这是第一个支持早先版本的插件格式的版本，3ds Max 4 的插件可以用在 5 上，不用重新编写。3ds Max 5.0 在动画制作、纹理、场景管理工具、建模、灯光等方面都有所提高，加入了骨头工具(Bone Tools)和重新设计的 UV 工具(UV Tools)。

5. Discreet 3ds Max 6

2003 年 7 月，Discreet 发布了著名的 3D 软件 3ds Max 的新版本 3ds Max 6，主要是集成了 Mental Ray 渲染器。

6. Discreet 3ds Max 7

Discreet 公司于 2004 年 8 月 3 日发布。这个版本是在 3ds Max 6 的核心上进化而来的。3ds Max 7 为了满足业内对威力强大而且使用方便的非线性动画工具的需求，集成了获奖的高级人物动作工具套件 Character Studio。并且这个版本开始，3ds Max 正式支持法线贴图技术。

7. 3D Studio Max 8.0

本版本加入了 Max 中紧缺的布料(Cloth)和毛发(Hair)插件。至此，从整体功能上说 Max 已经和 Maya 没有任何区别，关键看一个人的个人爱好了。

说到这里，版本的介绍就告一段落了。在之后的版本中，Max 9.0 和 Max 2008 对 Vista 系统的支持先不说，但要说的是 Max 从 2009 版开始分成了两个版本，一个是“专业动画版”一个是“专业建筑版”，这样的分类使 Max 从此进入更加专业化的体系。

1.2 3ds Max 简介

3ds Max 是由 Autodesk 公司旗下的公司开发的三维物体建模和动画制作软件，具有强大、完美的三维建模功能。它是当今世界上最流行的三维建模、动画制作及渲染软件，被广泛用于角色动画、室内效果图、游戏开发、虚拟现实等领域。本教程主要内容包括：基本建模、高级建模、材质的制作、灯光的放置、场景的制作与合并、效果图的渲染与 Photoshop 后期处理。

3ds Max 的优点如下。

(1) 建模方面：建模功能强大、成熟、灵活、易操作，有内置的几何体建模、复合建模、样条线建模、多边形建模等多种建模方式，并可以交互配合使用。

(2) 材质方面：有内置的材质编辑器，可以模拟反射、折射、凹凸等材质属性。配合 VRay 渲染器可以制作出逼真的材质效果。

(3) 灯光方面：有内置的灯光系统，配合 VRay 渲染器可以制作出逼真的灯光效果。

(4) 可以与 AutoCAD、Sketchup、Photoshop 等软件交互配合使用，拥有良好的兼容性。

(5) 拥有众多的针对 3ds Max 软件而开发的插件，极大地拓展了它的应用。

(6) 拥有丰富的针对 3ds Max 而制作的模型库和材质库，为用户的使用提供了方便。

(7) 性价比高。3ds Max 有非常好的性能价格比，它所提供的强大的功能远远超过了它自身低廉的价格，一般的制作公司就可以承受得起，这样就可以使作品的制作成本大大降低。而且它对硬件系统的要求相对来说也很低，一般普通的配置就可以满足学习的需要了，这应该也是每个软件使用者所关心的问题。

(8) 上手容易。另一个初学者比较关心的问题就是 3ds Max 是否容易上手，这一点初学者可以完全放心，3ds Max 的制作流程十分简洁高效，可以使初学者很快上手，所以先不要被它的大堆命令吓倒，只要使用者的操作思路清晰，上手是非常容易的。后续的高版本中操作性也十分的简便，操作的优化更有利于初学者学习。

(9) 使用者多，便于交流。3ds Max 在国内拥有最多的使用者，便于交流。随着互联网的普及，关于 3ds Max 的论坛在国内也相当火爆，这样用户如果有问题可以拿到网上大家一起讨论，方便极了。相关插件(Plugins)可提供 3D Studio Max 所没有的功能(例如 3ds Max 6 版本以前不提供“毛发”功能)以及增强原本的功能。

由于 Autodesk 3ds Max 可面向艺术家和视觉特效师们提供功能齐全的 3D 建模、动画、渲染和特效解决方案，因此在 CG 界被冠以“无所不能的神兵利器”的称号。

1.3 工作界面介绍

1. 3ds Max 工作界面

3ds Max 的工作界面如图 1.1 所示。

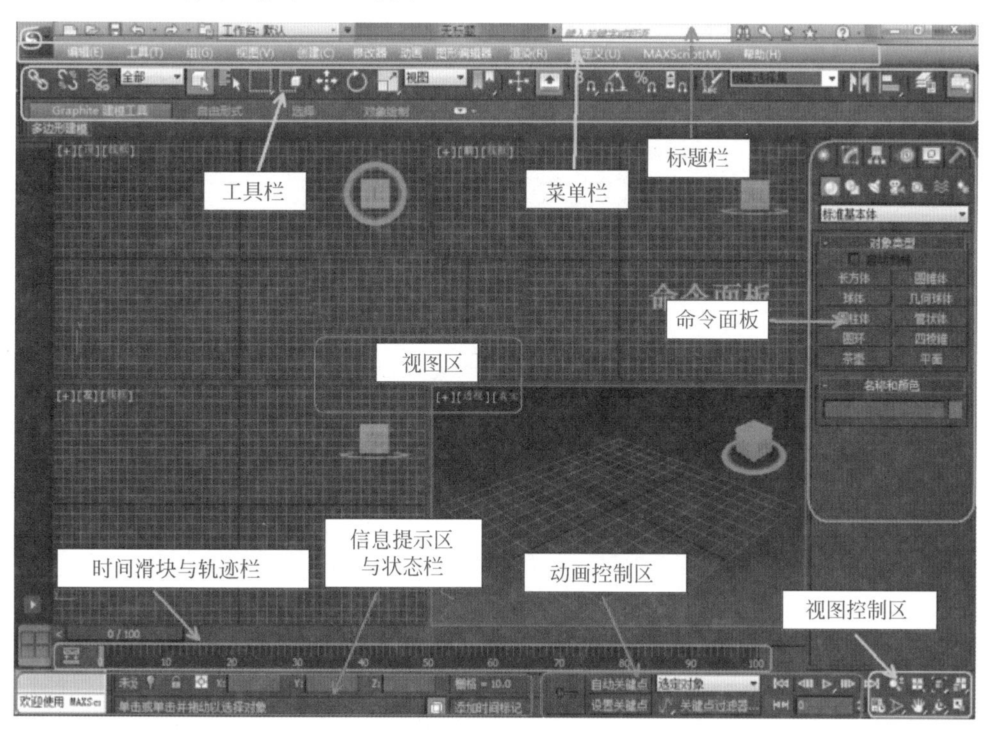

图 1.1　3ds Max 的工作界面

3ds Max 工作界面主要包括以下几个方面的内容。

(1) 标准基本体：长方体、球体、圆柱体、圆环、茶壶、圆锥体、几何球体、管状体、四棱锥、平面。

(2) 扩展基本体：异面体、切角长方体、油罐、纺锤、油桶、球棱柱、环形波、软管、环形结、切角圆柱体、胶囊、L-Ext、C-Ext、棱柱。

(3) 复合对象：复合对象里面的命令较多，如图 1.2 所示。

注： 本教程主要讲解的命令是布尔运算和放样。

(4) 命令面板：命令面板在 3ds Max 的应用中非常广泛，将光标放在每一个小工具栏上，可以显示每个工具栏的中文解释，图 1.3 所示是命令面板的中文解释。

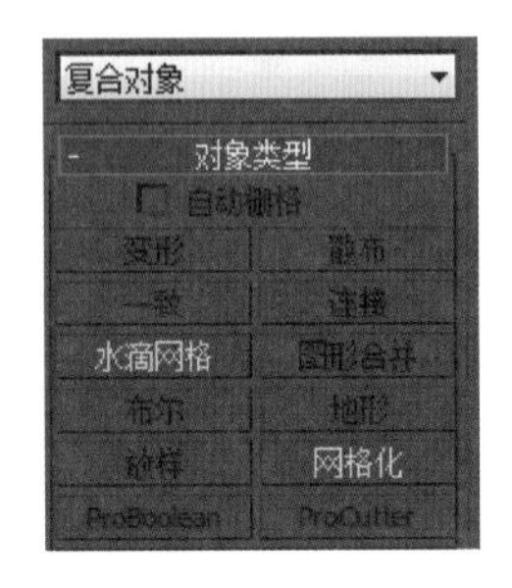

图 1.2 复合对象里的命令

图 1.3 命令面板的中文解释

2. 主工具栏

在菜单栏的下方是工具栏，主工具栏可以移动，放置到界面的任何地方。主工具栏中存放的是 3ds Max 常用的工具，这些命令都可以在菜单栏中找到。将光标放到每个工具栏命令的图标上，即可跳出此工具命令的中文解释，图 1.4 所示是 3ds Max 的主工具栏。

图 1.4 3ds Max 的主工具栏

在主工具栏中，有些按钮的右下角有一个小三角形标记，这表示此按钮下还隐藏有多重按钮选择。当不知道命令按钮名称时，可以将鼠标箭头放置在按钮上停留几秒钟，就会出现这个按钮的中文命令提示。

提示： 找回丢失的主工具栏的方法为选择菜单栏中的【自定义】|【显示】|【显示主工具栏】命令，即可显示或关闭主工具栏，也可以按 Alt+6 键进行切换。

在 3ds Max 右下角是整个软件的视图控制区，有 8 个命令，同样把鼠标放在每个工具的上方，即可显示该工具的中文解释，如图 1.5 所示。

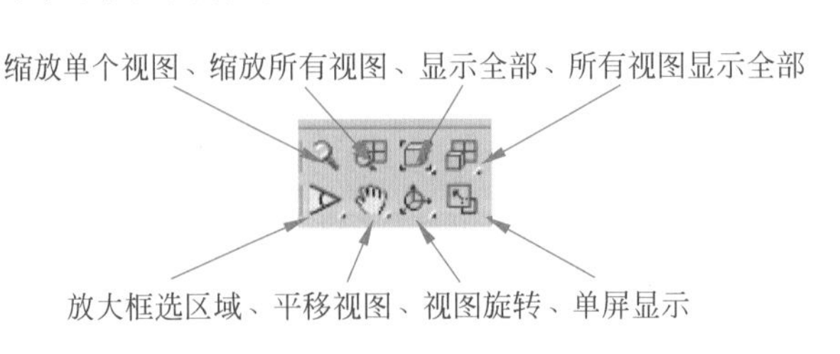

图 1.5 视图控制命令按钮

3. 菜单栏

菜单栏上有大量3ds Max的命令，可在软件的实际应用中慢慢学会每一个命令的用法。3ds Max菜单栏位于屏幕界面的最上方，如图1.1所示。菜单中的命令如果带有省略号，表示会弹出相应的对话框，带有小箭头的表示还有下一级的菜单，如图1.6所示。

编辑(E) 工具(T) 组(G) 视图(V) 创建(C) 修改器 动画 图形编辑器 渲染(R) 自定义(U) MAXScript(M) 帮助(H)

图1.6 3ds Max的菜单栏

菜单栏中的大多数命令都可以在相应的命令面板、工具栏或快捷菜单找到，远比在菜单栏中执行命令方便得多。

4. 小结

学习软件最快速、最有效的方法是通过应用来学习软件，而不是去熟悉了解一个个命令，这样比较枯燥，很多人会坚持不下去。现在网络系统发达，在网上有很多非常好的视频软件，针对不同基础的学员学习，手把手地教会用户一步步地应用软件。所以本教程不单讲解基本常用的命令解释，主要是通过大量的实例讲解3ds Max软件的操作步骤，让学习者在实际应用中，慢慢学会该软件每一个命令的用法。另外在实际应用中，3ds Max软件是全英文的工作界面，这对于零基础的学员而言，刚开始学习起来，难度有点大，当然后期使用多了也会熟能生巧。本教程主要使用汉化版的3ds Max软件，网上有免费的汉化软件可以下载。另外注意操作系统的版本和软件的兼容性问题，有些计算机的操作系统和3ds Max软件存在冲突的问题，随着操作系统的升级以及3ds Max软件的不断升级，由于对计算机内存、显卡等的要求，高版本的3ds Max软件无法在硬件配置不高的计算机上使用。另外，用3ds Max打开已经制作好的图像时，高版本的3ds Max软件可以打开低版本的3D影像，而低版本的3ds Max软件无法打开用更高级版本制作的3D影像。

1.4 工作界面的优化

1.4.1 3ds Max工作界面的更改

3ds Max软件可以更改工作界面，主要的更改方式有以下几种。

(1) 更改界面风格：自定义—加载自定义用户界面—3ds Max安装目录下的UI文件夹。

(2) 3ds Max系统单位设置方法。一般在制作一幅作品之前，先要设置一下单位，在菜单栏选择【自定义】|【单位设置】命令，弹出如图1.7所示的对话框，在【公制】选项中选择【毫米】选项，单击【系统单位设置】按钮，设置1个单位=1毫米，后面制作模型不再强调，如图1.7所示。

(3) 更改冻结界面的颜色。在制作景观效果图的过程中，一般第一步是导入AutoCAD图纸，导入后需要将3ds Max软件的整个界面颜色变浅，这样便于后期对AutoCAD图进行描绘。在3ds Max中设置界面颜色的方法如下。

在菜单栏中选择【自定义】|【自定义用户界面】命令，弹出如图1.8所示的对话框。在【颜色】选项卡中，【元素】选择【几何体】，在下面的下拉菜单中选择【冻结】选项，在右侧的【颜

色】选项中可以更改冻结界面的颜色，如图 1.8 所示。

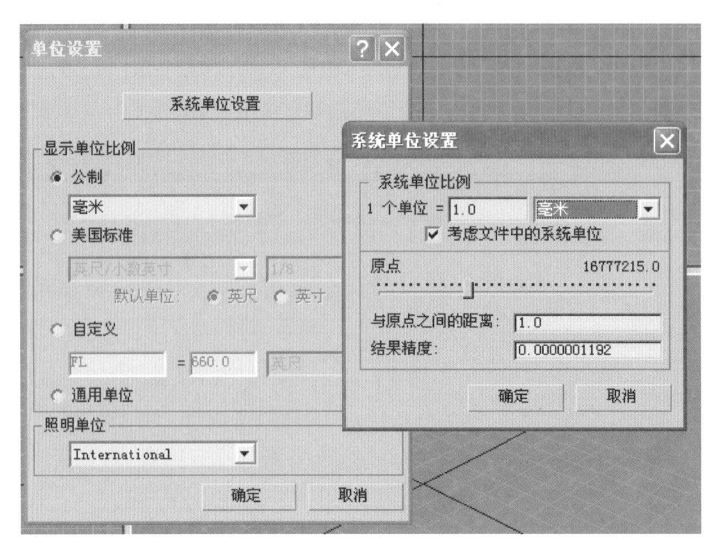

图 1.7　设置系统单位界面

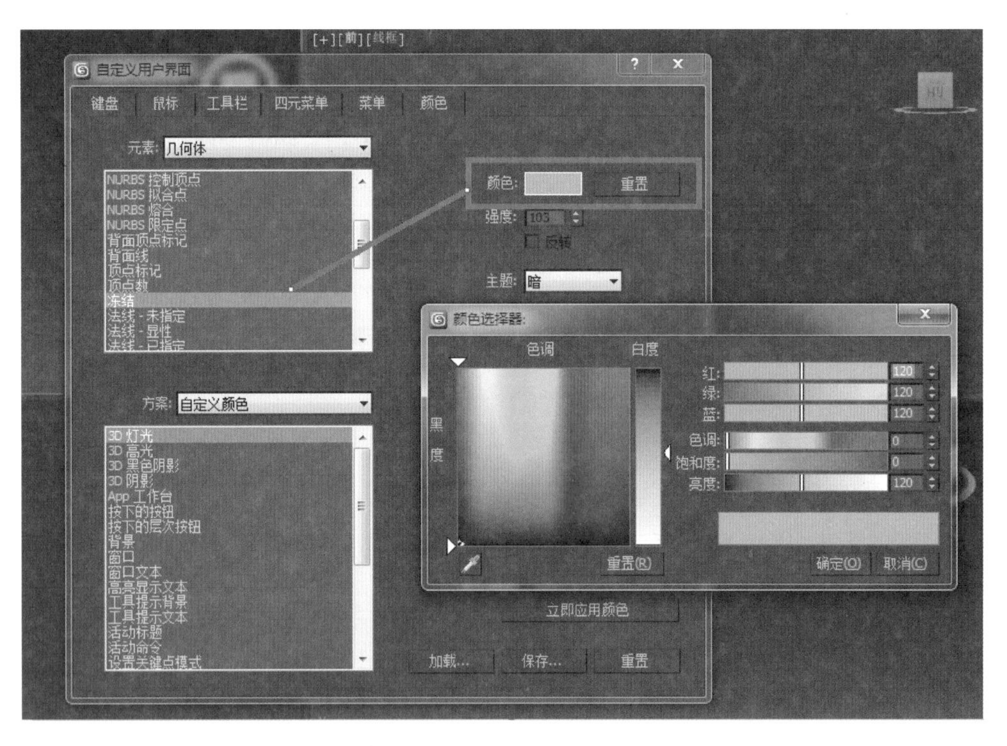

图 1.8　“自定义用户界面”对话框

1.4.2　3ds Max 常用的快捷键

在介绍 3ds Max 工作界面之前，先总结一下 3ds Max 软件的快捷键，在一般的工具软件中，如 Photoshop、3ds Max、Sketchup 等，常用的命令经常是用快捷键完成的，这样可以大大加快作图的速度。

(1) Shift+移动——复制命令。

(2) 视图的切换：

F4——显示/隐藏网格线；

Alt+W——最大化/最小化当前窗口；

F10——渲染。

复制移动：选择要复制移动的对象，选择【移动】命令，按住 Shift 键，即可复制移动该对象。

下面列出 3ds Max 4 个视图的英文缩写。

P——透视图(Perspective)；

F——前视图(Front)；

T——顶视图(Top)；

L——左视图(Left)。

(3) F9——渲染上一个视图。

(4) Shift+Q——渲染当前视图。

(5) W——移动。

(6) 单位设置：【自定义】|【单位设置】。

(7) 按住 Shift 键画直线。

(8) Ctrl 键为加选键(选择一个物体，按 Ctrl 键，可以加选其他物体)。

(9) Alt 键是减选键(选择一个物体，按 Alt 键，可以除去已经选择的物体)。

(10) Z——放大一个平面。

(11) G——显示/隐藏网格线。

(12) C——摄像机视图(Camera)。

(13) Shift+L——隐藏灯光。

(14) Shift+C——隐藏相机。

(15) H——查看场景中的所有对象。

(16) G——显示/隐藏网格线。

(17) S——打开捕捉工具。

(18) Z——最大化显示选定对象。

1.5 实　　例

现成三维体的建模，指的是利用 3ds Max 自带的【标准基本体】、【扩展基本体】中的工具建模，这种建模方法是最简单的，只要熟悉 3ds Max 工具，就可以用此方法建模，下面主要介绍用此方法制作实例。

1. 简易凉亭制作

最终制作的效果图如图 1.9 所示。

分析：亭子由三部分组成，即底座、柱子和亭子顶部，利用【标准基本体】中的图形即可完成建模。亭子底座用一个长方体表示，柱子用 4 个相同的圆柱体组成，亭子顶部用四棱锥制作。

步骤如下。

(1) 新建长方体，长度、宽度和高度分别是100mm、110mm、5mm，如图1.10所示。

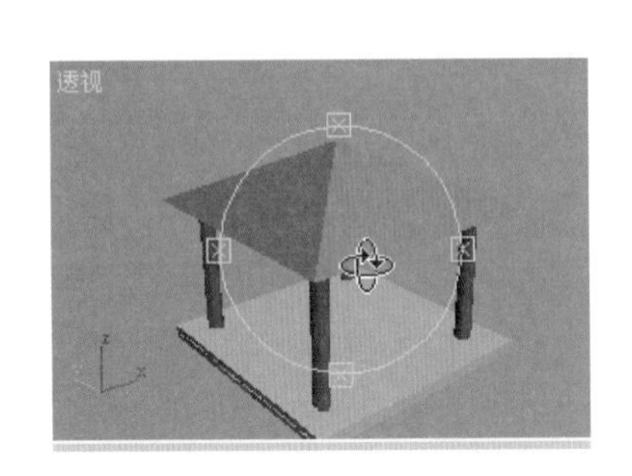

图1.9　凉亭制作效果图

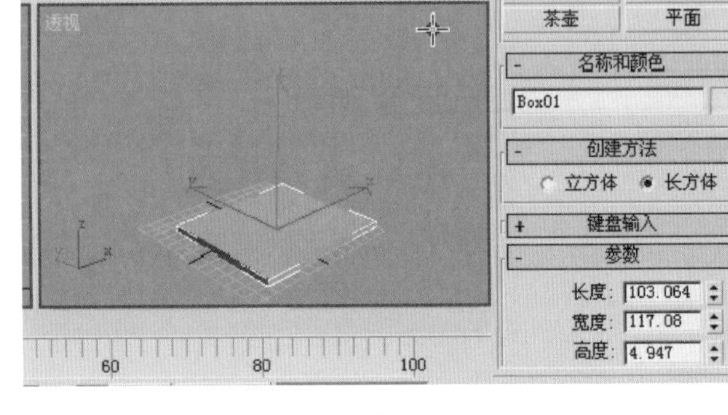

图1.10　创建长方体

(2) 柱子采用4个一模一样的圆柱体制作，在【标准基本体】里选择圆柱体，半径为5mm，高度为80mm，再复制三个一样的圆柱体。选择刚刚制作的圆柱体，选择工具栏的【移动】命令，按住Shift键，复制移动一个圆柱体，用同样的方法再复制移动另外两个圆柱，制作的效果如图1.11所示。

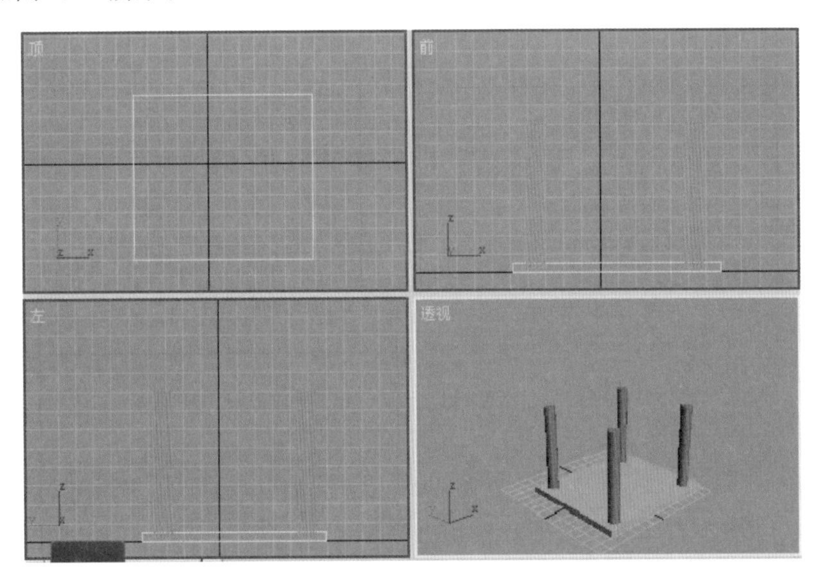

图1.11　创建柱子

(3) 柱顶采用四棱锥制作，在顶视图中拖出一个四棱锥，如图1.12所示。

至此，该凉亭制作完成。

2. 沙发制作

最终制作完成的效果如图1.13所示。

沙发全部采用【扩展基本体】选项中的切角长方体制作完成。

(1) 先制作第一块坐垫，在顶视图中选择【扩展基本体】，圆角分段数为5。参数：长度

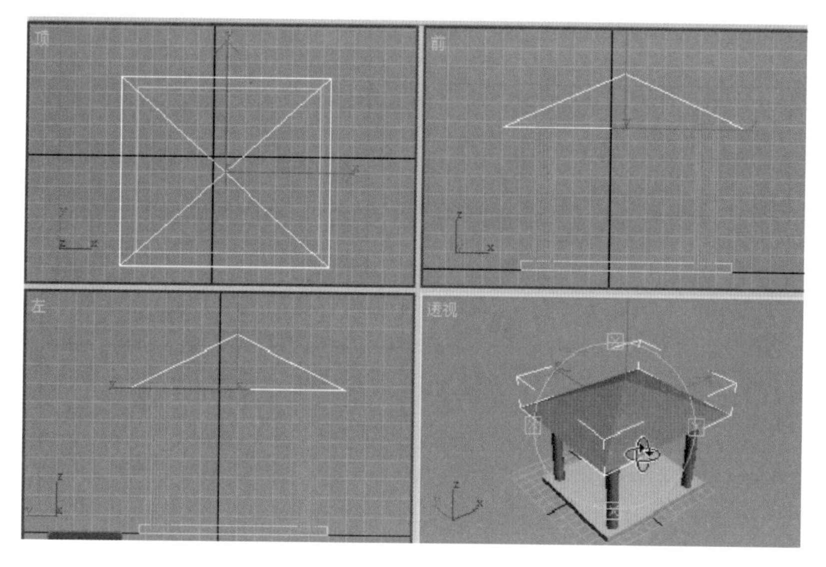

图 1.12　创建柱顶

为 50mm，宽度为 150mm，高度为 16mm，圆角值为 2mm，如图 1.14 所示。

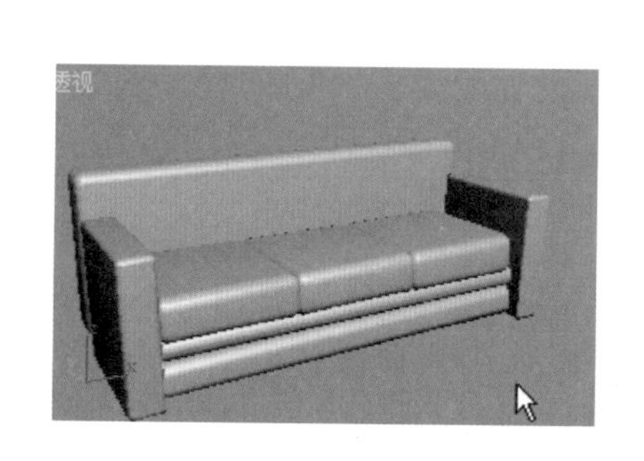

图 1.13　沙发制作效果图

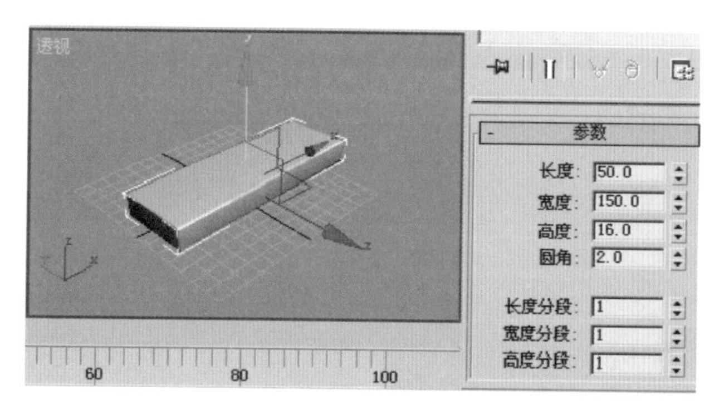

图 1.14　制作第一块坐垫

(2) 选择刚刚创建的沙发垫，复制移动一个一模一样的沙发垫，并将尺寸改为 50mm、50mm、16mm、5mm，如图 1.15 所示。

(3) 将上面的沙发垫复制移动两个一模一样的沙发垫，【副本数】为 2，如图 1.16 所示。

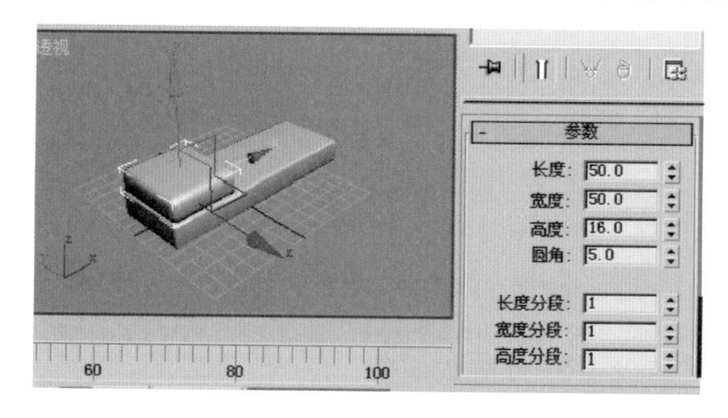

图 1.15　制作沙发垫

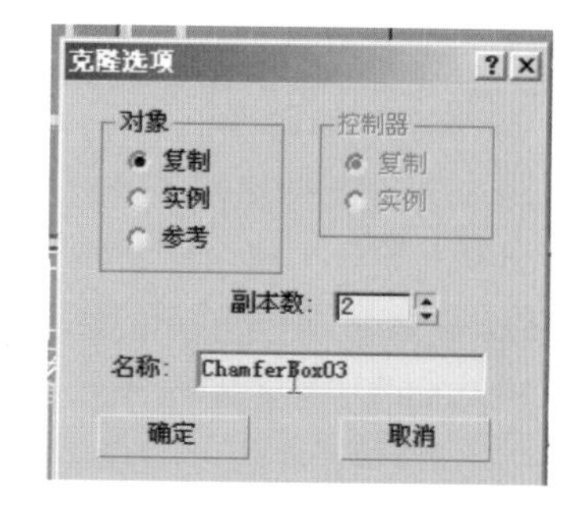

图 1.16　复制沙发垫

(4) 制作左右两边的扶手,选择切角长方体,在顶视图制作出一个扶手,长度为 50mm,宽度为 16mm,高度为 48mm,圆角为 2mm。复制移动另一边的扶手。

(5) 制作最后面的靠背,选择切角长方体,在顶视图中,参数:长度为 16mm,宽度为 82mm,高度为 56mm,圆角为 2mm,如图 1.17 所示。

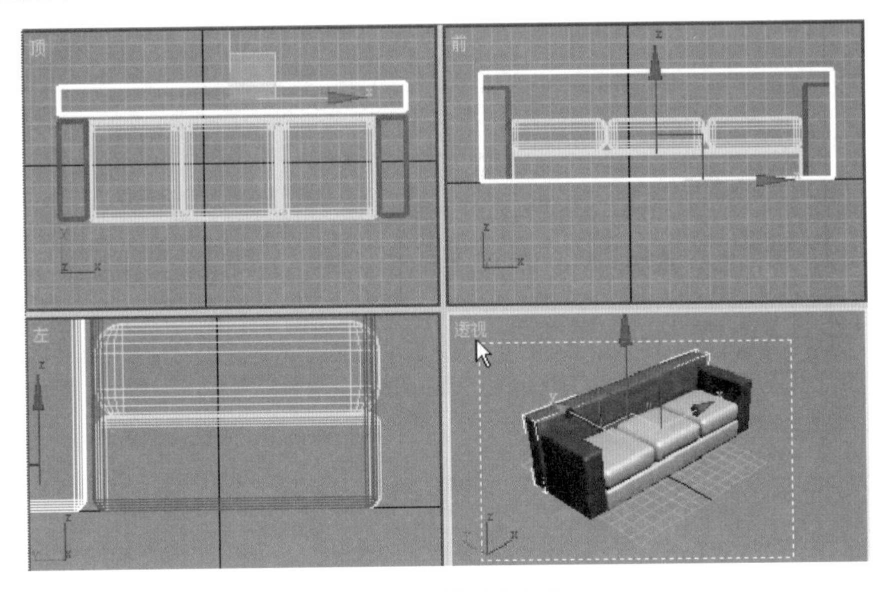

图 1.17 制作沙发靠背

统一选取一个颜色,最后沙发制作完成,效果如图 1.18 所示。

图 1.18 制作完成的沙发

3. 床头柜的制作

床头柜的造型如图 1.19 所示。

分析:床头柜由一个普通的长方体,三个切角长方体,两个圆管作为一个抓手制作完成,床头柜的长度是 50mm,宽度是 50mm,高度是 60mm。步骤如下。

(1) 先设置一下系统单位为毫米,制作一个长方体,为 50mm×50mm×60mm。

(2) 选择【扩展基本体】选项,圆角值如图 1.20 所示,圆角分段为 5,如图 1.20 所示。

(3) 下面制作前面的抽屉,用切角长方体再制作如图 1.21 所示的三维体。

图 1.19　床头柜制作效果图

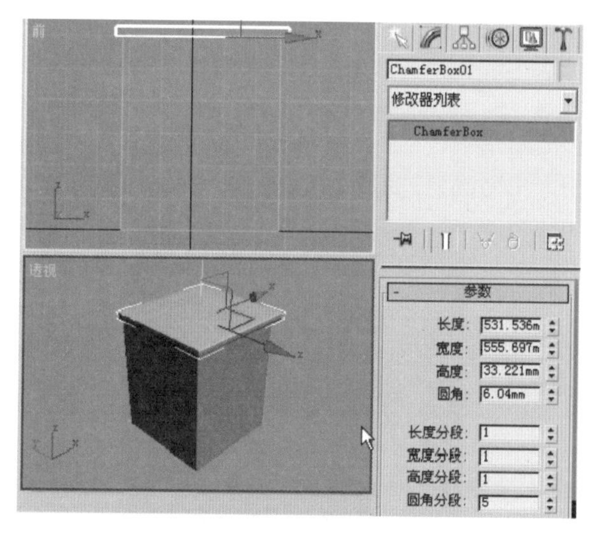

图 1.20　设置长方体参数

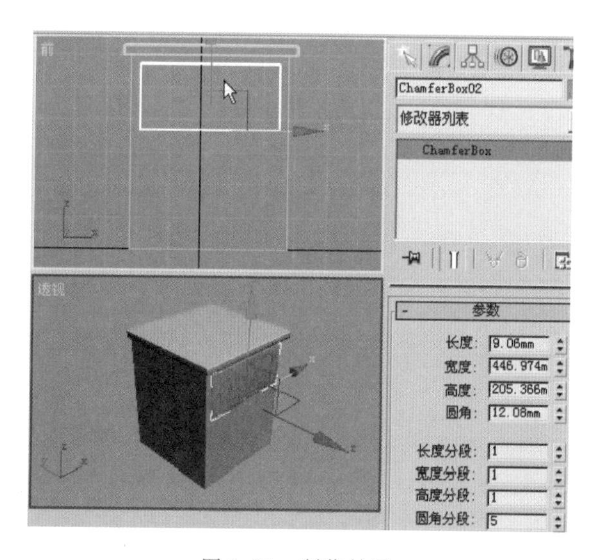

图 1.21　制作抽屉

(4) 复制移动另一个抽屉，将其高度提高，如图 1.22 所示。

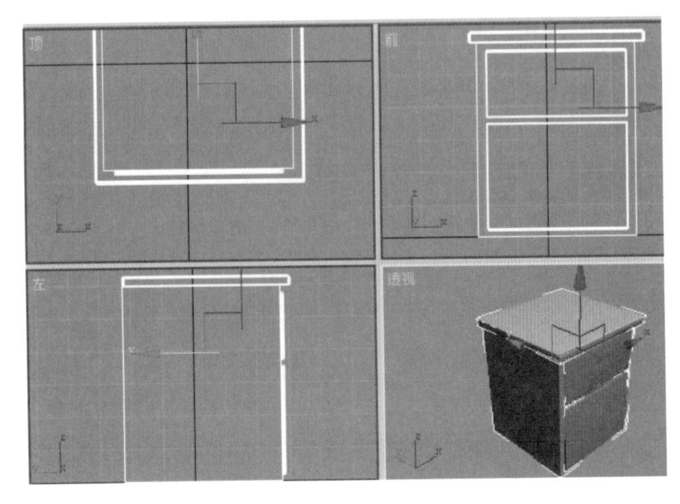

图 1.22　复制抽屉

将其颜色统一改为木头的颜色，如图 1.23 所示。

图 1.23　修改后的颜色

(5) 下面制作抓手部分，选择【扩展基本体】中的【软管】选项，如图 1.24 所示。

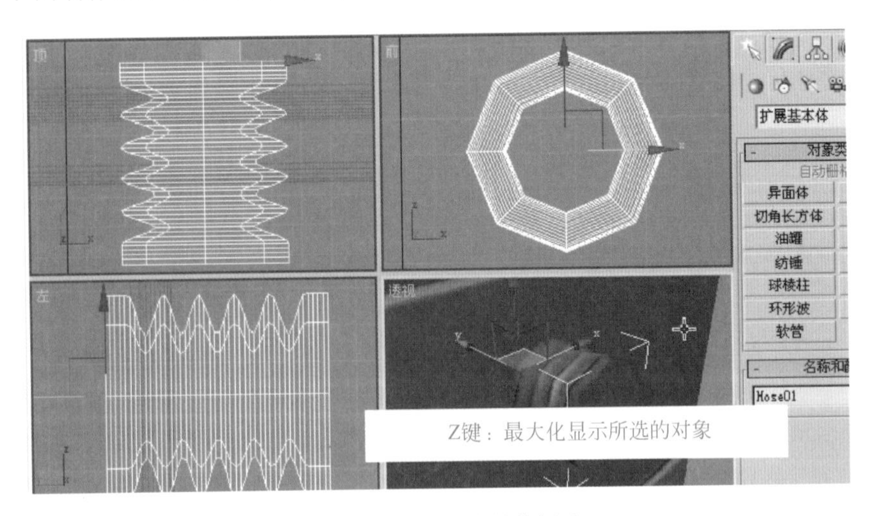

图 1.24　选择软管制作抓手

修改软管的参数如图 1.25 所示，这样，抓手部分制作完成。

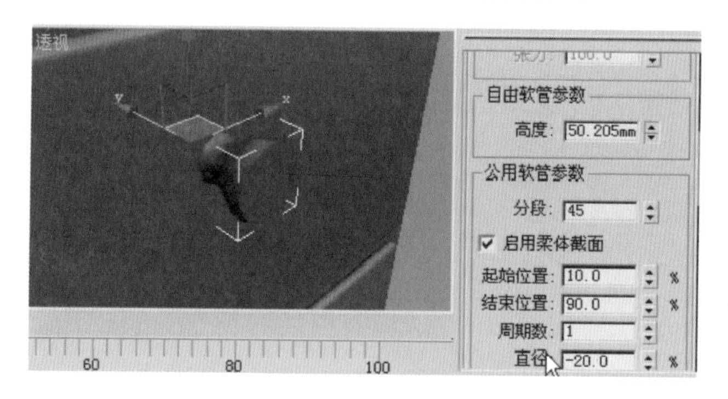

图 1.25　制作抓手

(6) 选择刚刚制作的抓手部分，按住 Shift 键，复制移动另一个抓手，最终的效果如图 1.26 所示。

图 1.26　制作完成的床头柜

第 2 章　二维转三维命令

2.1　二 维 图 形

在 3ds Max 中，常用的二维图形包括线、圆形、弧、多边形、文本、截面、矩形、椭圆形、圆环、星形、螺旋线，常用的二维转三维的命令就是将这些二维的图形转换为三维的实体。

2.2　线 的 控 制

对二维线的控制主要包括以下一些基本的操作。

(1) 修改面板：在修改面板中，可以对线进行【移动】、【删除】等操作。

(2) 线条顶点的 4 种状态：Bezier 角点、Bezier、角点、光滑（如果控制杆不能动，按 F8 键）。

(3) 编辑样条线：在对线进行操作中，经常需要将二维的线转为可编辑样条线，右击，选择【转化为】|【可编辑样条线】命令，将样条线转变为【顶点】、【线段】、【样条线】级别，其作用是对除了线以外的其他二维图形进行修改。

2.3　线的修改面板

对二维线进行修改，主要包括以下一些操作。

(1) 步数：控制线的分段数，即圆滑度。

(2) 轮廓：将当前曲线按偏移数值复制出另外一条曲线，形成双线轮廓，如果曲线不是闭合的，则在加轮廓的同时进行封闭。（负数为外偏移，正数为内偏移。）

(3) 优化：用于在曲线上加入节点。

(4) 附加：将两条曲线结合在一起。

(5) 圆角：把线的尖角导成圆角。

(6) 拆分：把线等分成几部分。

(7) 修剪：跟 CAD 的【修剪】命令一样（修剪前需要附加在一起，修剪后需要进行顶点焊接操作）。

(8) 断开：把一条线在顶点处断开成两段。

(9) 焊接：把两个顶点焊接成一个顶点。

(10) 插入：在线的一个端点上接着画线。

2.4 二维转三维的命令

在制作三维体的时候，人们经常先画出二维的图形，然后采用二维转三维的命令将其变为三维体，主要的命令如下。

(1) 挤出：使二维图形产生厚度。

(2) 车削：可使二维图形沿着一轴向旋转生成三维图形。

(3) 倒角：跟【拉伸】相似，但能产生倒角效果。

(4) 可渲染线条：使线条产生厚度，变成三维线条，可以是圆形的也可以是方形的。

(5) 倒角剖面：使用另一个图形路径作为"倒角剖面"来挤出一个图形。

小知识点：

(1) 用 line 命令画直线时，如果按 Shift 键，可以直接画水平方向或者垂直方向的直线。

(2) 在选择一个物体后，如果按 Ctrl 键，可以同时多选几个物体。

(3) 镜像：将被选择的对象沿着指定的坐标轴镜像到另一个方向。

2.5 实　　例

2.5.1 半月形茶几

挤出建模的概念：可以将二维图形沿法线方向垂直挤出，从而生成三维物体，常用来制作不规则的墙体、台阶等模型。

分析：半月形茶几由桌面和三个桌腿组成，桌面由一个半月形的二维图形，挤出一定的高度形成，桌腿由三个圆柱体组成。

最终添加材质渲染后的效果如图 2.1 所示。

图 2.1　半月形茶几制作效果图

制作步骤如下所示。

(1) 在顶视图画一个圆形，半径为 100mm。

(2) 选择圆形，单击【编辑样条线】按钮，在【编辑样条线】的【顶点】级别下，选择其中一个顶点，向右移动到如图 2.2 所示的位置，形状如图 2.2 所示。

在其中【插值】下有【步数】选项，【步数】越大，最后的茶几越平滑，参数设置如图 2.3 所示。

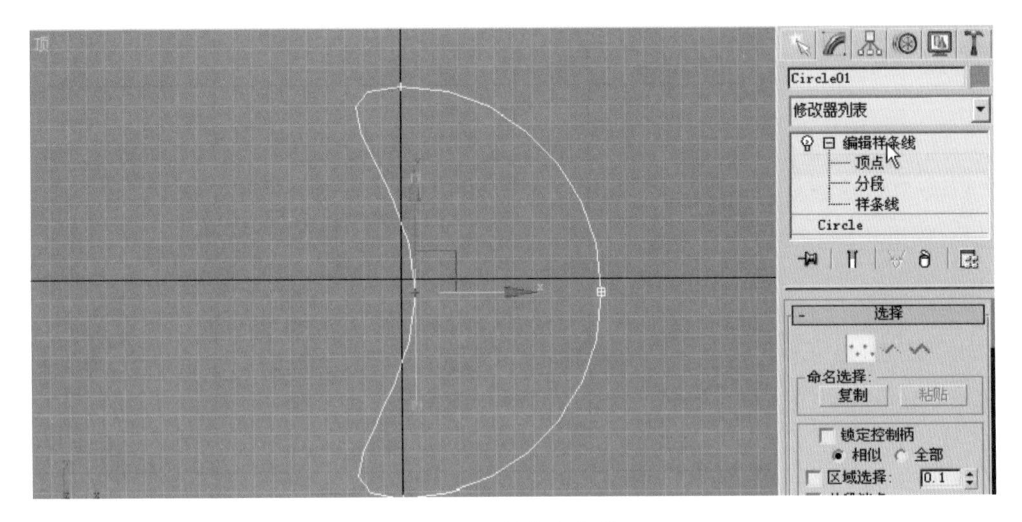

图 2.2　制作半月形

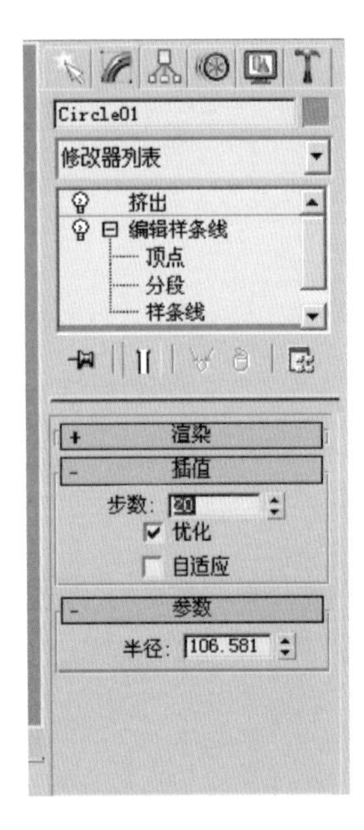

图 2.3　设置参数

(3) 选择【修改器】|【网格编辑】|【挤出】命令,挤出的数量设为 3,如图 2.4 所示。

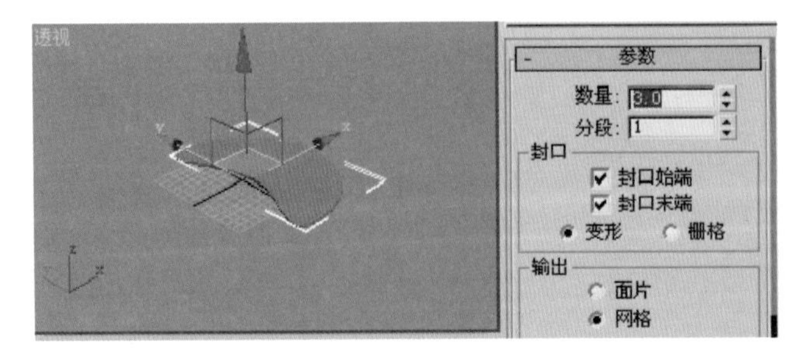

图 2.4　设置挤出数量

(4) 开始制作茶几的桌腿，在顶视图下用【圆柱体】命令在合适的位置画出圆柱体，复制移动两个桌腿到合适的位置，最终的效果如图 2.5 所示。

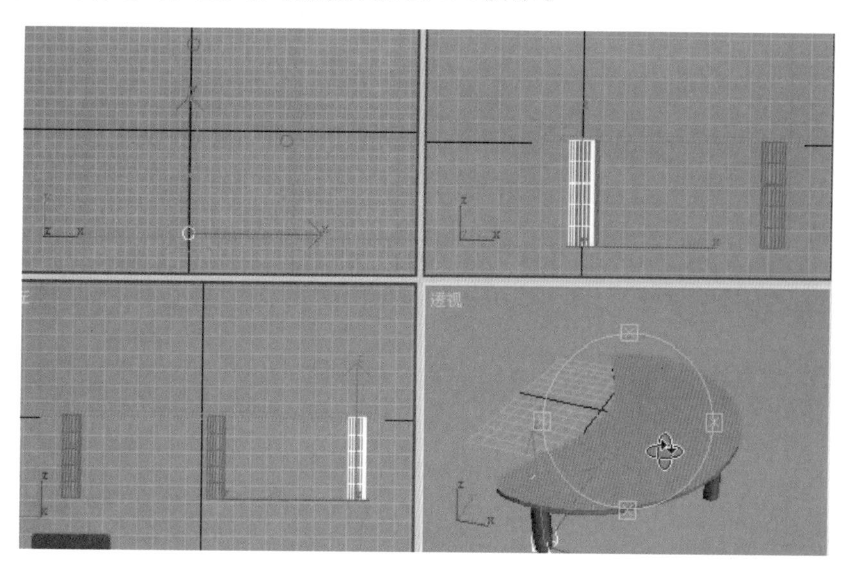

图 2.5　最终制作效果图

2.5.2　车削命令的应用——碗的制作

车削建模的概念：可以将二维图形沿某一轴向旋转成三维模型，常用来制作高度对称的物体，如杯子、柱子等。

分析：碗的横截面是一个封闭线条，车削的轴向是一条竖线，封闭的线条沿着竖线方向旋转一周，即可以得到碗的造型。

图 2.6 展示的是碗的最终效果图。

图 2.6　碗的制作效果图

(1) 在控制面板选择【线】命令，在前视图下绘出如图 2.7 所示的线形，用【线】命令画出如图 2.8 所示的形状。

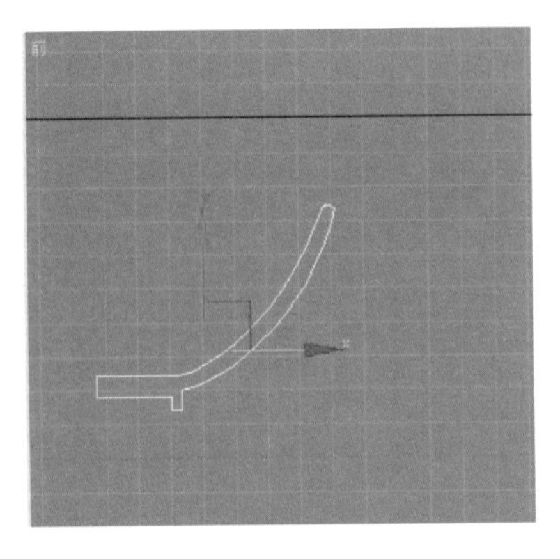

图 2.7　绘制线形

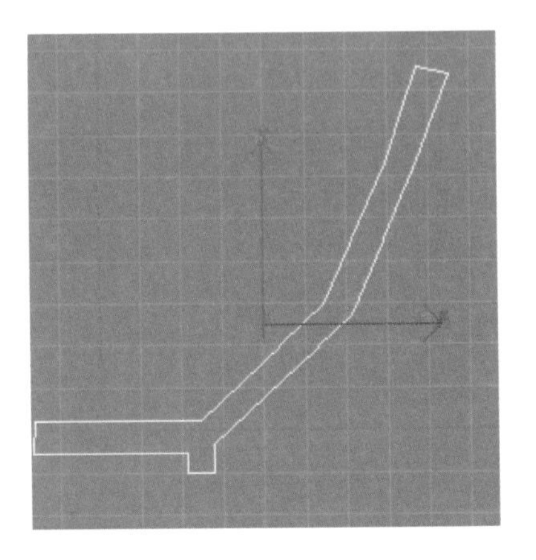

图 2.8　用【线】命令绘制形状

在【顶点】级别下将每个顶点改为【平滑】的状态。

(2) 在菜单栏【修改器】|【面片/样条线编辑】中选择【车削】命令，其中在【车削】的【轴】命令中，将轴移动到如图 2.9 所示的位置。

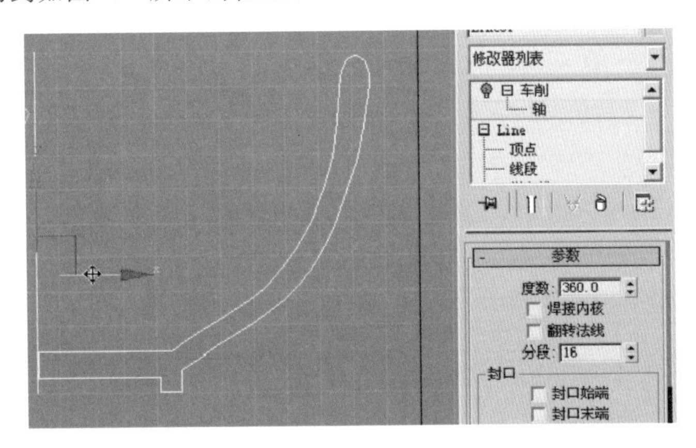

图 2.9　移动轴

(3) 选择【修改器列表】下的【车削】命令，旋转一周即可得到如图 2.10 所示的最终效果图。

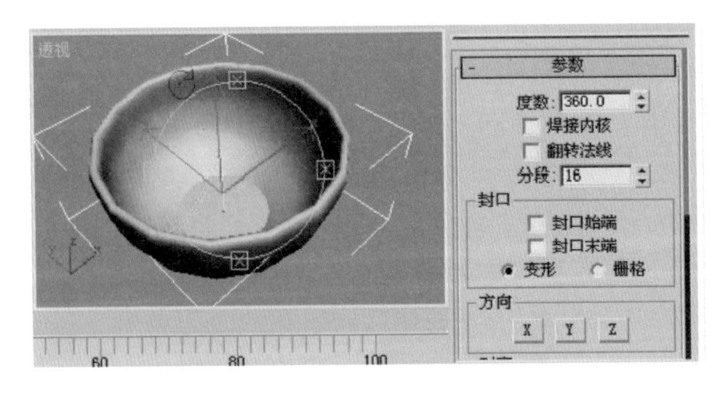

图 2.10　碗的最终效果图

注意：在【车削】的参数列表中，【度数】指的是二维的线形绕着轴旋转的度数，360 表示旋转一周，一般选择默认的 360 度；【分段】是指最终制作出横截面的分段数，分段数越大，得到的物体越平滑。

2.5.3 用车削命令制作杯子

分析：杯子的外形是一个旋转的曲面，先用二维的线形勾勒出一个封闭的曲线(方法是用刀将杯子剖开，取一半即为杯子的二维横截面)。

最终的效果如图 2.11 所示。

(1) 在前视图下用【线】命令画出如图 2.12 所示的图形。

(2) 右击图 2.12 中线段的顶点，在【顶点】的级别下，对顶点进行【平滑】操作，如图 2.13 所示。

(3) 在【样条线】级别下选择【轮廓】命令可以制作封闭的圆管，效果如图 2.14 所示。

图 2.11 杯子的制作效果图

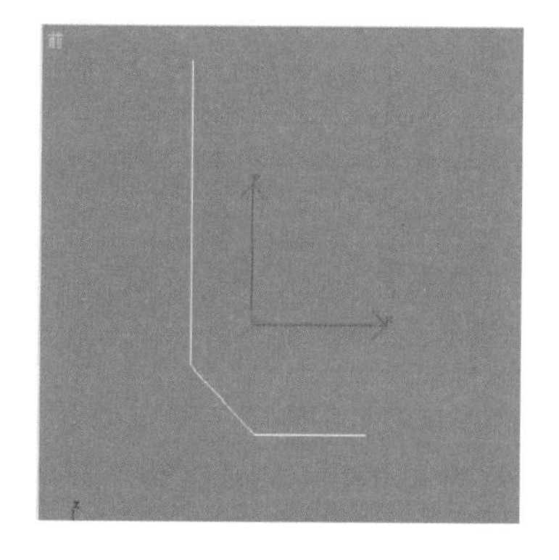

图 2.12 用【线】命令绘制图形

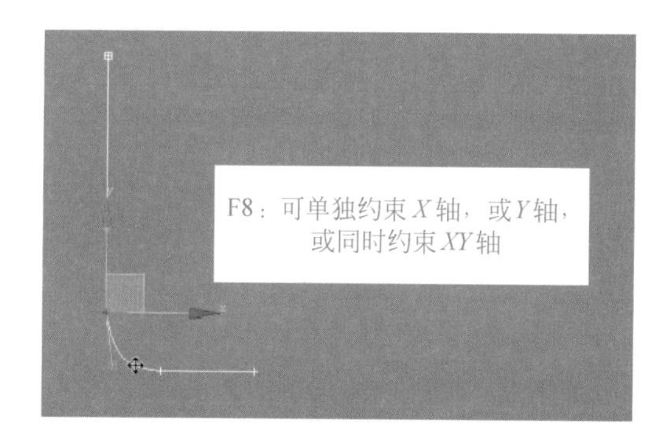

图 2.13 对顶点进行【平滑】操作

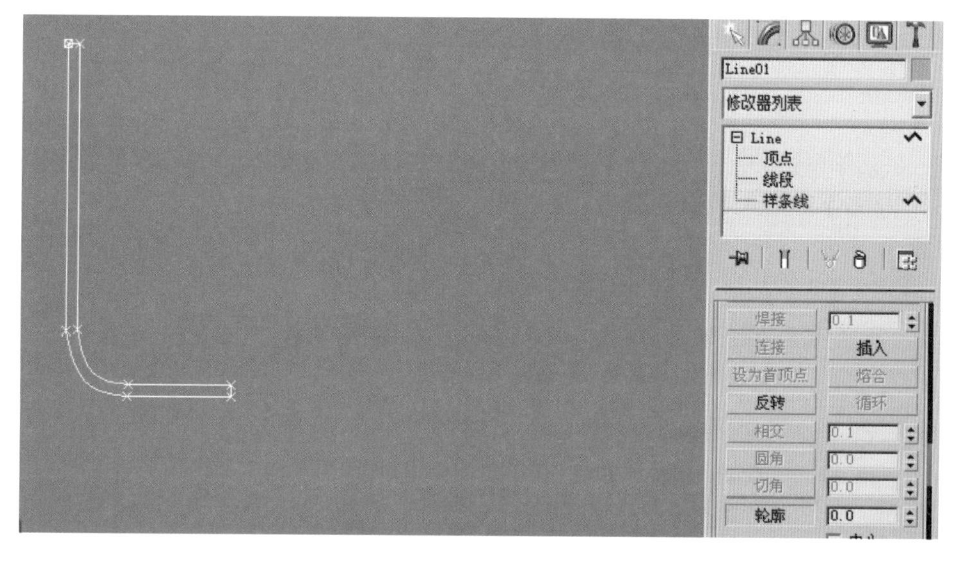

图 2.14 【轮廓】命令的效果

(4) 放大最上面顶点,对上面两个顶点进行【平滑】操作。在【顶点】级别下选择【优化】命令,并在中间添加一个点,如图 2.15 所示。

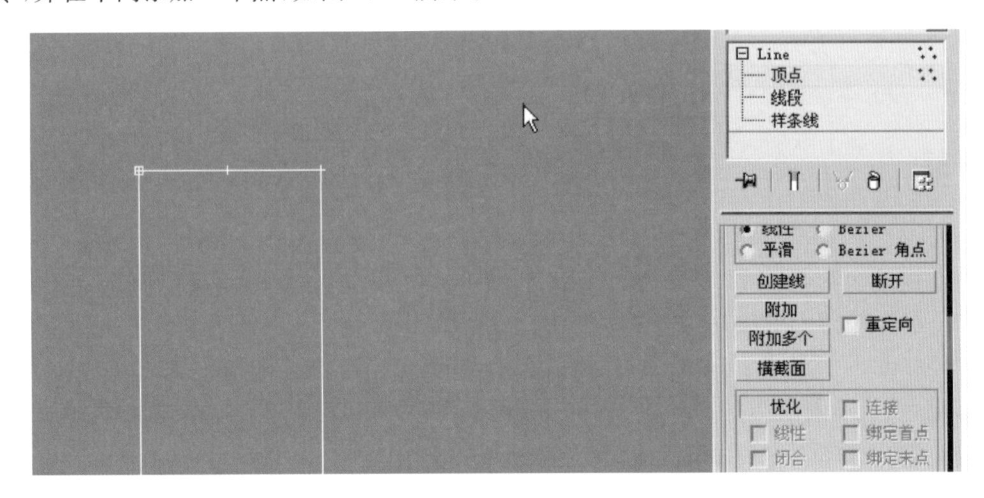

图 2.15　对顶点进行优化

(5) 在【顶点】级别下,选择【移动】命令,将杯口拉出一定的弧度,如图 2.16 所示。

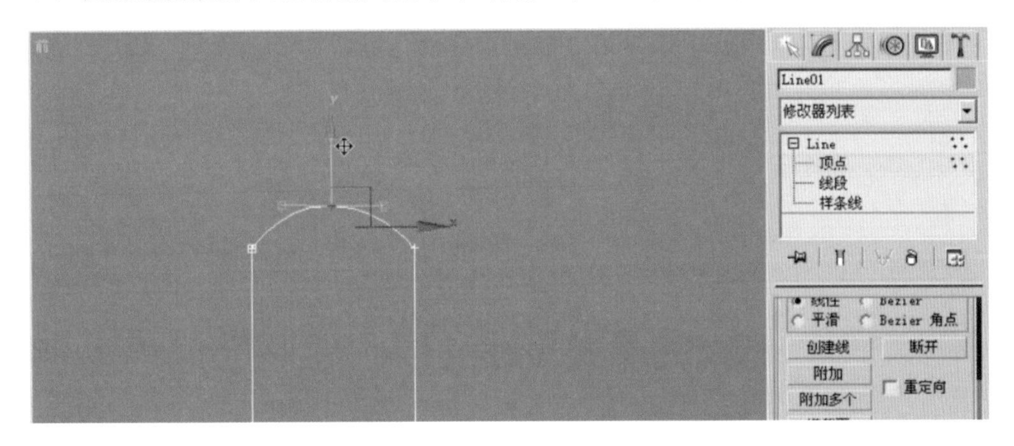

图 2.16　制作杯口的弧度

(6) 在菜单栏【修改器】|【面片/样条线编辑】中选择【车削】命令,并且移动轴,或在修改面板【车削—轴】下将【对齐】选择【最小】。最终效果如图 2.17 所示。

注意:

(1)【对齐】意指轴的 X 方向的位置,【最小】指的是图形 X 轴最左边,【最大】指的是最右边。

(2) 车削时,有时轴的原点会出现没封闭的问题,此时需在修改面板选择【焊接原点】命令。

2.5.4　用附加命令制作门

最终制作的效果如图 2.18 所示。

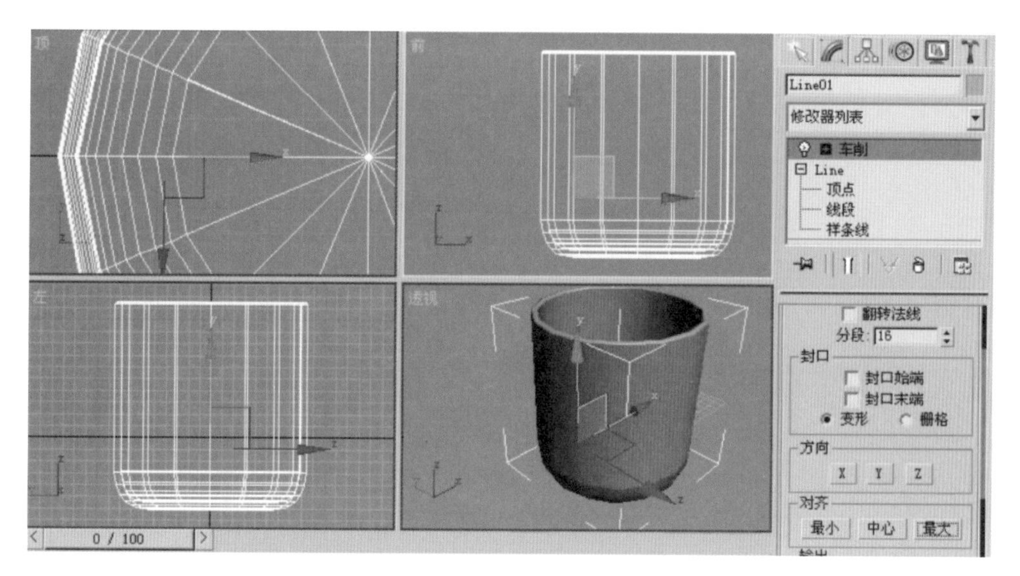

图 2.17　杯子的最终效果图

(1) 在前视图中画一个 2000mm×900mm 的矩形，并在里面画一个小矩形，按住 Shift 键复制 4 个同样的小矩形，如图 2.19 所示。

图 2.18　门的制作效果图

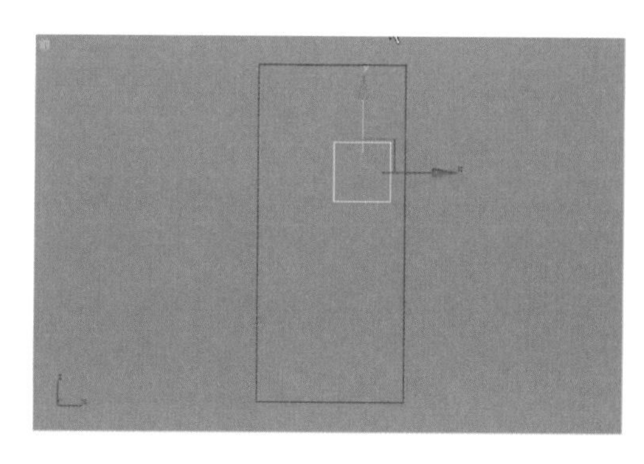

图 2.19　制作矩形

(2) 选择其中一个小矩形，在菜单栏的【修改器】|【面片/样条线编辑】中选择【编辑样条线】命令，或者选中图形，右击将其转换为可编辑样条线，选择【附加】命令，如图 2.20 所示，参数设置如图 2.21 所示。

(3) 选中一个小矩形并选择【附加】命令后，单击选择其他小矩形和大矩形，并选择【挤出】命令。

(4) 继续在门内 4 个矩形上画一个矩形，并挤出 10mm 的厚度，如图 2.22 所示。

(5) 在左视图中画如图 2.23 所示的线条，注意利用 Shift 键画直线，并在修改面板中进一步完善，如图 2.23 所示。

(6) 选中画出的线条，并选择【车削】命令，在修改面板的【车削—轴】下找到【方向】选项，选择 *X* 轴，并在视图中移动轴心，如图 2.24 所示。

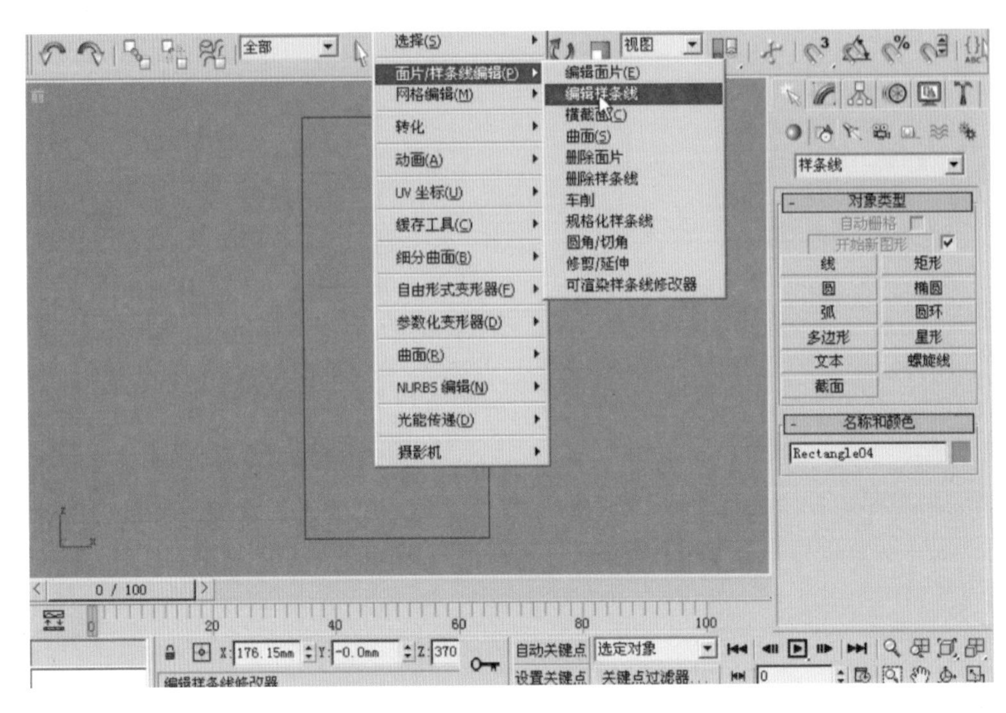

图 2.20　选择【编辑样条线】命令

图 2.21　参数设置

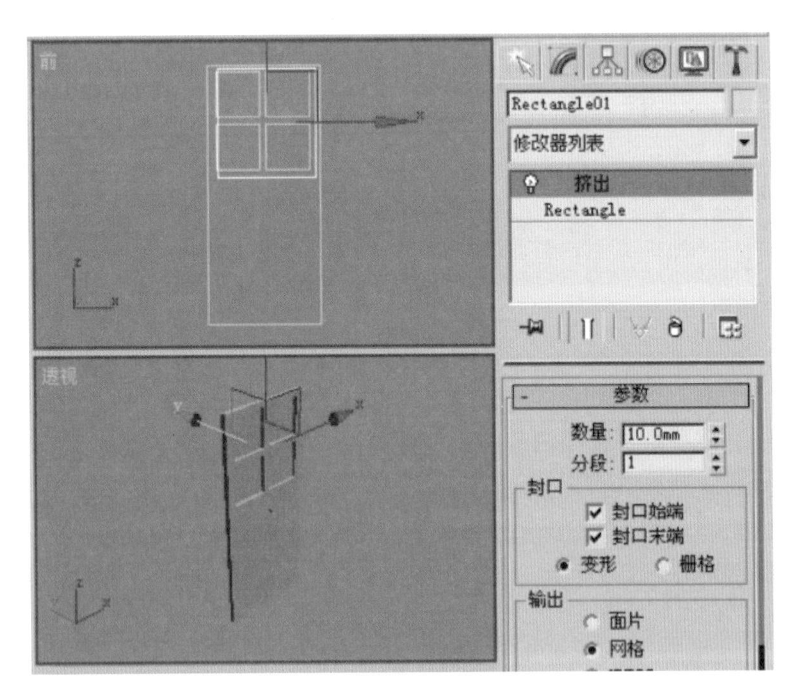

图 2.22　为矩形挤出厚度

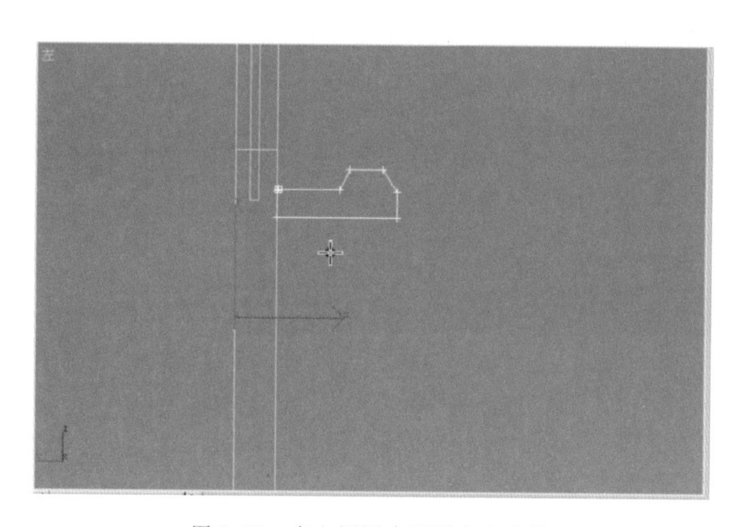

图 2.23　在左视图中画线条和直线

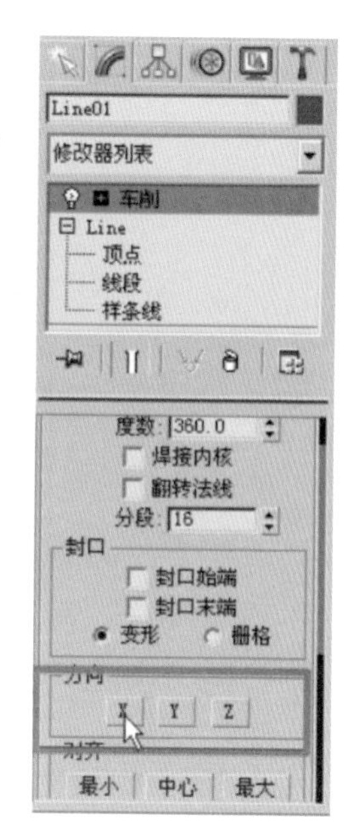

图 2.24　车削

(7) 选择菜单栏中的【缩放】命令，并移动把手到适当位置，如图 2.25 所示。

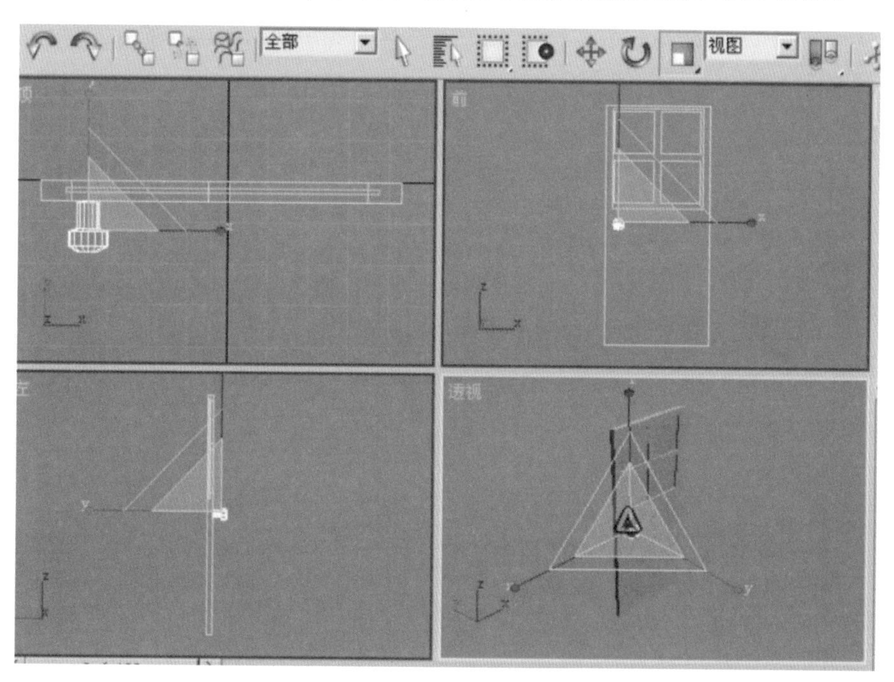

图 2.25　移动把手

(8) 最终效果如图 2.26 所示。

注意：

(1)【附加】命令和【挤出】命令组合，会出现镂空的效果；

(2)【车削】时还需注意是按哪一条轴线旋转的。

图 2.26 完成后的门效果

2.5.5 倒角命令

【倒角】命令和【挤出】命令有相似之处也有不同之处，但是它们是两个完全不同的命令，【倒角】针对模型的硬边缘，为硬边缘制作过渡的效果，【倒角】是在【挤出】的基础上发生角度的改变，产生倾斜的斜角，如图 2.27 所示。

(1) 在图形面板中选择【文本】选项，并往下拉，找到文本框后输入文字，如图 2.28 所示。

图 2.27 【倒角】命令的效果

图 2.28 输入文本

(2) 在前视图中左击，将文字放入视图中，并在参数中修改字体，如图 2.29 所示。

(3) 在【修改器列表】中选择【倒角】选项，并选中【级别 1】，设置【高度】，【级别 2】同样设置【高度】，并设置【轮廓】，【轮廓】为负数，如图 2.30 所示。

(4) 最终效果如图 2.31 所示。

注意：【倒角】命令和【挤出】命令极为相似，但比【挤出】命令更强大，其中在【级别 2】中设置【高度】和【轮廓】是制作倒角的关键。

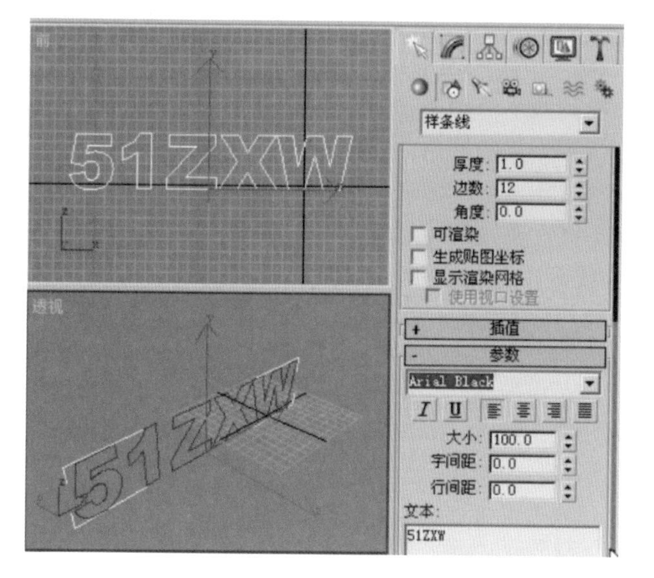

图 2.29　修改文字字体

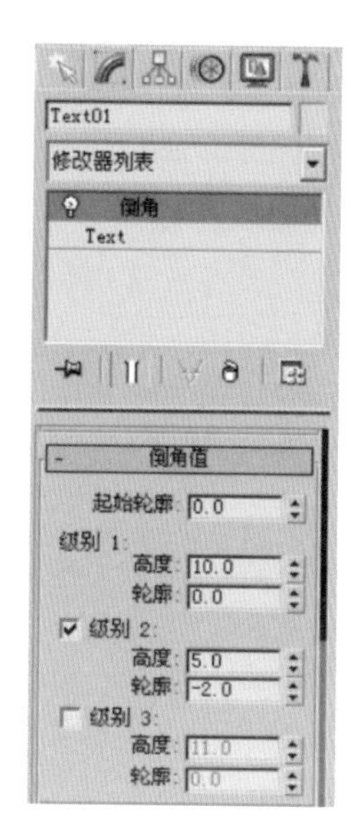

图 2.30　设置【倒角】的参数

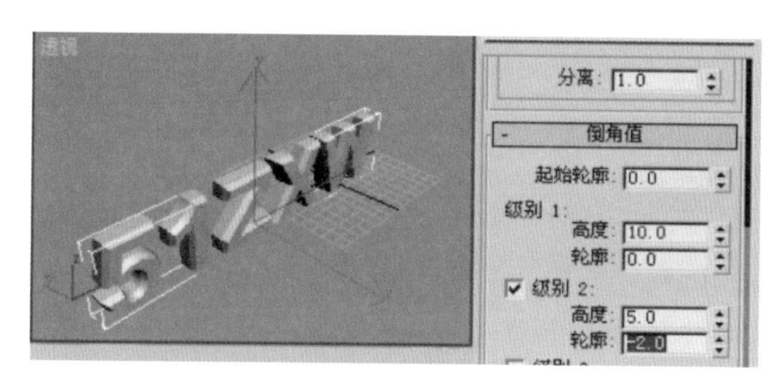

图 2.31　文字制作完成后的效果图

2.5.6　可渲染样条线命令

【可渲染样条线】修改器可以设置样条线对象的可渲染属性，但是该修改器不可以应用在 NURBS 曲线。【渲染】界面及每个属性如图 2.32 所示。

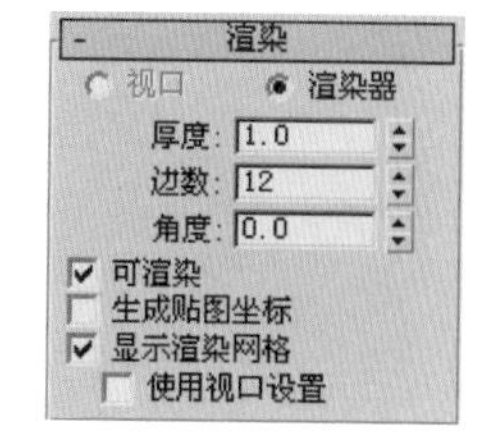

图 2.32　【渲染】界面

这些命令参数的意义如下。

视口——启用此选项可设置视口厚度、边数和角度。仅在启用【显示渲染网格】和【使用视口设置】后，此选项才可用。

渲染器——启用此选项之后，可设置渲染器的厚度、边数和角度。

厚度——设置此项可指定视口或渲染样条线的直径，默认设置为 1.0，范围为 0.0～100 000 000.0。

边数——在视口或渲染器中为样条线网格设置边数。例如，值为 4 表示一个方形横截面。

角度——调整视口或渲染器中横截面的旋转位置。例如，如果用户拥有方形横截面，则可以使用【角度】选项将“平面”定位为面朝下。

可渲染——启用此选项后，将使用指定的参数对图形进行渲染。

生成贴图坐标——启用此选项可应用贴图坐标。*U* 坐标将围绕样条线的厚度包裹一次；*V* 坐标将沿着样条线的长度进行一次贴图。平铺是使用材质本身的平铺参数所获得的。

显示渲染网格——在视口中显示样条线生成的网格。

使用视口设置——显示由【视口】设置生成的网格。

注意：只有当启用【显示渲染器网格】时，【使用视口设置】选项才可用。

实例：利用可渲染样条线制作躺椅的效果如图 2.33 所示。

(1) 在前视图中画一个矩形，【宽度】设置为 1500mm，如图 2.34 所示。

图 2.33　躺椅制作效果图

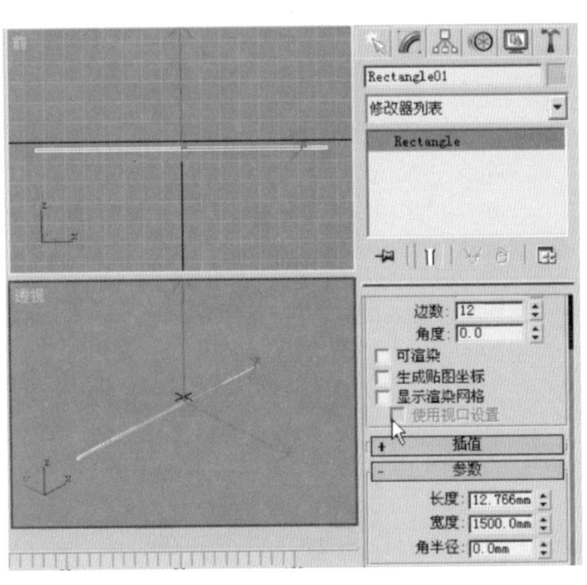

图 2.34　制作矩形

(2) 在前视图中画如图 2.35 所示的线条。

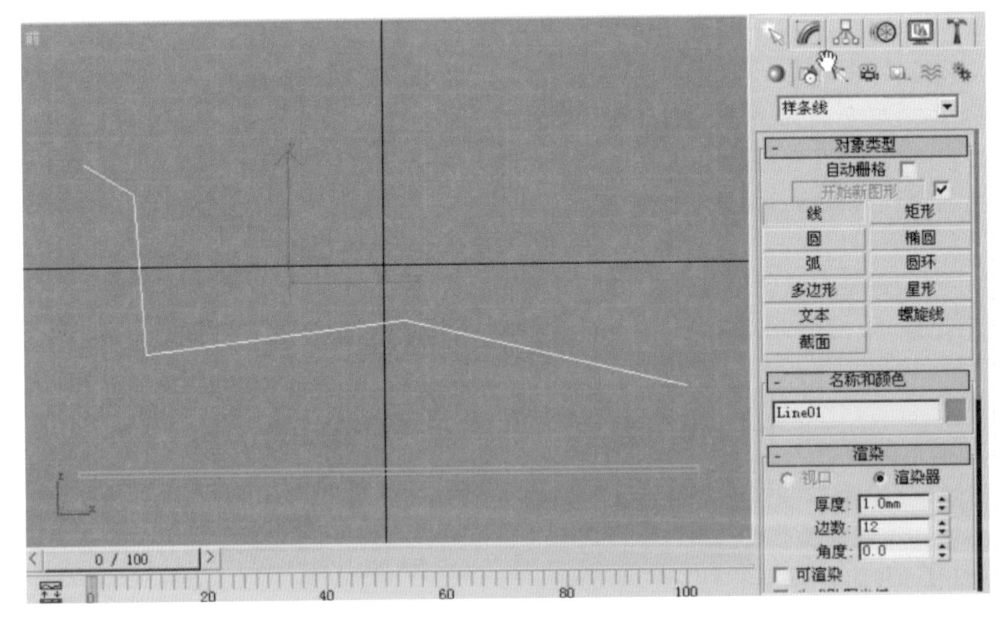

图 2.35　制作线条

(3) 在修改面板下选择【顶点】选项，并框选线条以选择所有顶点，右击，选择【平滑】命令，如图 2.36 所示。

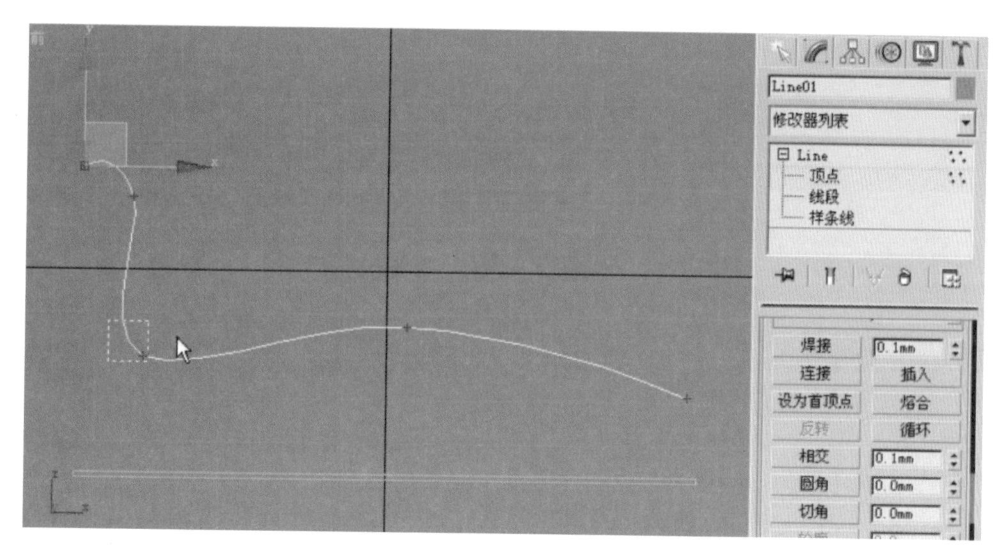

图 2.36　平滑线条

(4) 在【样条线】级别下选择【轮廓】选项，将线条拉出轮廓，如图 2.37 所示。

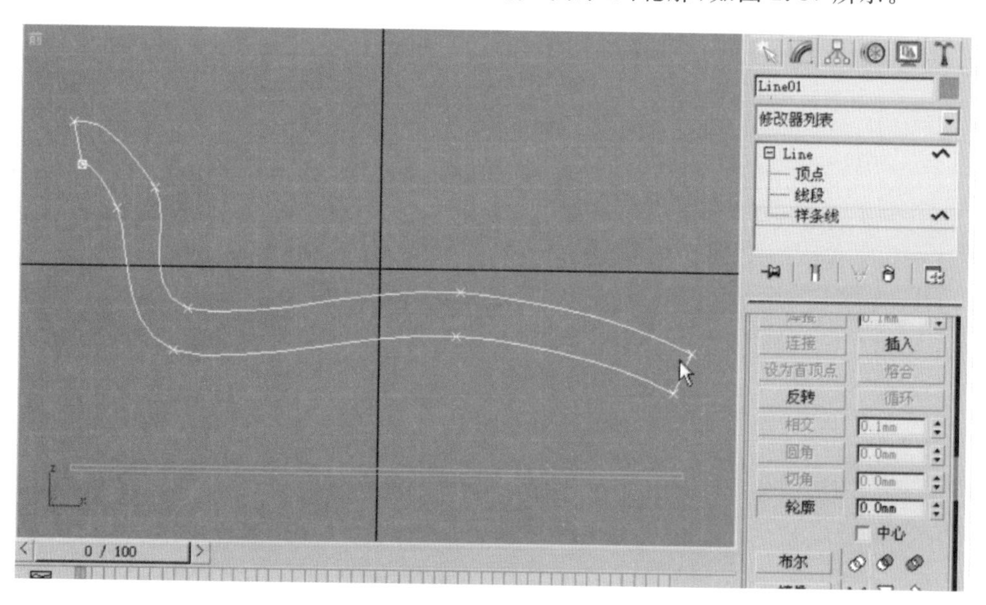

图 2.37　将线条拉出轮廓

(5) 除了添加节点外，可在【顶点】级别下选择两个顶点，利用【圆角】命令制作圆角，如图 2.38 所示。

(6) 利用【倒角】命令，分别输入【倒角值】，如图 2.39 所示。

(7) 在顶视图中画矩形，可添加一定圆角半径，在【修改器】面板中的【面片/样条线编辑】下选择【可渲染样条线修改器】命令，厚度为 20mm，如图 2.40 所示。

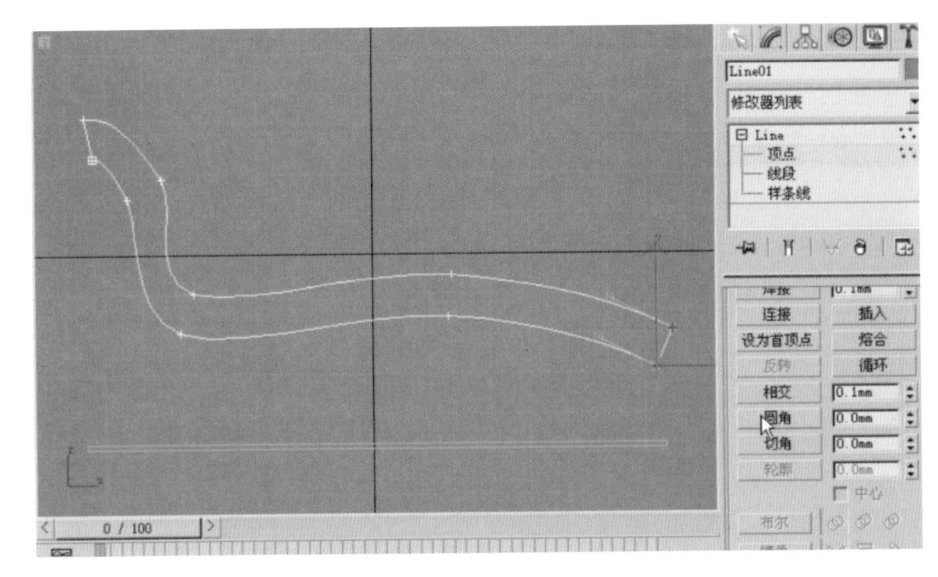

图 2.38 用【圆角】命令制作圆角

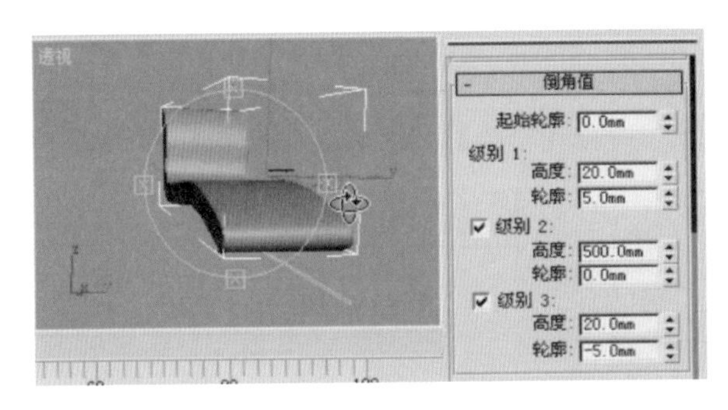

图 2.39 设置倒角值

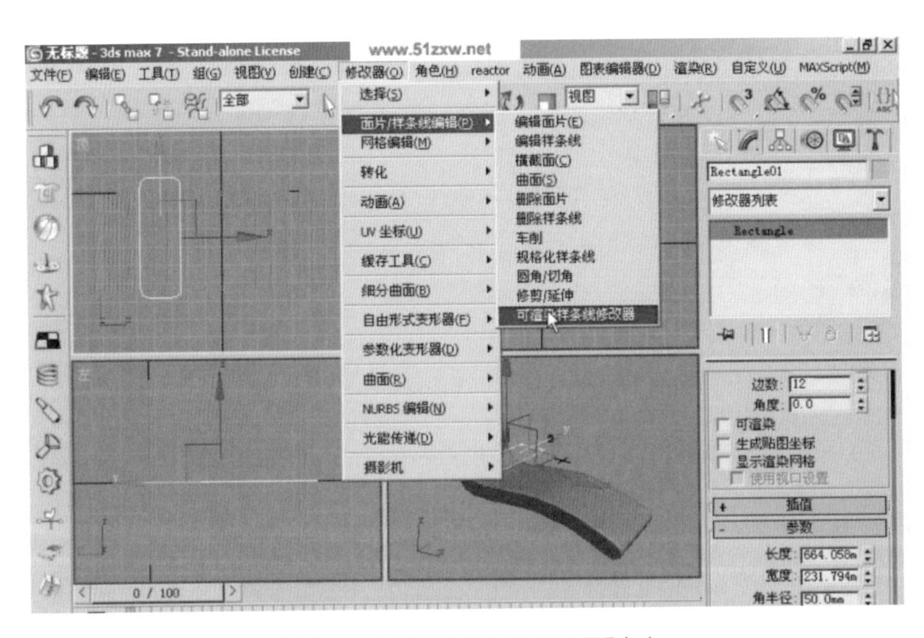

图 2.40 【可渲染样条线修改器】命令

(8) 在菜单栏中选择【旋转】工具，旋转后移动到适当位置，如图 2.41 所示。

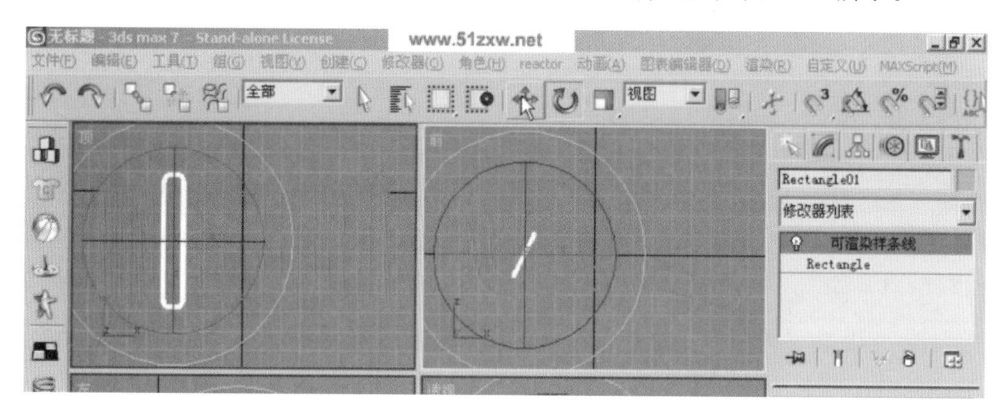

图 2.41　旋转和移动图形

(9) 在复制躺椅腿之后，利用【镜像】工具可将图形翻转，如图 2.42 所示。

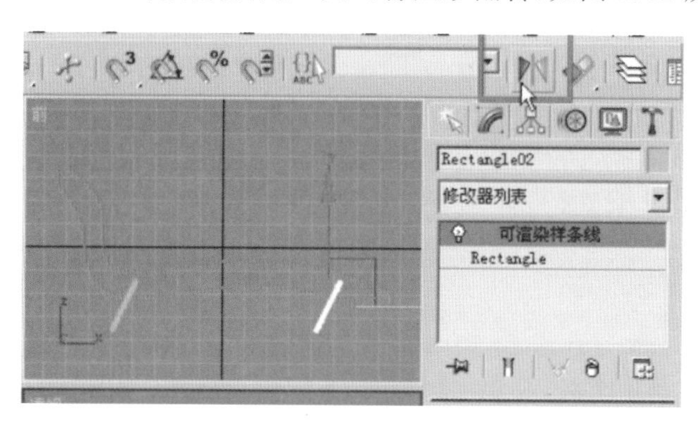

图 2.42　翻转图形

(10) 最终渲染出的躺椅的效果如图 2.43 所示。

图 2.43　最终渲染的躺椅效果图

注意：

（1）可渲染样条线可将一维线条转化为三维图形；

（2）【镜像】工具可将图形翻转，但要注意生成镜像的轴向。

2.5.7 餐桌

分析：餐桌制作主要包括两部分，即桌面和桌腿的制作，其中桌面可以采用前面所学的【倒角】命令制作完成，桌腿采用【可渲染样条线】命令制作完成。

最终的效果如图 2.44 所示。

图 2.44 餐桌制作效果图

（1）在顶视图中画一个圆，并添加【倒角值】，以形成倒角，如图 2.45 所示。

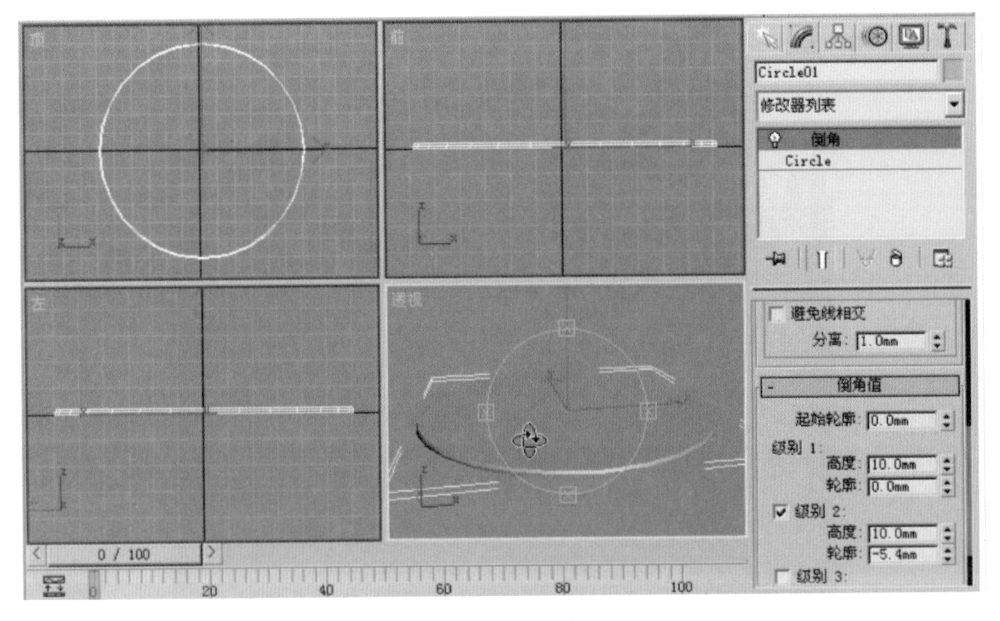

图 2.45 为圆添加【倒角值】

(2) 继续画圆，并使其成为【可渲染样条线】，添加【厚度】，最后移动到适当位置，如图 2.46 所示。

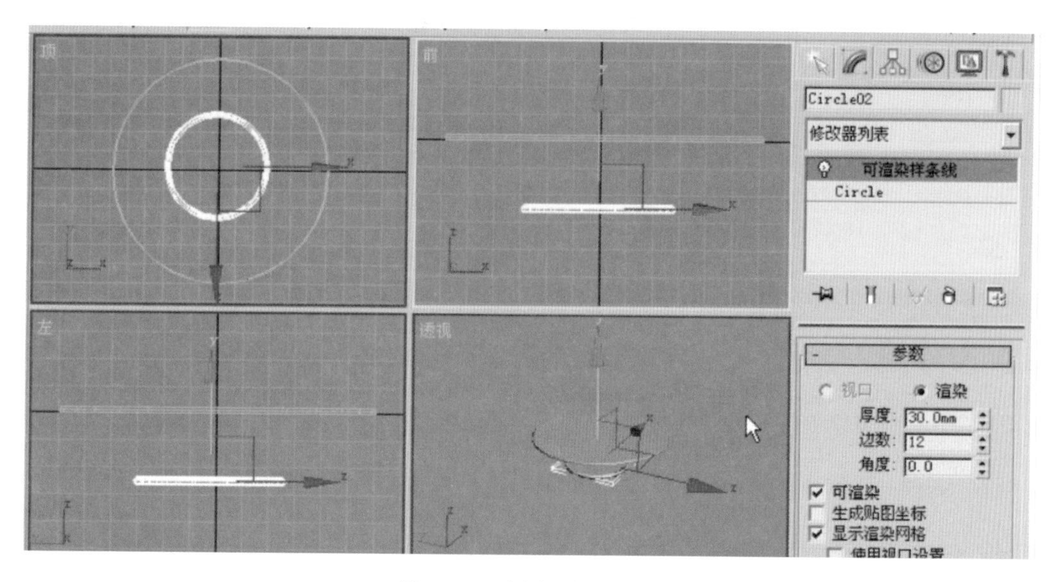

图 2.46　为圆添加【厚度】

(3) 在前视图中画出桌脚线条，并将其转换为可渲染样条线，如图 2.47 所示。

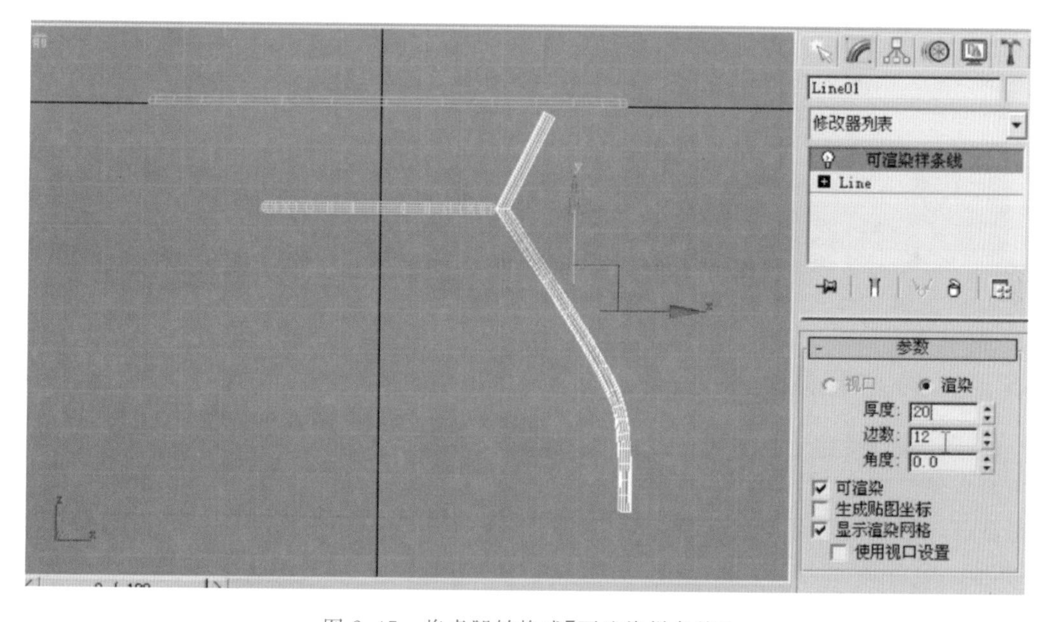

图 2.47　将桌腿转换成【可渲染样条线】

(4) 利用【复制】和【镜像】命令的组合，制作一对桌脚，并选中一对桌脚将它们编【成组】，如图 2.48 所示。

(5) 在透视图中，选中成组的桌脚，利用 Shift＋旋转命令，旋转 X 向的轴，将桌腿复制，如图 2.49 所示。

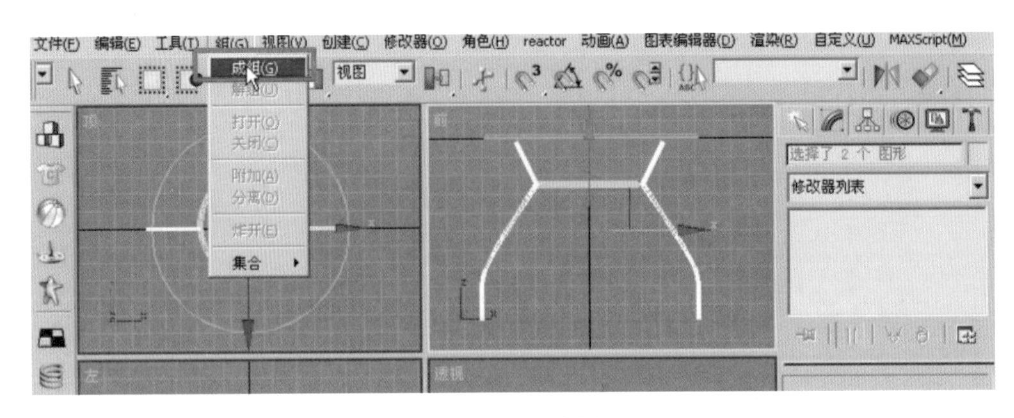

图 2.48　将桌腿编【成组】

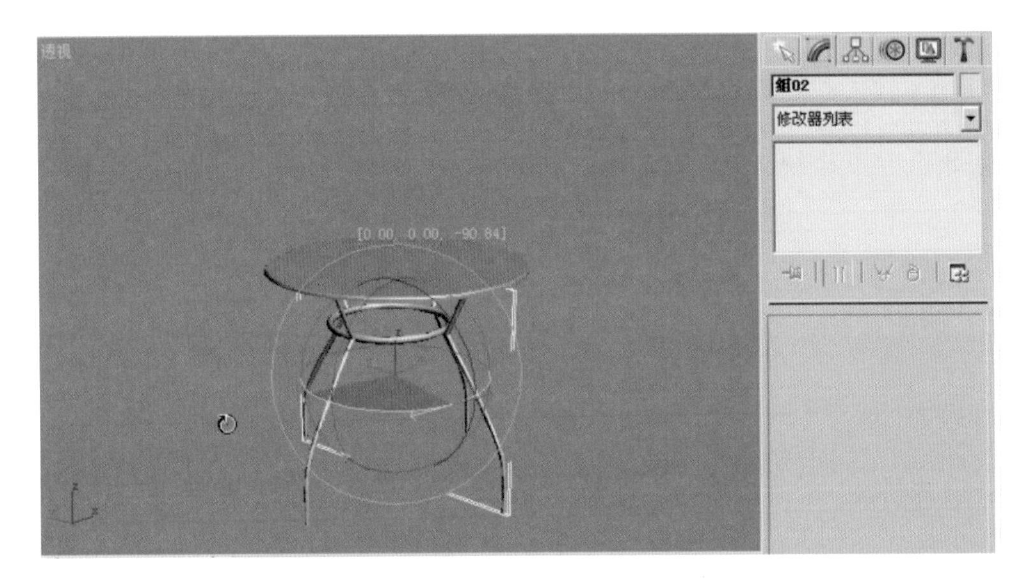

图 2.49　复制桌腿

2.5.8　倒角剖面命令

【倒角剖面】又称为轮廓倒角命令，用此命令的主要步骤是先画一个路径再画一个截面，然后选择路径，添加【倒角剖面】修改器，单击【拾取剖面】按钮，单击事先画好的剖面就会成为立体的了。

图 2.50　古式茶几制作效果图

下面用【倒角剖面】命令制作一个古式茶几，最终的效果如图 2.50 所示。

(1) 在顶视图制作一个 700mm×700mm 的矩形，如图 2.51 所示。

(2) 在前视图中制作一个 50mm×50mm 的矩形，如图 2.52 所示。

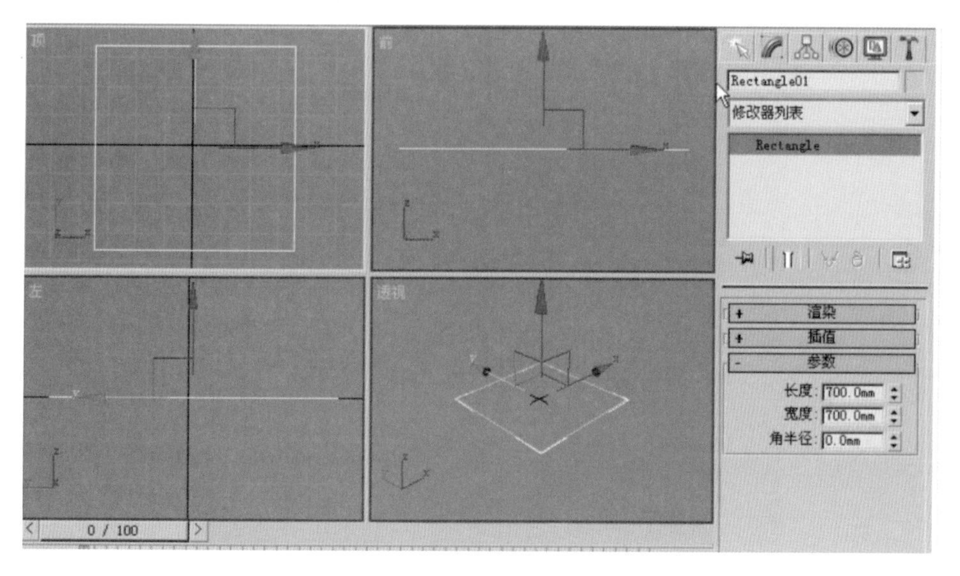

图 2.51　在顶视图制作矩形

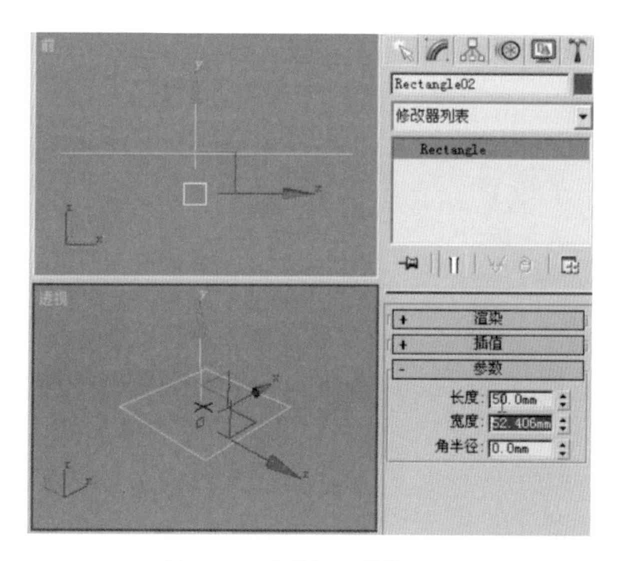

图 2.52　在前视图制作矩形

(3) 在【可编辑样条线】|【顶点】级别下，将小矩形推成如图 2.53 所示的形状。

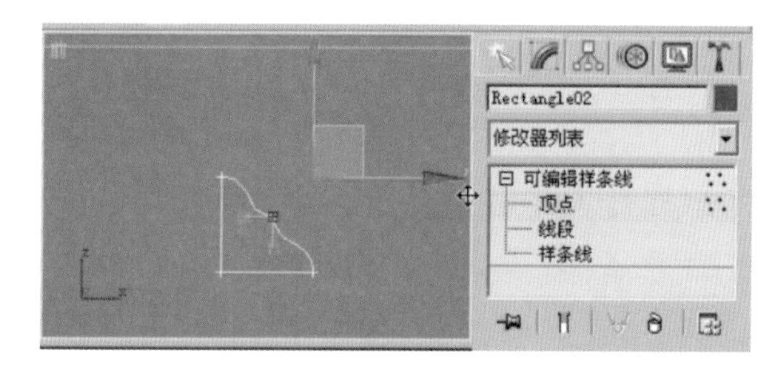

图 2.53　编辑图形顶点

(4) 选中大矩形,在【修改器】列表中找到【倒角剖面】选项,单击参数中的【拾取剖面】按钮,然后单击小矩形以拾取它,如图 2.54 所示。

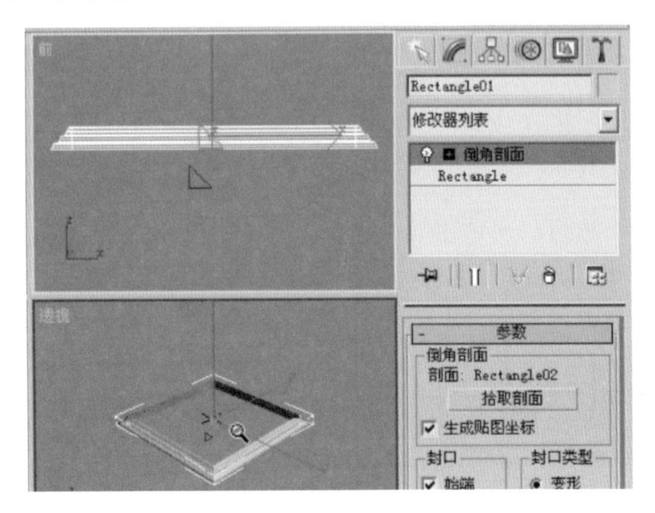

图 2.54 拾取小矩形

(5) 选择小矩形的两条直线段并删除,就能制作出茶几桌面的效果,如图 2.55 所示。

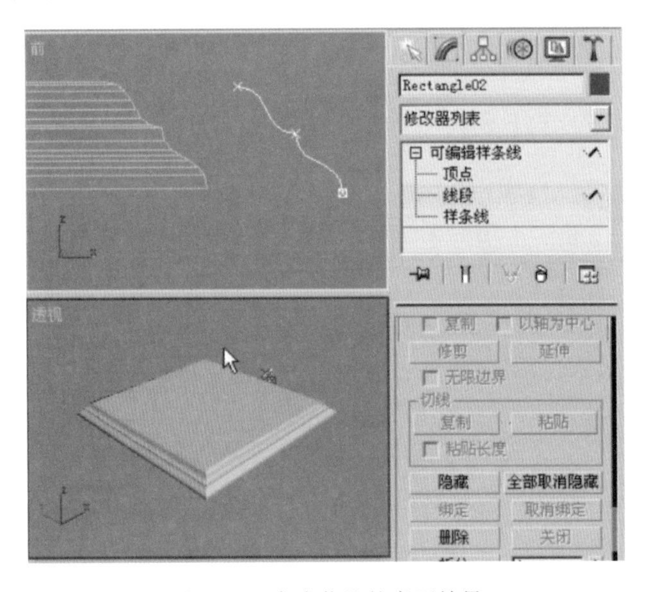

图 2.55 古式茶几的桌面效果

(6) 在几何体的【扩展基本体】面板中,选择【切角圆柱体】来制作茶几脚,如图 2.56 所示。

(7) 最后将桌腿修改,移动到适当位置并复制,最终效果如图 2.57 所示。

2.5.9 用轮廓倒角命令制作马桶

分析:马桶主要由两部分组成,即马桶的水箱部分和马桶底座部分,其中马桶底座由【倒角剖面】命令完成,最终的效果如图 2.58 所示。

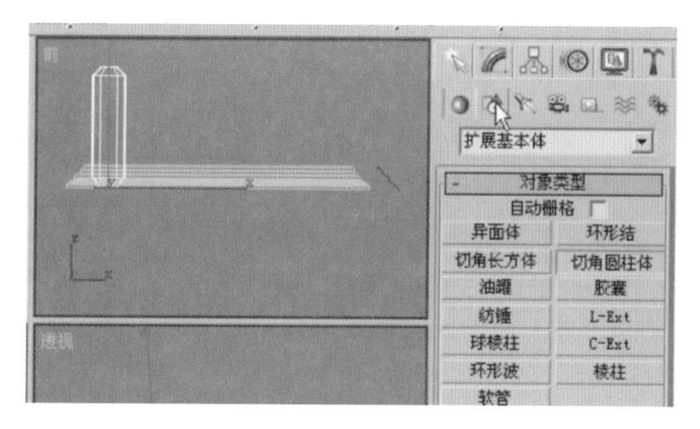

图 2.56　制作茶几脚

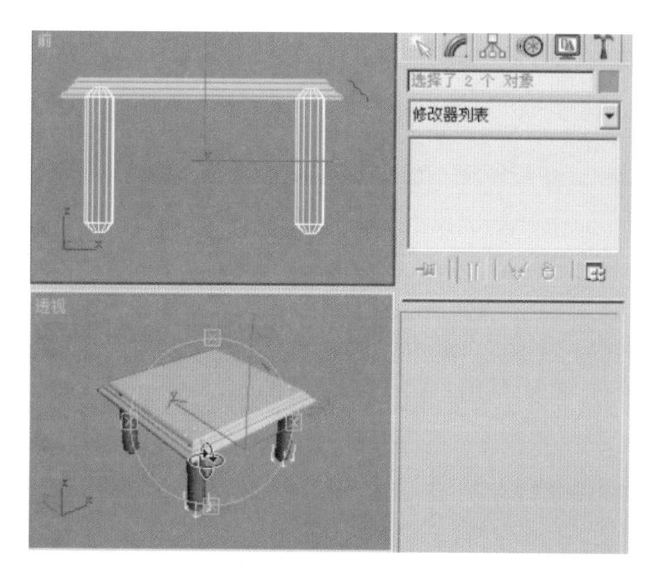

图 2.57　制作完成的古式茶几

图 2.58　马桶制作效果图

(1) 在顶视图画一个600mm×500mm的矩形,如图2.59所示。

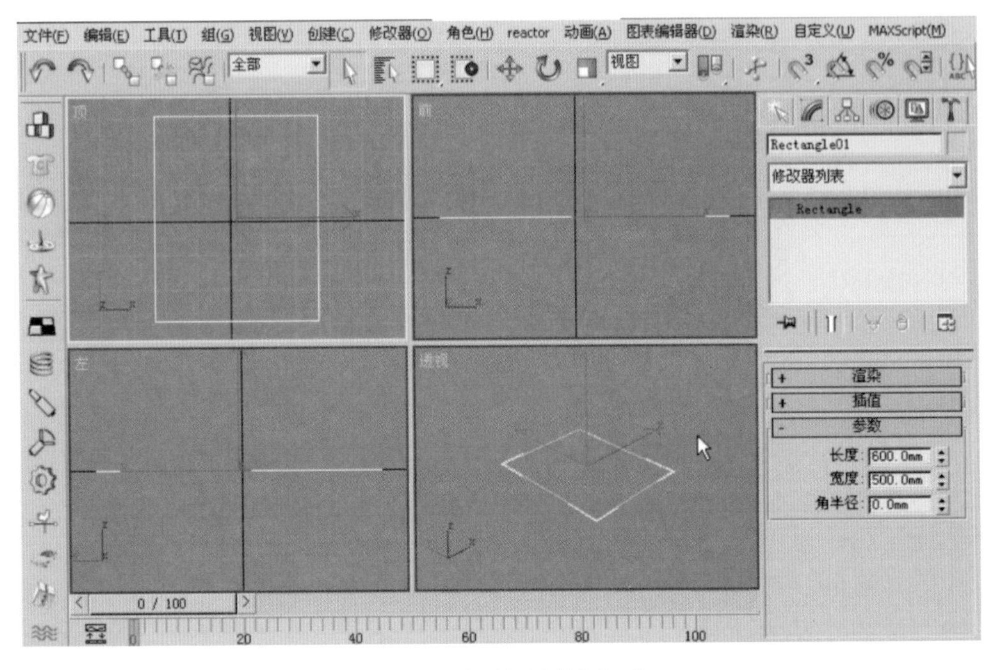

图2.59 在顶视图制作矩形

(2) 在【可编辑样条线】|【顶点】级别下选中矩形的前两个顶点,并选择【圆角】命令,制作出马桶前部分效果,后面两个顶点用同样的方法稍稍改动,如图2.60所示。

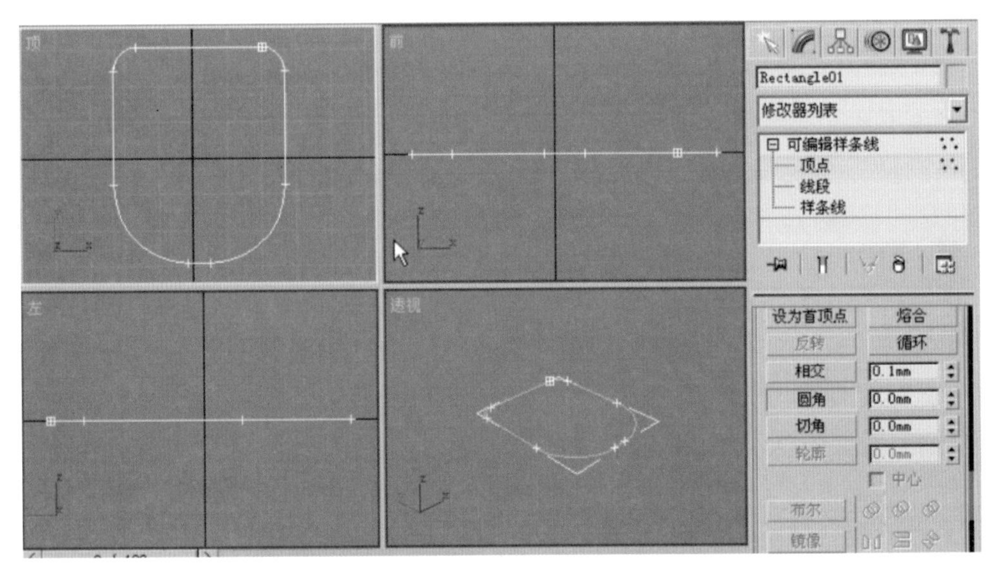

图2.60 马桶前部分效果图

(3) 切换到前视图,放大,并利用线条画出马桶身的轮廓,如图2.61所示。

(4) 选中矩形,利用【倒角剖面】命令,拾取剖面,然后拾取线条,如图2.62和图2.63所示。

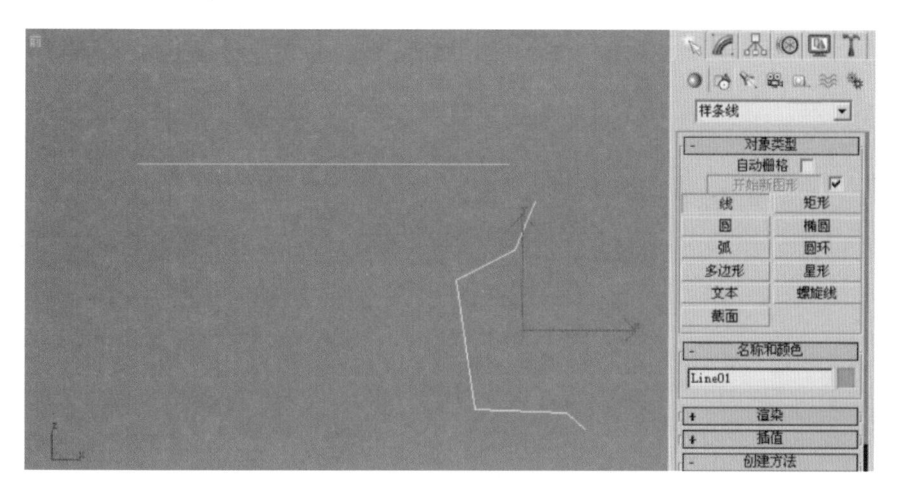

图 2.61 制作马桶轮廓图

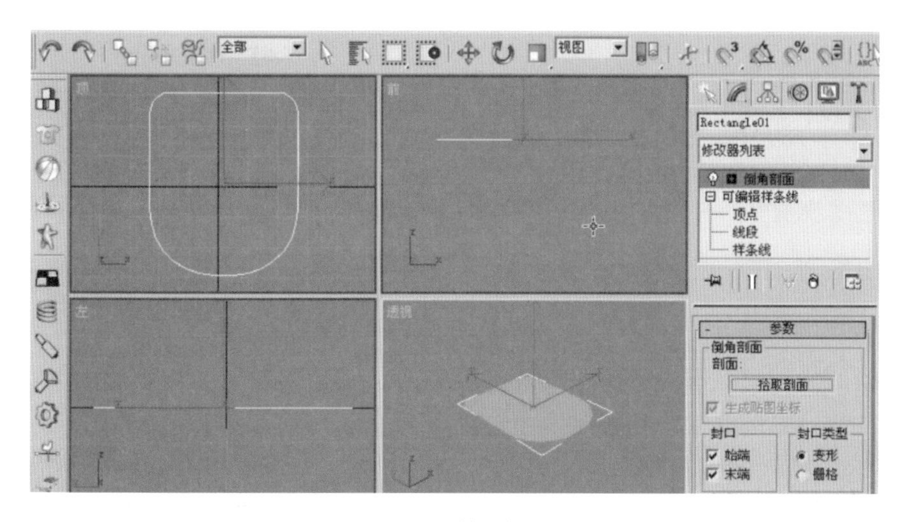

图 2.62 拾取剖面

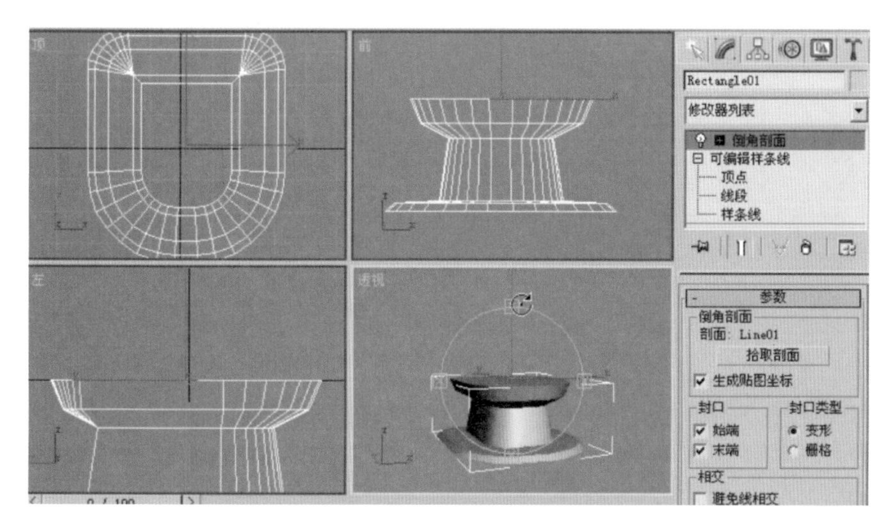

图 2.63 拾取线条

(5) 在【顶点】级别下选择如图 2.64 所示线条中的顶点，并右击，选择【平滑】命令，如图 2.64 所示。

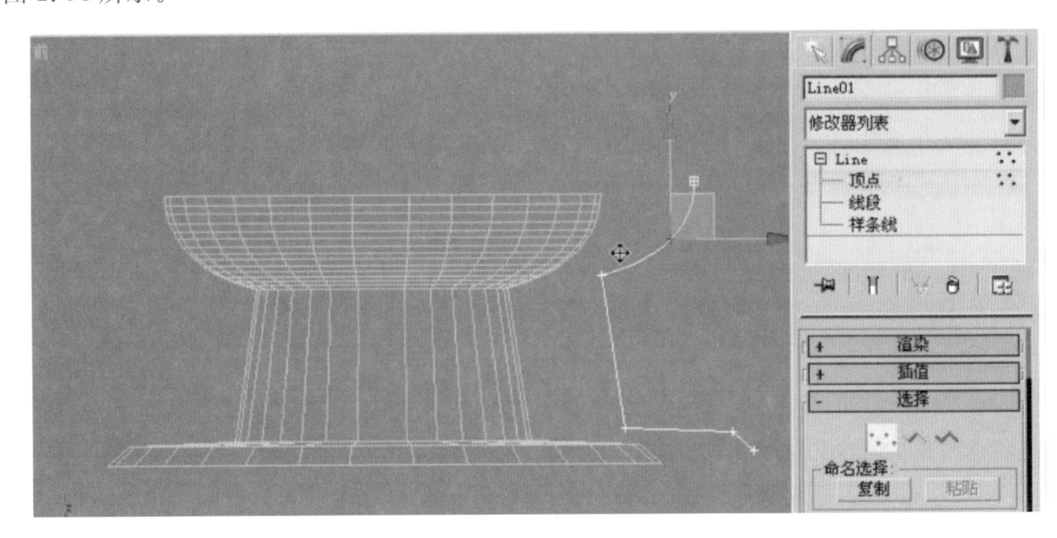

图 2.64　平滑顶点

(6) 移动线条中的各顶点并稍作修改，如图 2.65 所示。

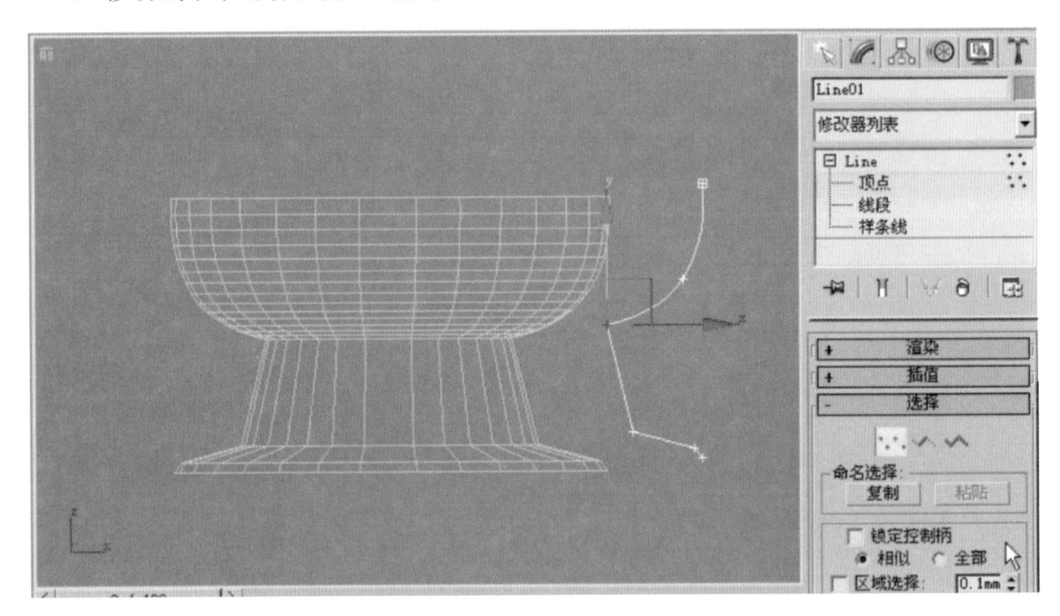

图 2.65　移动和修改顶点

(7) 首先复制一个马桶，然后在【修改器】面板上选择【倒角剖面】命令，选择【垃圾筒】命令删除，如图 2.66 所示。

(8) 通过以上修改，马桶顶部剩下一个线条，选中它，并利用【倒角】命令制作出马桶盖，如图 2.67 所示。

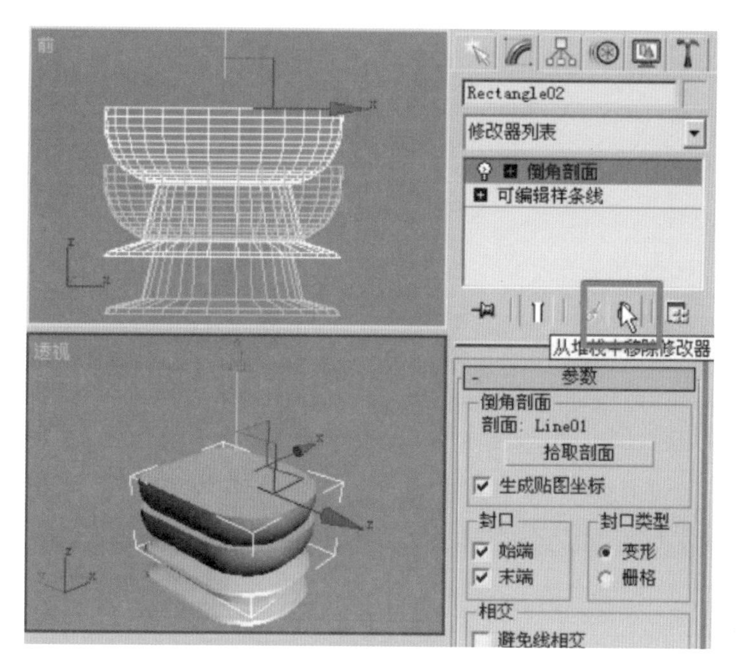

图 2.66　复制马桶并删除

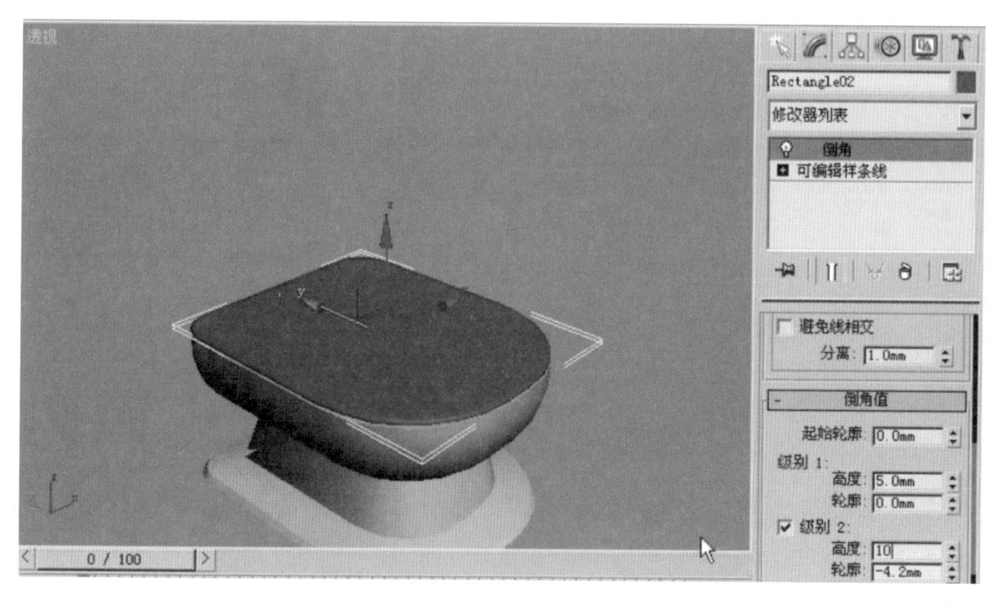

图 2.67　制作马桶盖

(9) 水箱制作可以直接在顶视图画一个矩形,角半径为30mm,如图2.68所示。

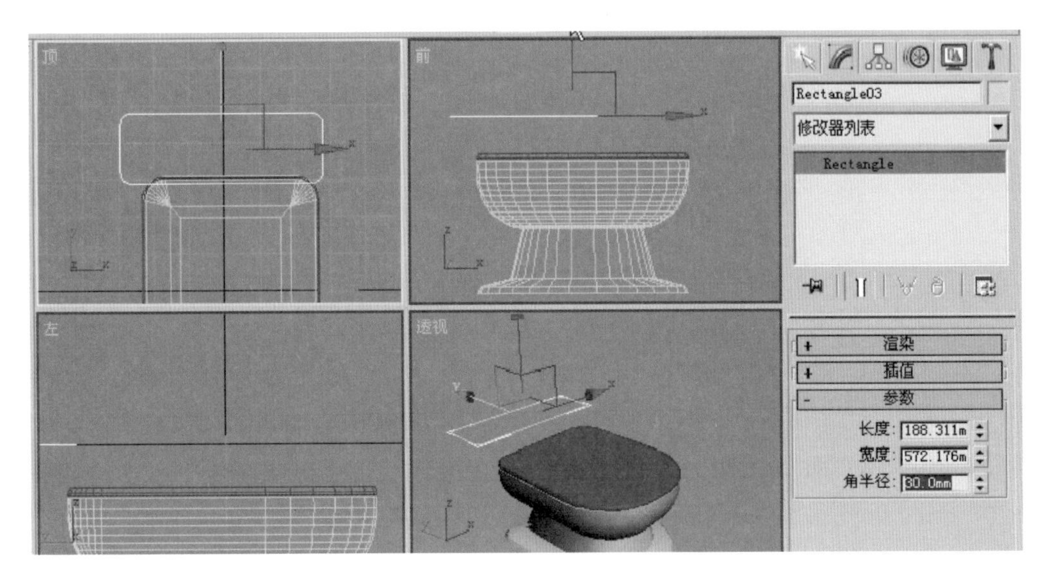

图2.68 制作水箱

(10) 选择【修改器】→【网格编辑】→【挤出】命令,挤出一个高度,如图2.69所示。

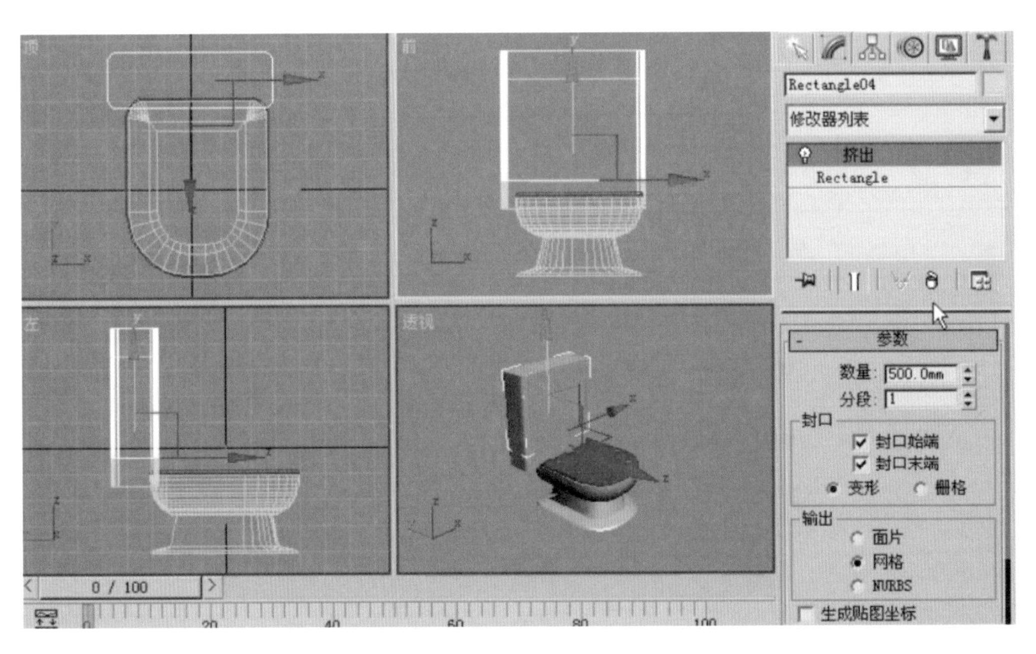

图2.69 挤出高度

(11) 同样地,将步骤(10)所做的水箱移动复制一个,同时删除【挤出】命令,在修改器列表中,选择【倒角】命令,参数设置如图2.70所示,制作剩下的长方形水箱的盖子。

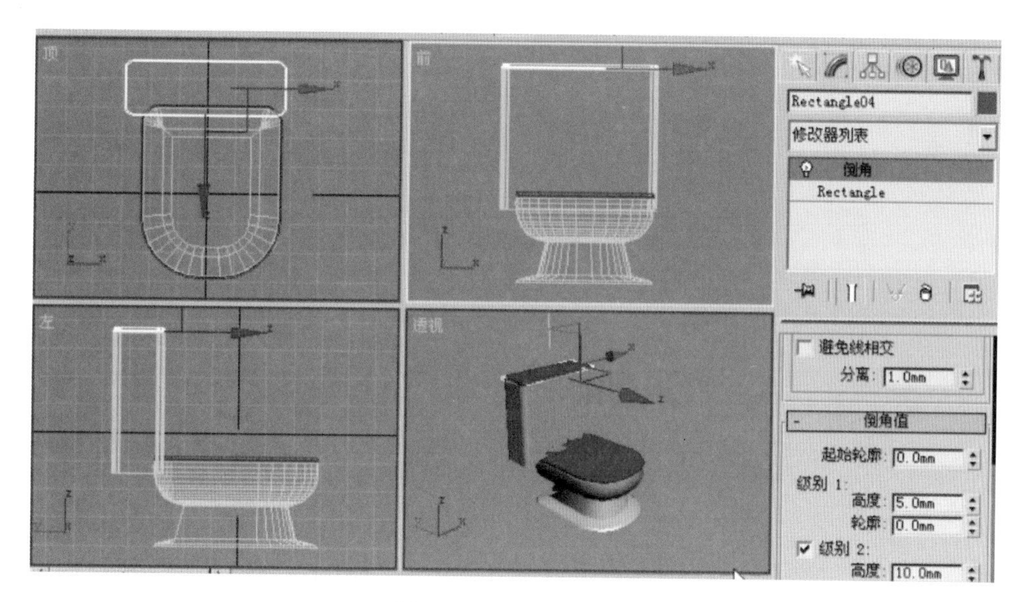

图 2.70　马桶制作完成

至此,马桶制作完成。

第 3 章　复合建模(布尔运算和放样)

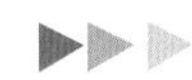

3.1　布 尔 运 算

1. 定义

先使两个模型重叠一部分,就可以求出这两个模型的差集、交集与并集,这种方式叫作布尔运算。

对于三维物体,可以求出两个物体的并集、交集和差集(【创建】面板|【复合对象】|【布尔】)。

例子:房子门、窗。

超级布尔运算:与布尔运算功能一样,主要进行几何体的交集、并集和差集运算,只不过超级布尔支持连续拾取,而且运算速度更快,布线更合理。

例子:烟灰缸。

2. 了解布尔运算

(1) 制作一个长方体和一个球体,如图 3.1 所示。

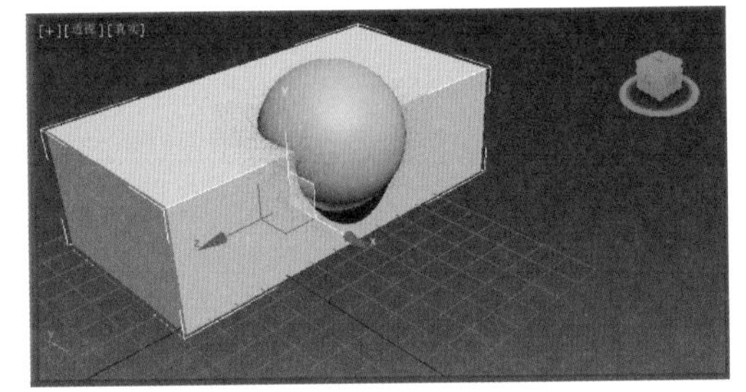

图 3.1　长方体和球体制作效果图

(2) 选中长方体,并在【创建】面板中选择【复合对象】|【布尔】选项,如图 3.2 所示。

(3) 在下拉菜单中选择【差集(A—B)】单选按钮,如图 3.3 所示。

(4) 接着选择【拾取操作对象 B】选项,并单击选择画出的球体,如图 3.4 所示。

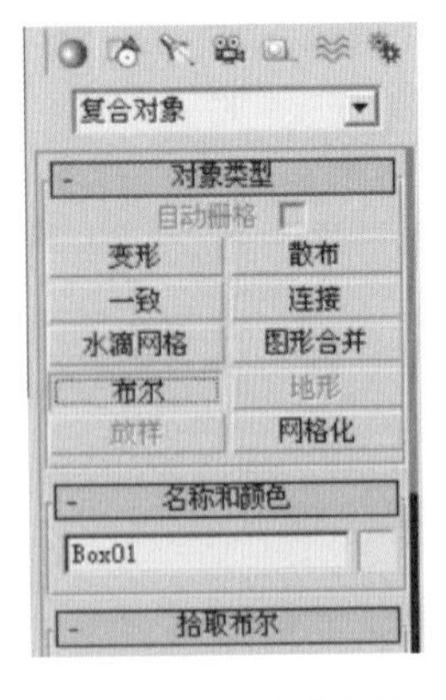

图 3.2　【布尔】选项

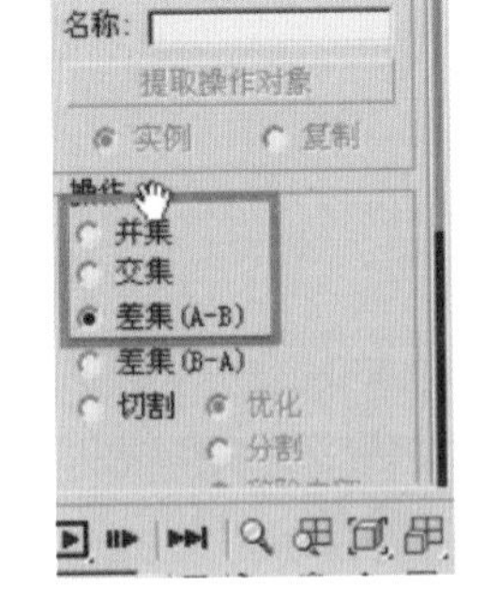

图 3.3　【差集(A—B)】单选按钮

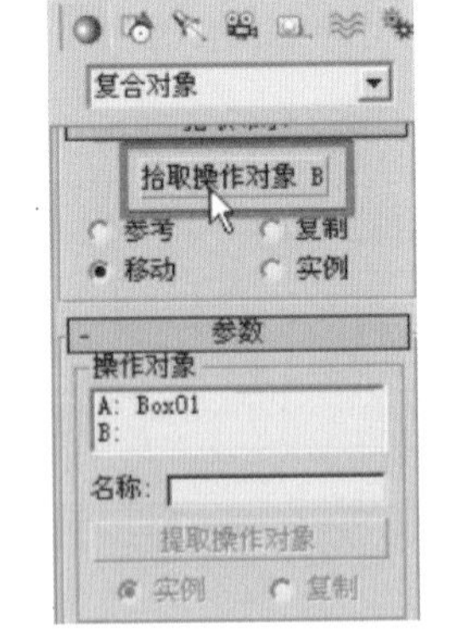

图 3.4　【拾取操作对象 B】选项

最终的效果如图 3.5 所示。

注意:在进行布尔运算操作时,首先要选中物体(A),再选择【拾取操作对象 B】选项,才能达到效果。

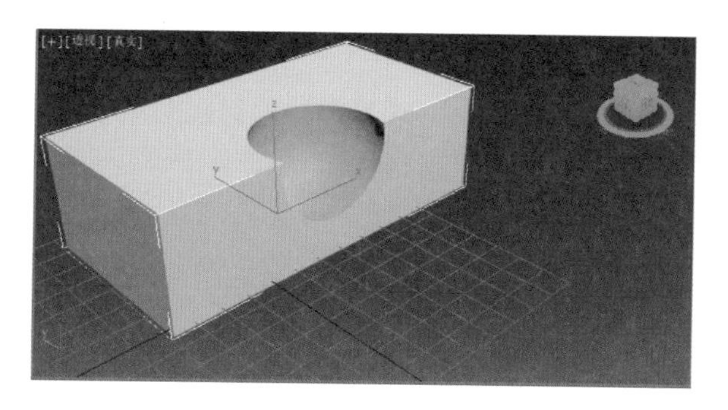

图 3.5　制作完成后的长方体和球体

3. 浴缸的制作

(1) 用【切角长方体】制作出一个图形，并修改大小，如图 3.6 所示。

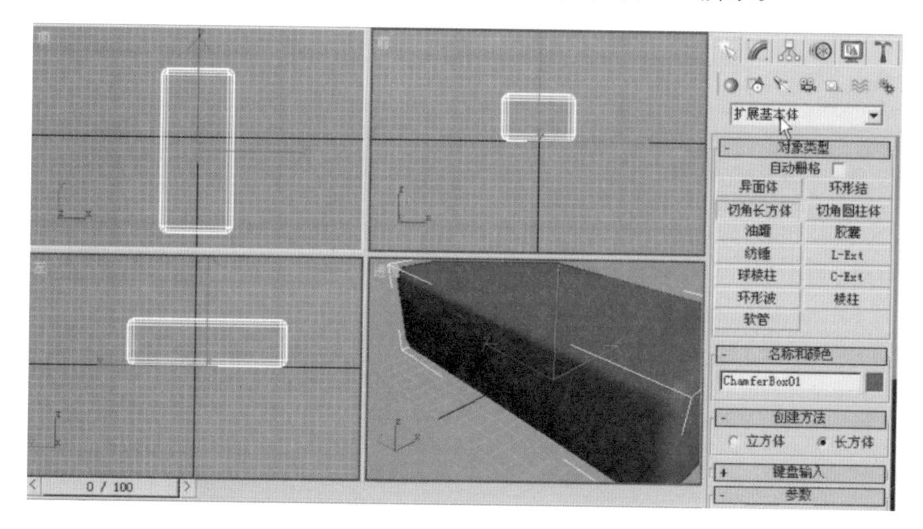

图 3.6　用【切角长方体】制作图形

(2) 在【扩展基本体】中选择【胶囊】体，并修改大小、半径后移到适当位置，如图 3.7 所示。

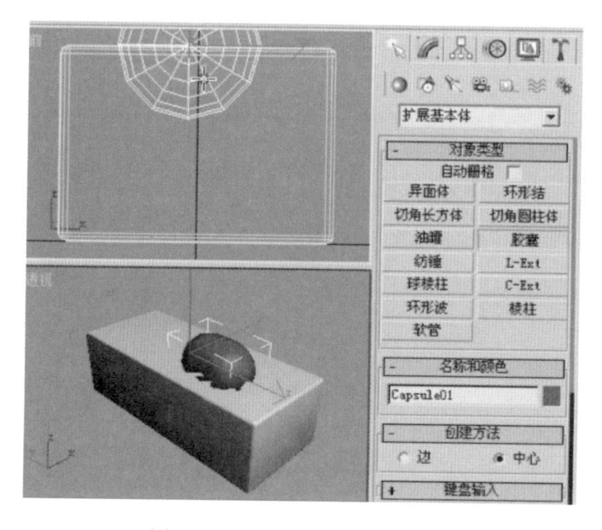

图 3.7　用【胶囊】体制作图形

(3) 选中长方体，在【创建】面板中选择【复合对象】|【布尔】命令，选择【差集(A－B)】选项，选择【拾取操作对象 B】选项，最后单击【胶囊】按钮，如图 3.8 所示，最终的效果如图 3.9 所示。

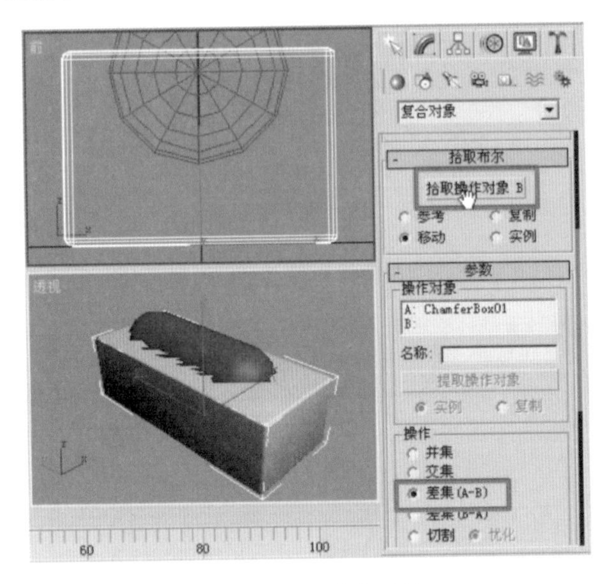

图 3.8　进行布尔运算

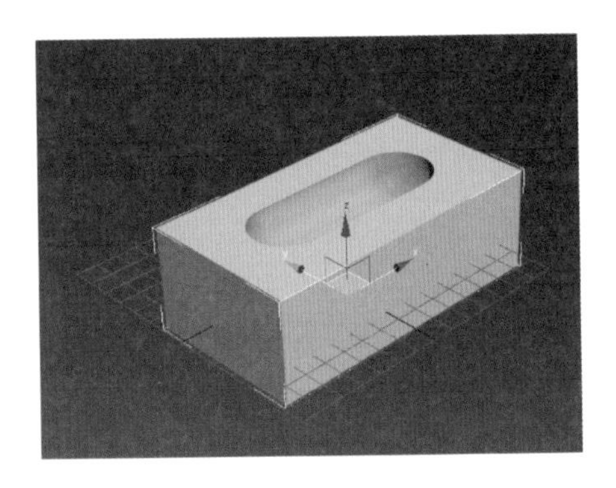

图 3.9　布尔运算完成后的浴缸

(4) 继续制作一个小的切角长方体，修改大小，并移动到适当位置，如图 3.10 所示。

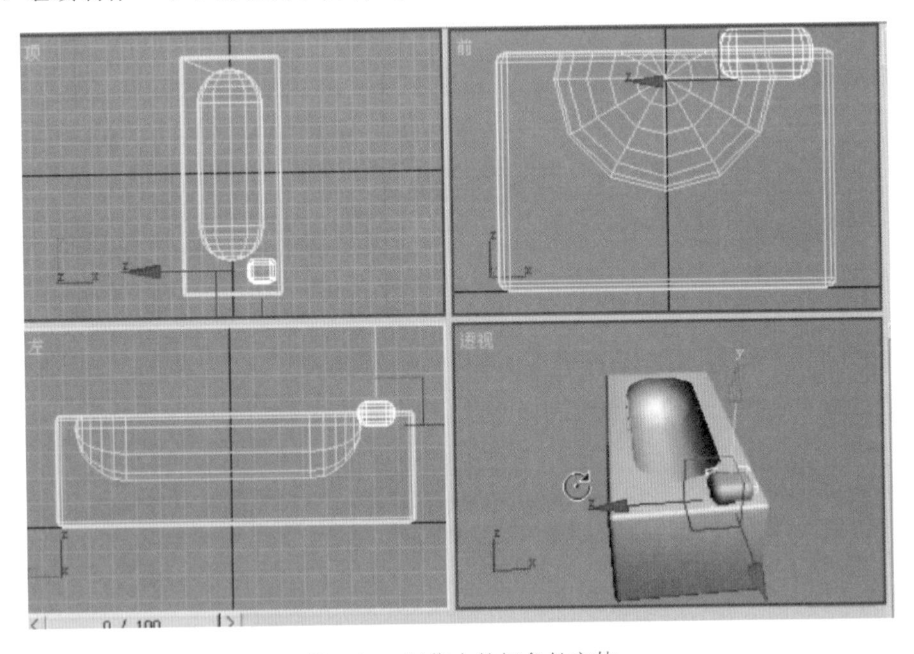

图 3.10　制作小的切角长方体

(5) 按照(3)的步骤，对两个长方体进行布尔运算处理，如图 3.11 所示。

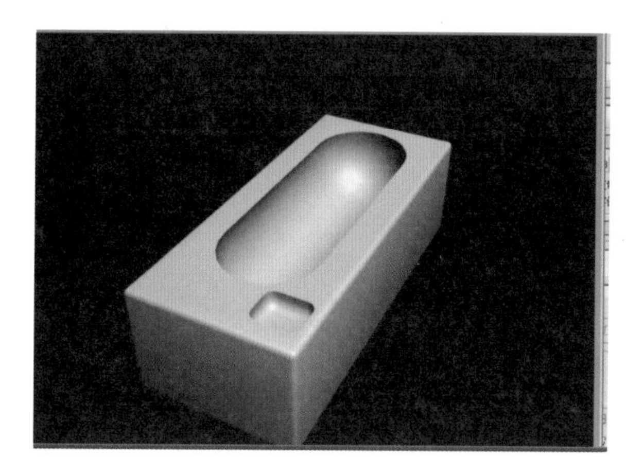

图 3.11　对两个长方体进行布尔运算

4. 多次布尔运算制作墙壁

(1) 用线条画出如图 3.12 所示的图形,并利用【轮廓】命令制作出厚度,如图 3.12 所示。

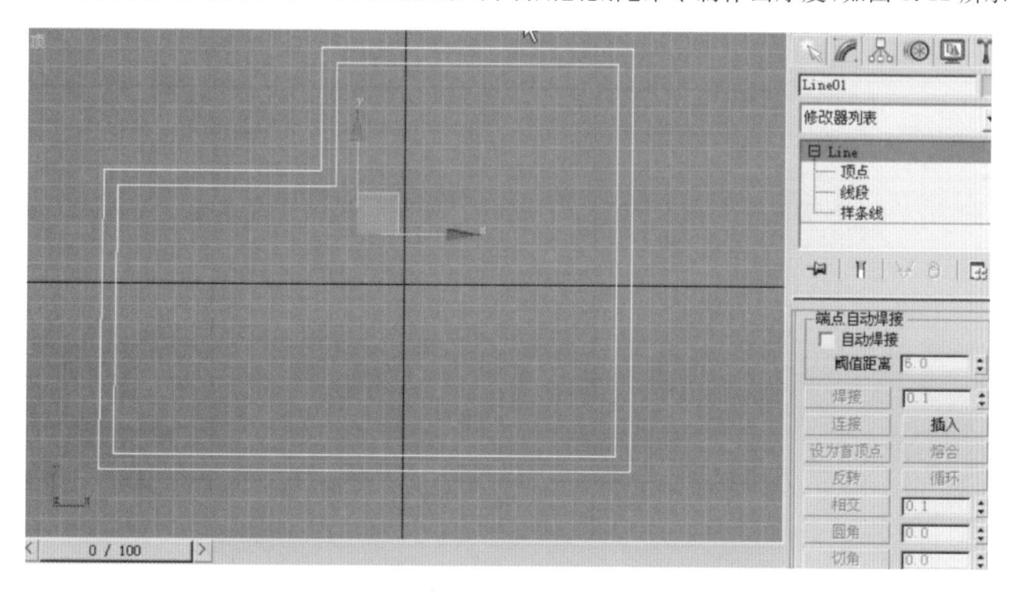

图 3.12　用线条制作图形

(2) 选择【修改器】|【网格编辑】|【挤出】命令,制作出墙壁模型,如图 3.13 所示。

(3) 制作出三个一模一样的长方体,作为三个小门,放到墙体的三个不同的位置,如图 3.14 所示。

(4) 在其中一个长方体上右击,选择【转化为可编辑网格】命令,并在下拉菜单中选择【附加】命令,附加另外两个长方体,附加完毕后,再一次选择【附加】命令,如图 3.15 所示。

(5) 选择墙壁模型,并利用布尔运算"差集(A−B)",选择【拾取操作对象 B】选项,单击长方体。通过布尔运算的减法,可以在该墙体中制作出三个小门,如图 3.16 所示。

注意: 在进行多次布尔运算时,如果没有利用【附加】命令来将多个图形转换为一个整体,那么下一次的布尔运算会取消上一次的布尔运算。

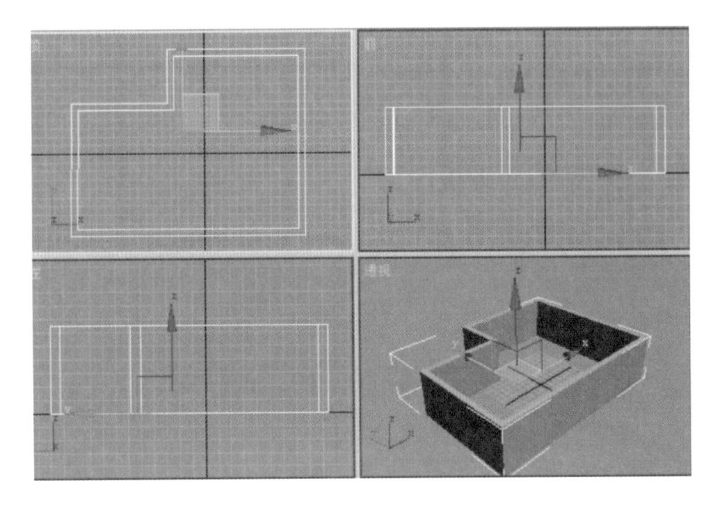

图 3.13　制作墙壁模型

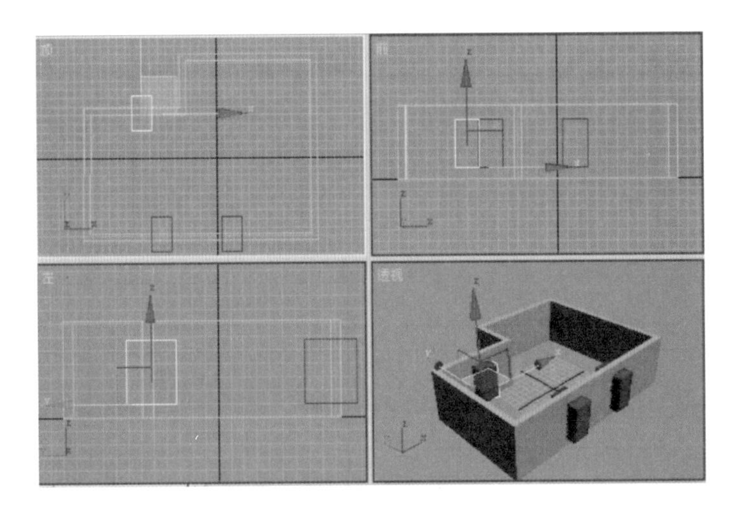

图 3.14　制作墙壁的小门

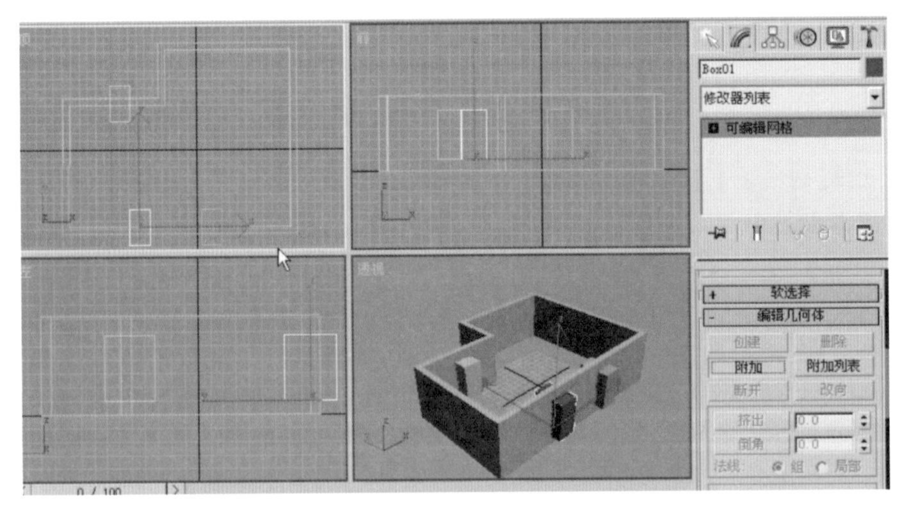

图 3.15　附加两个长方体

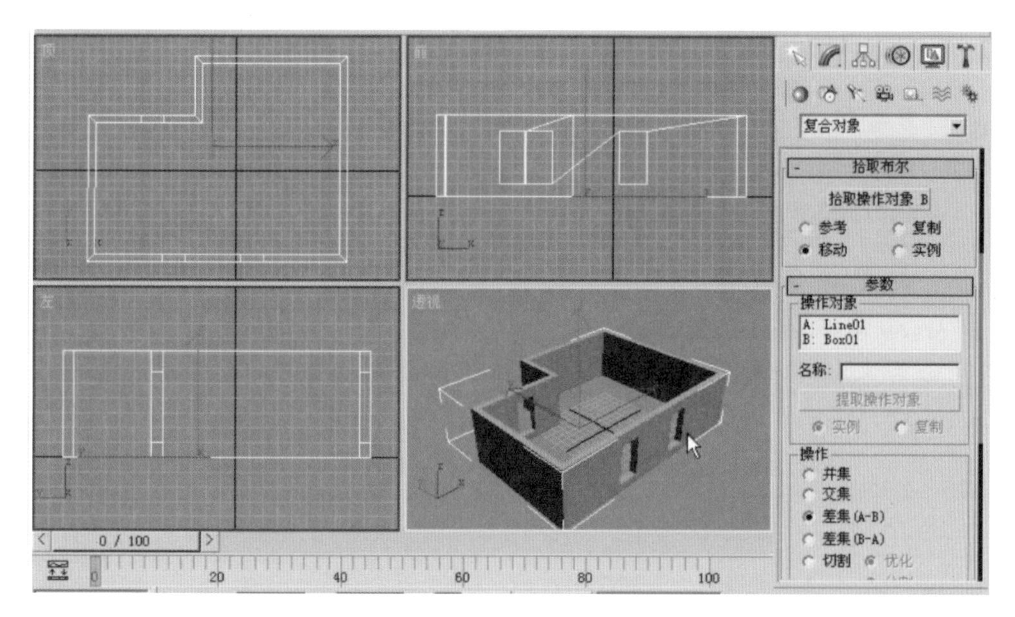

图 3.16 利用布尔运算制作小门

3.2 放 样

3.2.1 定义

放样的步骤：先绘出一个物体的横截面图形，再绘制这个横截面图形所穿越的路径曲线，就可以计算出这个物体的形状，这种建模方法叫作放样建模。

位置：在右边控制面板的【复合对象】|【放样】。

(1) 放样的一般操作主要分为两步：

① 获取图形；

② 获取路径。

常见的制作实例：杯子。

(2) 放样的修改也主要分为两步：

① 修改图形；

② 修改路径。

常见的例子：楼梯。

(3) 放样的变形主要操作包括缩放、扭转、倾斜。常见的实例：牙膏。

(4) 多截面放样的操作及修改，例子：餐桌、螺丝刀。

(5) 放样的图形的“居左、居中、居右”，例子：石膏线。

3.2.2 视图控制区快捷键

视图控制区的主要快捷键如下所示。

Alt+Z 键：缩放视图工具(放大镜)。

Alt+Ctrl+Z：放大当前视图中的所有物体(最大化显示所有物体)。

Z 键：最大化显示全部视图或所选物体。

Ctrl＋W 键：区域缩放。

Ctrl＋P 键：抓手工具，移动视图。

Ctrl＋R 键：视图旋转。

Alt＋W 键：单屏显示当前视图。

3.2.3 放样实例

1. 利用放样制作杯子把手

(1) 用直线画出把手的大致线条，并在旁边画上一个小矩形，如图 3.17 所示。

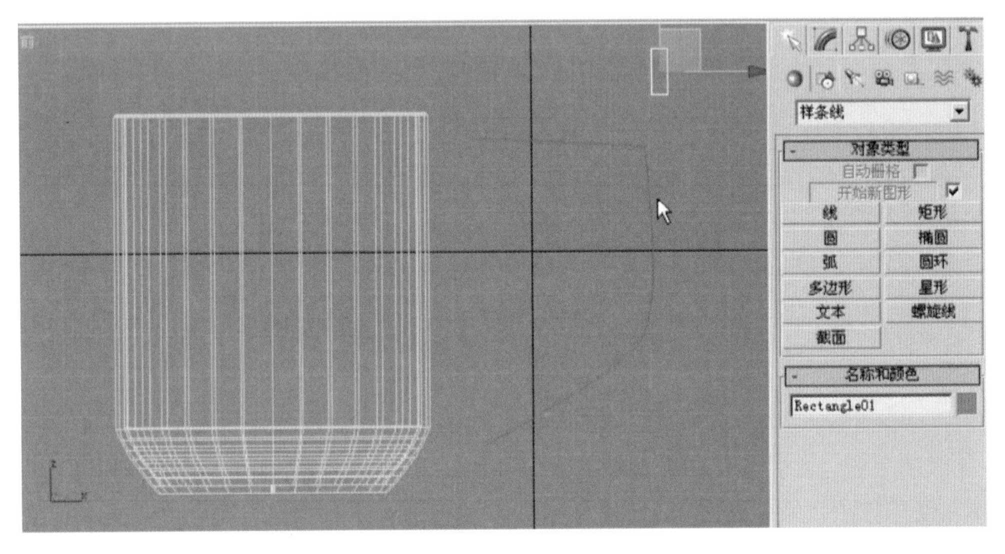

图 3.17 绘制把手的大致线条和矩形

(2) 选中线条，在【复合对象】中选择【放样】选项，如图 3.18 所示。

图 3.18 【放样】选项

(3) 单击【获取图形】按钮，再单击小矩形，如图 3.19 所示，最终制作的效果如图 3.20 所示。

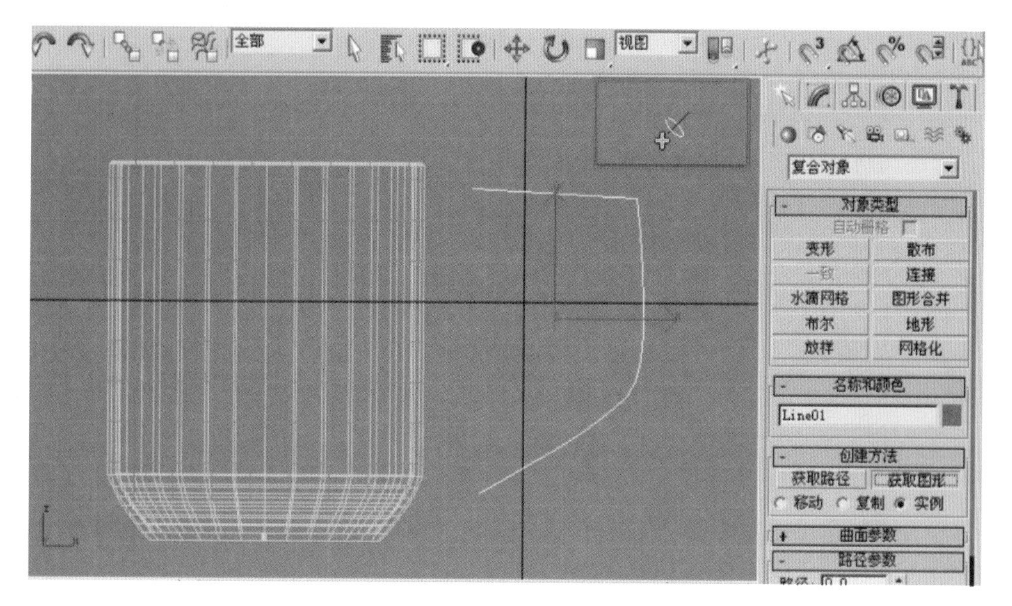

图 3.19 【获取图形】按钮

图 3.20 制作完成效果图

注意事项：

(1) 放样中，获取图形的操作是先选择路径(即把手)，再选择图形(即矩形)；同样，也可先选择图形，再通过【获取路径】按钮选择路径，但这样制作出的图形放置方向会不一样；

(2) 在修改时，可以直接修改图形(本例中是小矩形)，或者修改路径，修改路径时，直接把需要修改的图形拉开(路径和图形是重合的)。

2. 利用放样的变形制作门把手

(1) 在前视图画一个六边形，并画一条曲线作为路径，如图 3.21 所示。

(2) 选中曲线，选择【复合对象】|【放样】选项，获取图形，再单击六边形，如图 3.22 所示。

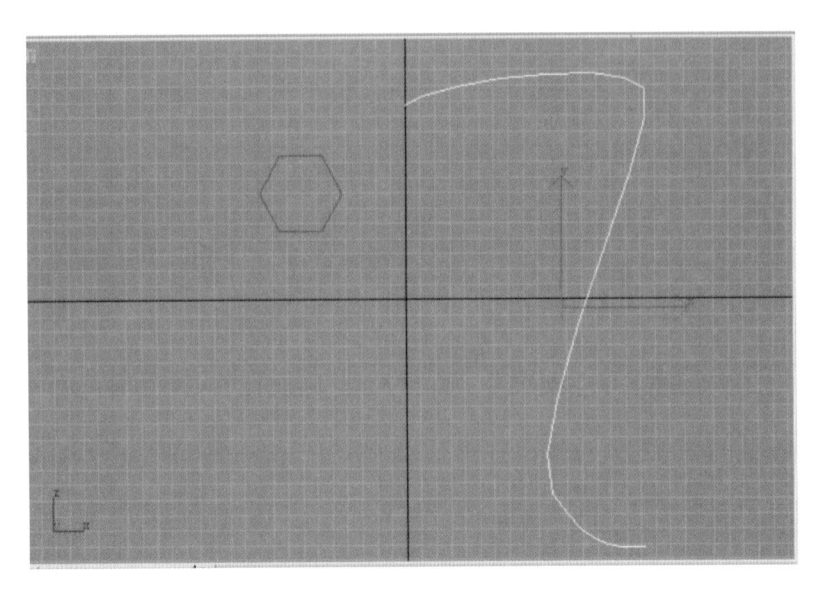

图 3.21　制作六边形和路径

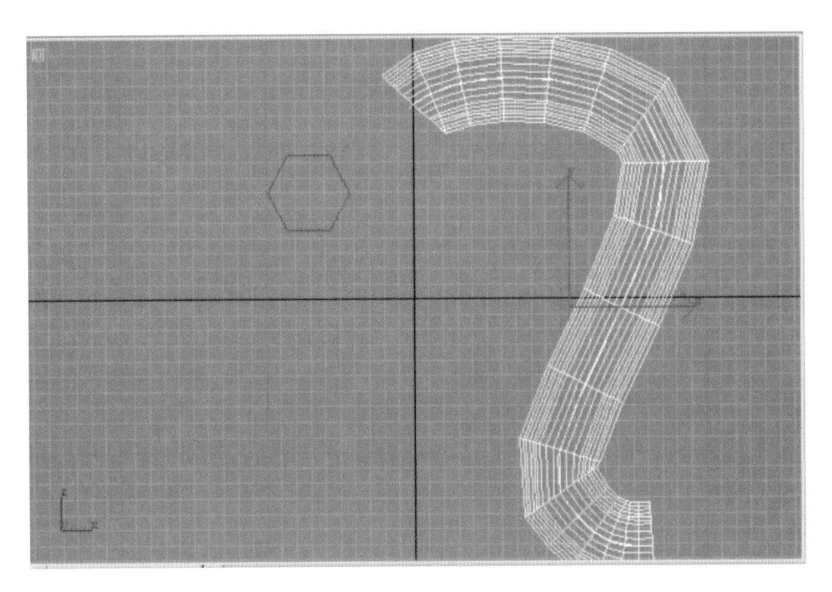

图 3.22　获取图形

(3) 在修改面板中的【蒙皮参数】中修改图形或路径步数,如图 3.23 所示。

(4) 选中图形,在修改面板中选择【变形】|【缩放】选项,再把后面往下拉,一个门把手就完成了,如图 3.24 所示。

3. 利用放样的变形制作牙膏

分析:牙膏由两部分组成,牙膏头部和牙膏体,二者分别用【放样】命令完成,其中牙膏头部分的路径和图形分别是一条直线和一个圆,牙膏体也是如此。制作完成的三维体需要经过变形的操作才能完成,如图 3.25 所示。

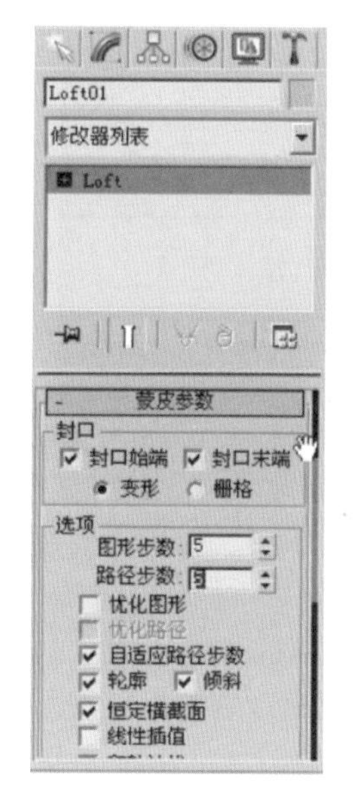

图 3.23　修改图形或路径步数

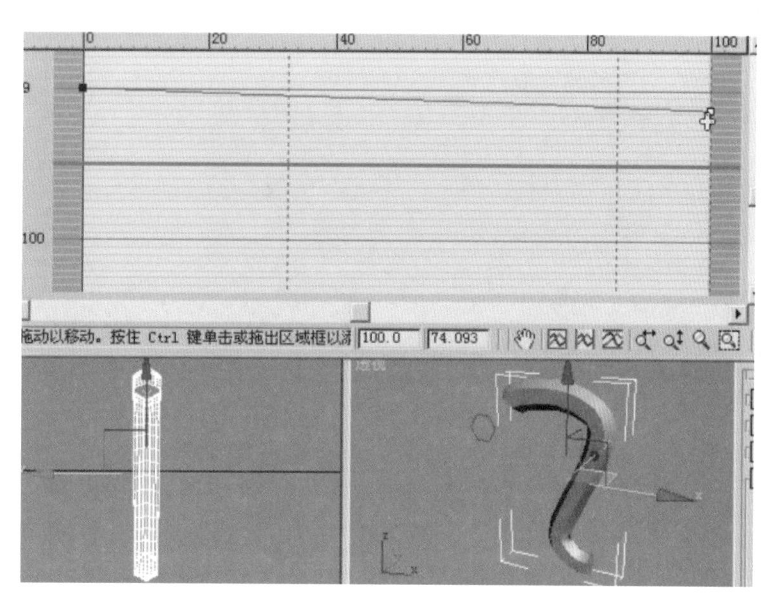

图 3.24　制作完成后的门把手

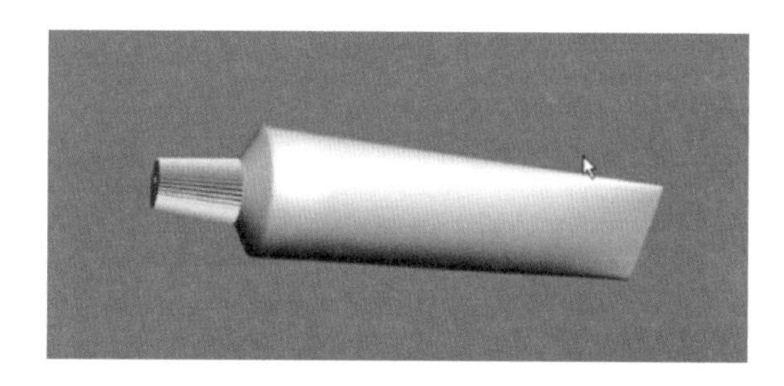

图 3.25　牙膏制作完成效果图

(1) 在前视图中分别画一个星形和直线，星形的点数设为 80，作为牙膏头的图形和路径，如图 3.26 所示。

(2) 在【复合对象】命令下选择【放样】选项，放样图形是星形，路径是直线，得到的三维体如图 3.27 所示。

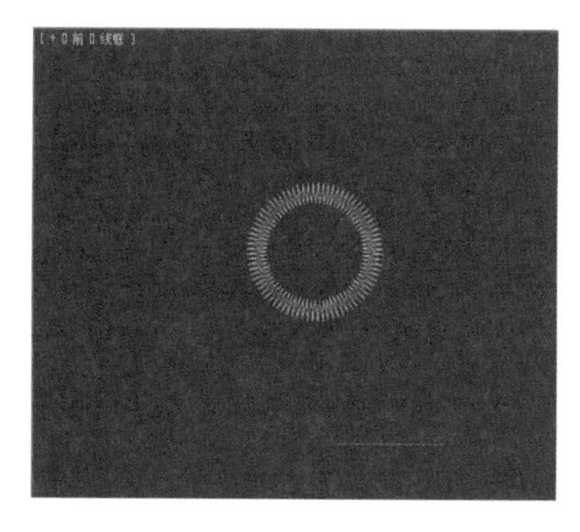

图 3.26　制作牙膏头的图形和路径

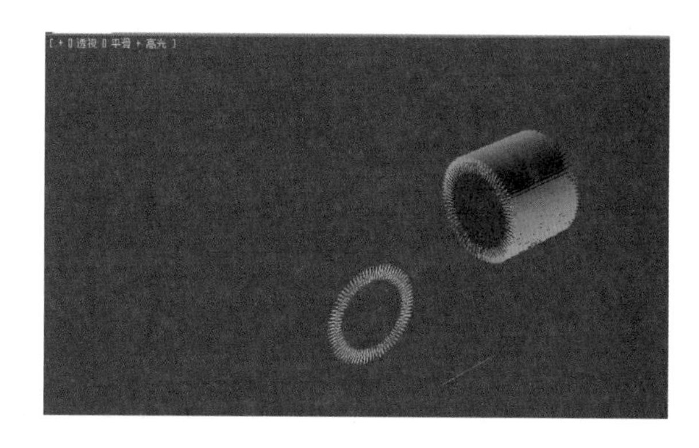

图 3.27　放样后的效果图

（3）在参数列表选择【变形】|【缩放】命令，通过移动顶点的位置得到如图 3.28 所示的图形。

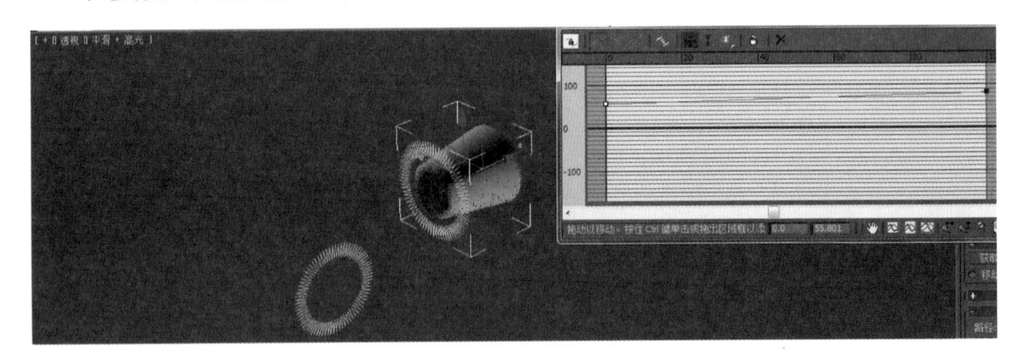

图 3.28　对图形进行变形操作

至此，牙膏头部制作完成。

（4）下面制作牙膏体，牙膏体的路径和图形分别是直线和圆，在前视图分别画出该图形。

（5）同样，使用【放样】命令，制作出一个圆柱体的图形。

（6）选中得到的圆柱，在修改面板中利用【变形】|【缩放】命令，并添加三个角点，如图 3.29 所示。

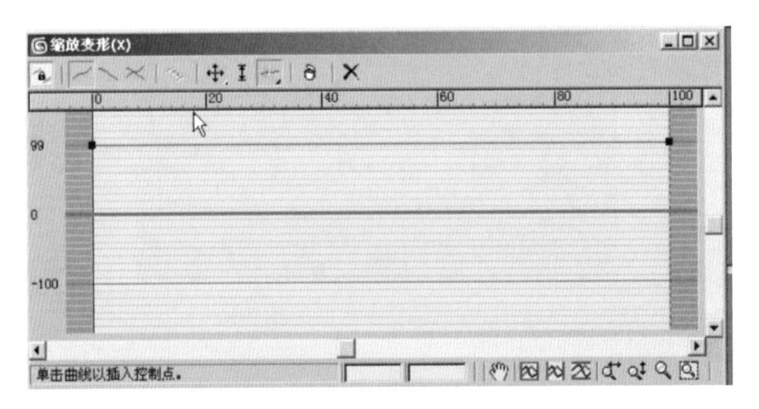

图 3.29　牙膏体的缩放变形一

（7）选择上方工具栏的【移动】命令，通过移动点来变形，如图 3.30 所示。

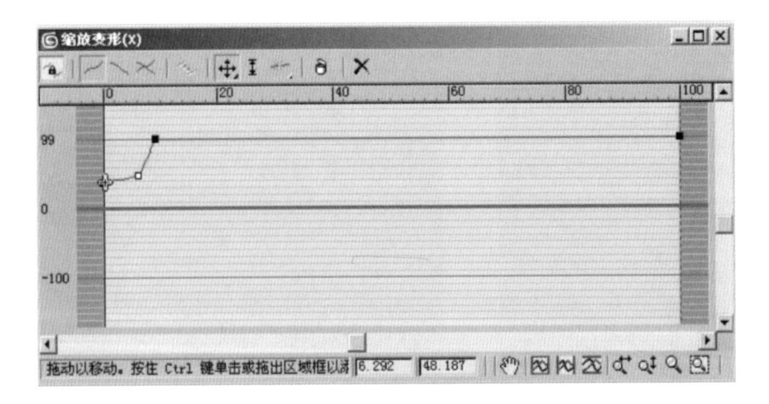

图 3.30　牙膏体的移动变形

(8) 单击左上角的【锁】按钮,来解锁各坐标轴,如图 3.31 所示。

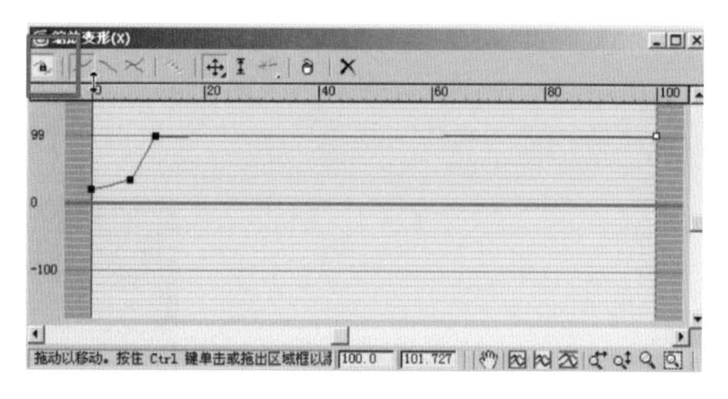

图 3.31 解锁各坐标轴

(9) 选择红色的线条(X 轴),将右方点往下拉,同时也可在右方添加一个点,并稍稍往上拉来达到膨胀的效果,如图 3.32 所示。

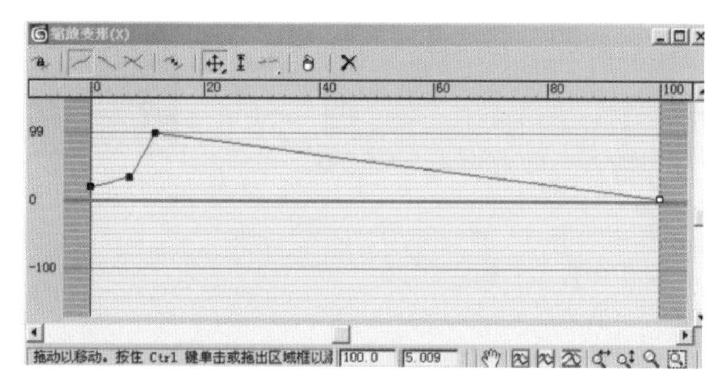

图 3.32 设置膨胀的效果

(10) 在参数列表选择【变形】|【缩放】命令,通过移动顶点的位置得到如图 3.33 所示的图形。其中【缩放】命令中有【移动】工具、【添加角点】等命令。

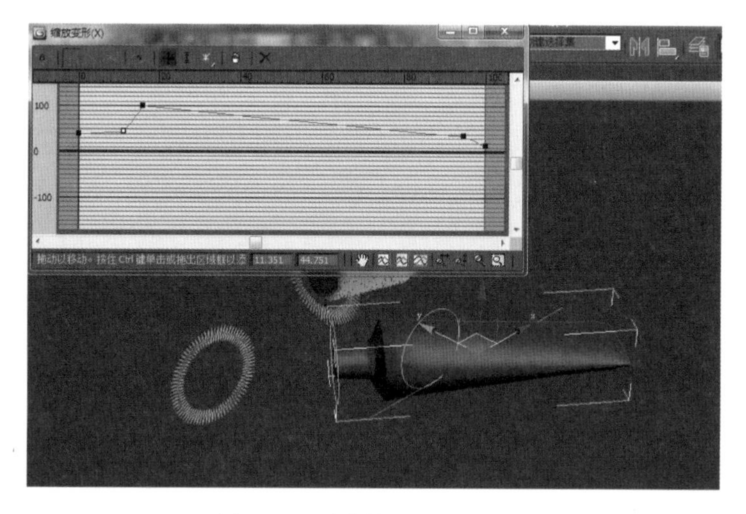

图 3.33 牙膏体的缩放变形二

将二者的位置放好，辅助以【缩放】命令和【移动】命令，最终得到牙膏的造型，如图 3.34 所示。

4. 多截面放样

多截面放样即放样的物体有很多个，一个典型的例子就是筷子，其两个横截面中一个是圆，一个是正方形，如图 3.35 所示。

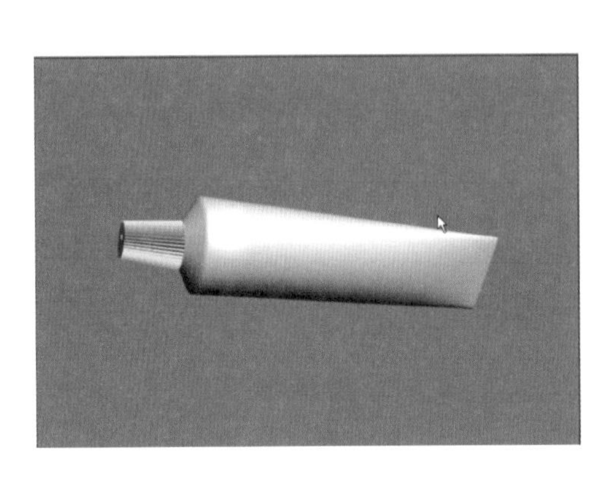

图 3.34　制作完成的牙膏

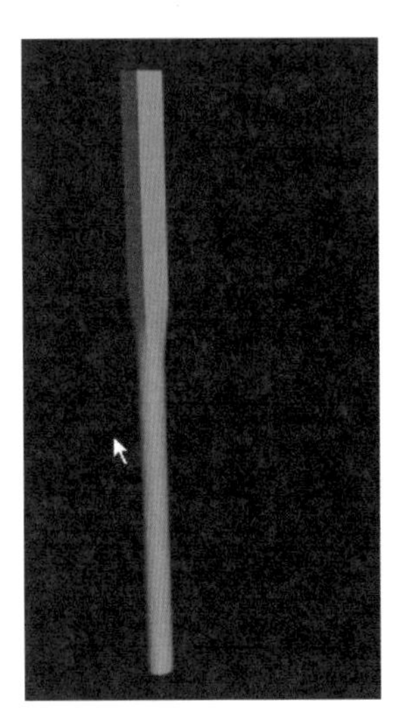

图 3.35　筷子制作效果图

(1) 分别画一个圆和正方形，圆的半径是 5mm，正方形的边长是 10mm。

(2) 在前视图中画一条直线。

(3) 在【复合对象】选项中，选择【放样】命令，单击【获取图形】按钮，选择圆。

(4) 在【路径参数】的选项中，【路径】选择 65，【获取图形】选择正方形，如图 3.36 所示。

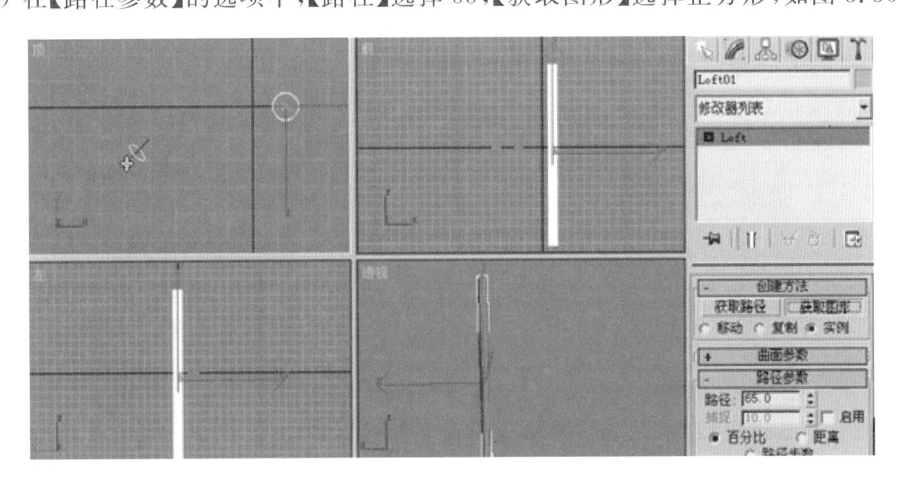

图 3.36　参数设置

5. 放样图形的“居左、居中、居右”——窗帘

(1) 在顶视图画出波浪的线条，并在【顶点】级别下使它们平滑，如图 3.37 所示。

(2) 在前视图中画出一条直线，作为放样的路径，如图 3.38 所示。

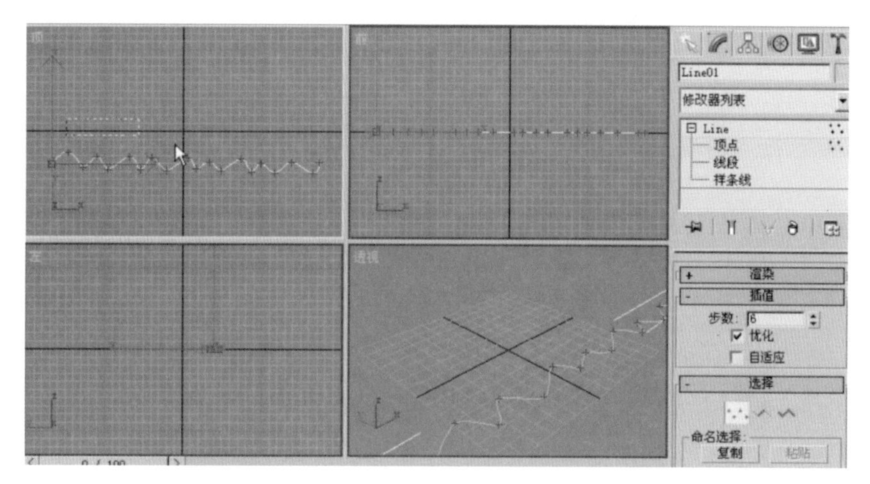

图 3.37　平滑顶点

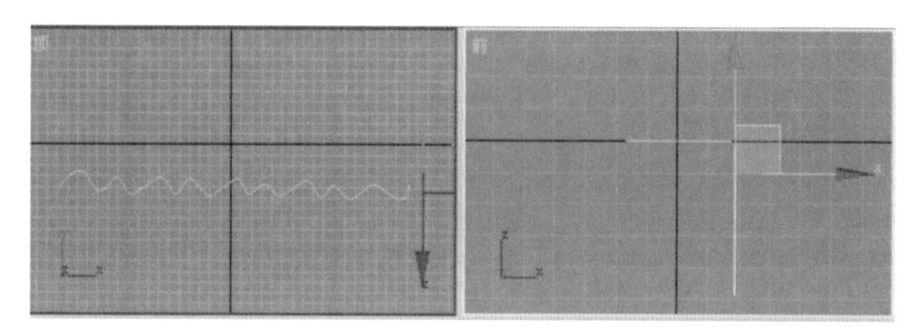

图 3.38　绘制放样的路径线

(3) 放样出的图形是单边的,在【修改】面板中选择【蒙皮参数】选项并勾选【翻转法线】复选框,如图 3.39 所示。

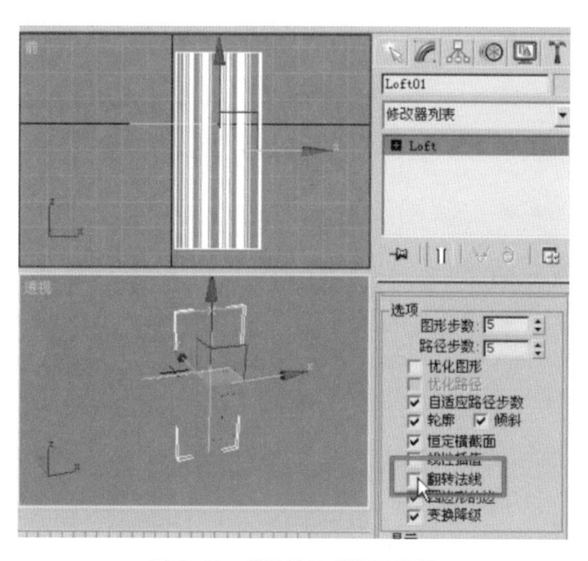

图 3.39　【翻转法线】复选框

(4) 在修改面板中选择【变形】|【缩放】命令,在左边添加一个点,并下拉,角点可以通过右击来转换为 Bezier-平滑,然后进一步修改,如图 3.40 所示。

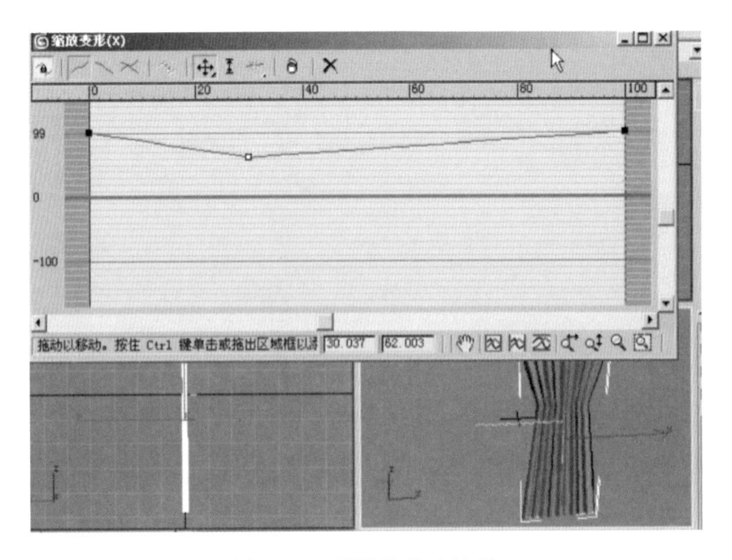

图 3.40　图形的修改效果

缩放变形的最终界面如图 3.41 所示。

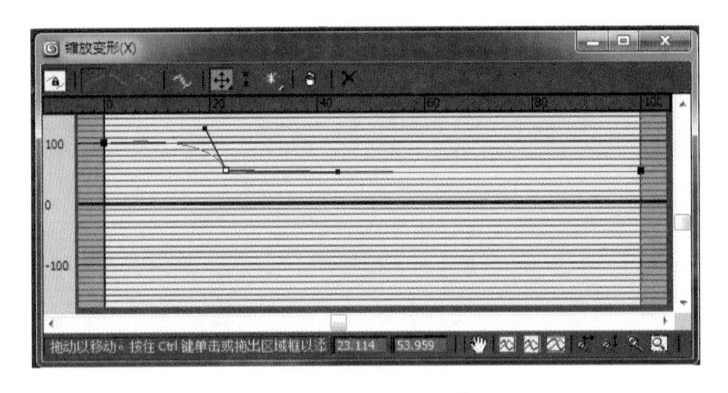

图 3.41　缩放变形的最终界面

(5) 在修改面板的【对齐】列表框中，单击【居中】按钮，如图 3.42 所示。

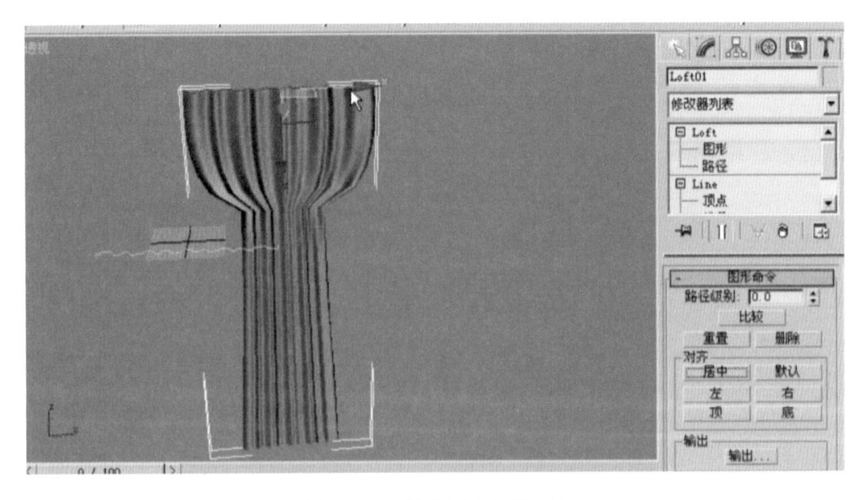

图 3.42　单击【居中】按钮

（6）选中得到的半边图形，复制后单击【镜像】按钮，如图 3.43 所示。

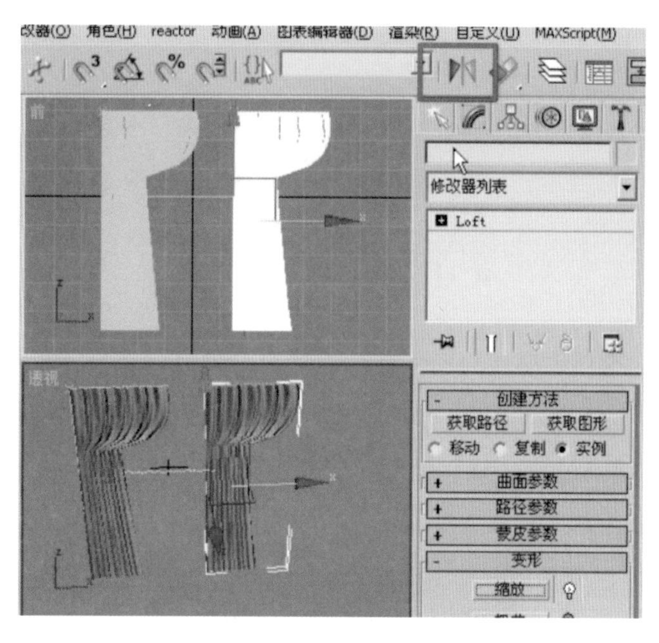

图 3.43　镜像图形

最终的效果如图 3.44 所示。

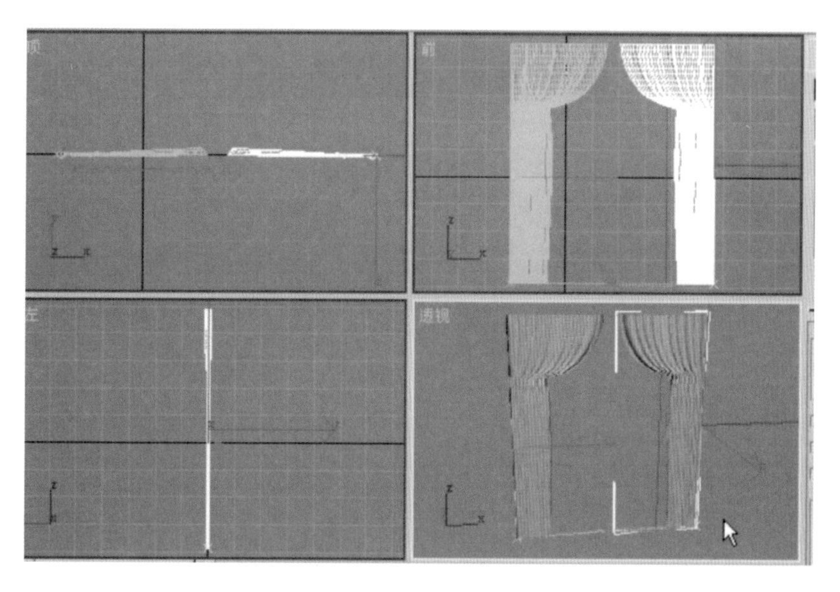

图 3.44　制作完成的窗帘效果图

第 4 章 修改模型

4.1 FFD 修改器

定义：针对某个物体施加一个柔和的力，使该区域的点位置发生变化，从而使模型产生柔和的变形。例子：枕头。

操作：设置控制点数目，控制点的移动、缩放。

下面介绍枕头制作的例子，用 FFD 修改器可以完成。

枕头的制作效果如图 4.1 所示。

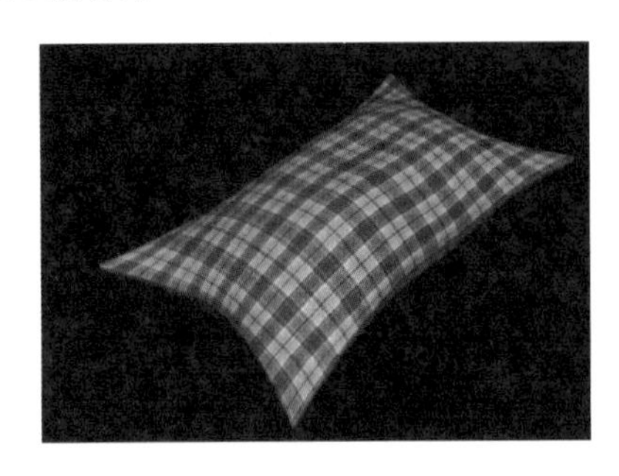

图 4.1 枕头的制作效果图

(1) 在【扩展基本体】中选择【切角长方体】选项，参数设置如图 4.2 所示。

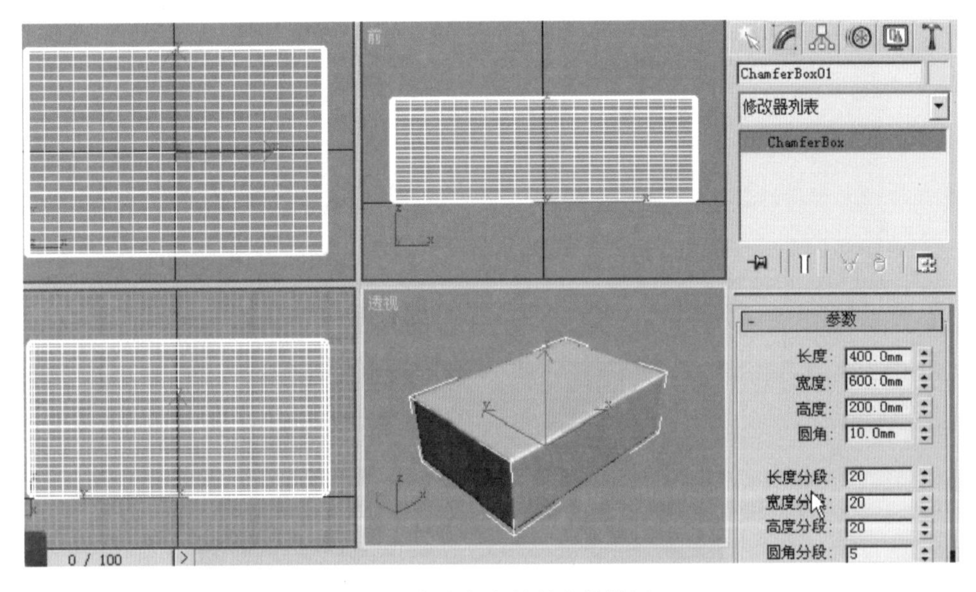

图 4.2 切角长方体的参数设置

(2) 在菜单栏中选择【修改器】|【自由形式变形器】|【FFD 长方体】命令，如图 4.3 和图 4.4 所示。

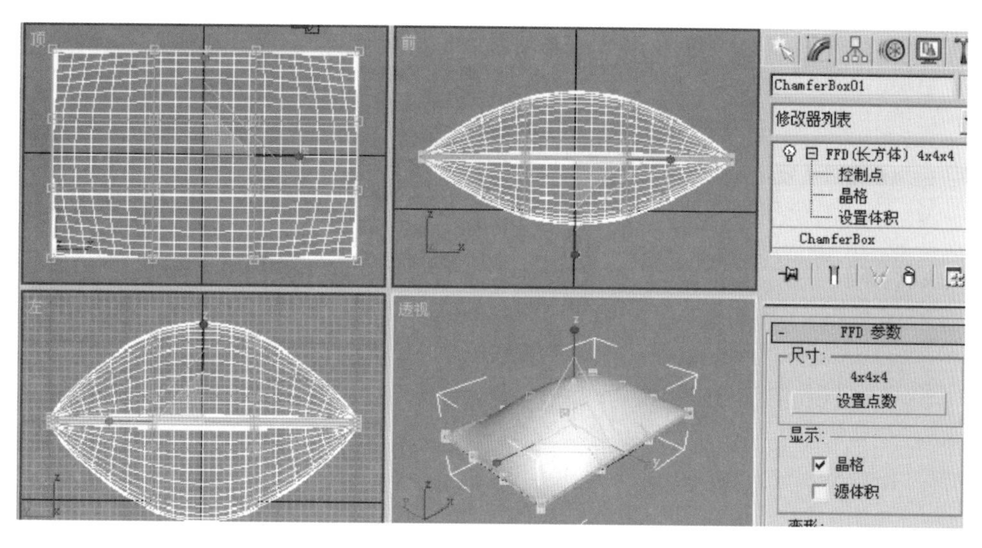

图 4.3 【FFD 长方体】设置一

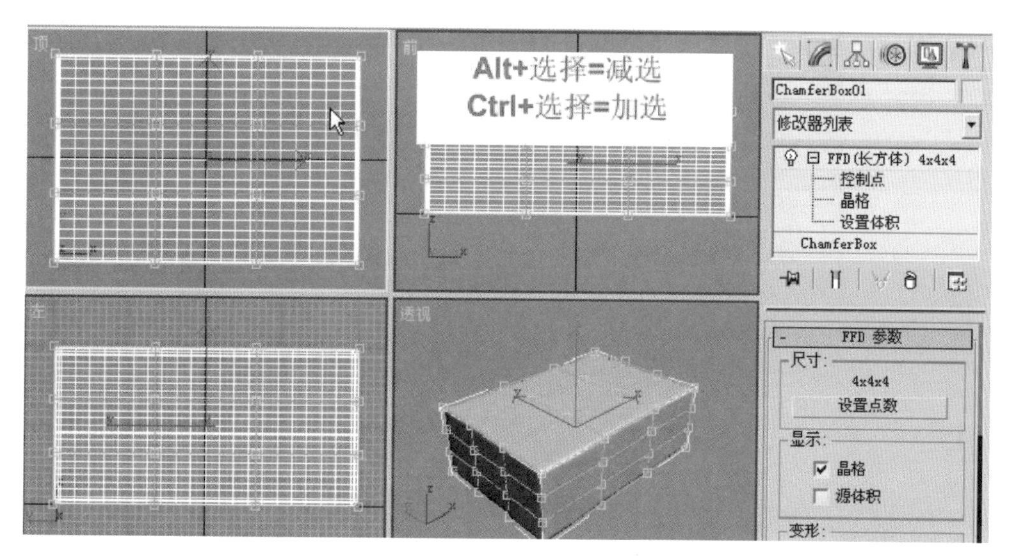

图 4.4 【FFD 长方体】设置二

(3) 在【顶点】级别下，选择枕头四周的 8 个顶点(4 个除外)，向里收缩，这样枕头的四周没那么规则，看起来更逼真，选择菜单栏中的【修改器】|【自由形式变形器】|【FFD 长方体】命令，设置点数为 6×6×2，如图 4.5 和图 4.6 所示。

(4) 在【FFD 长方体】的【控制点】级别下，通过移动控制点，可以制作不规则的枕头外形，如图 4.7 所示。

(5) 可以找一个枕头的贴图贴上去，这样一个枕头的模型就制作完成了，如图 4.8 所示。

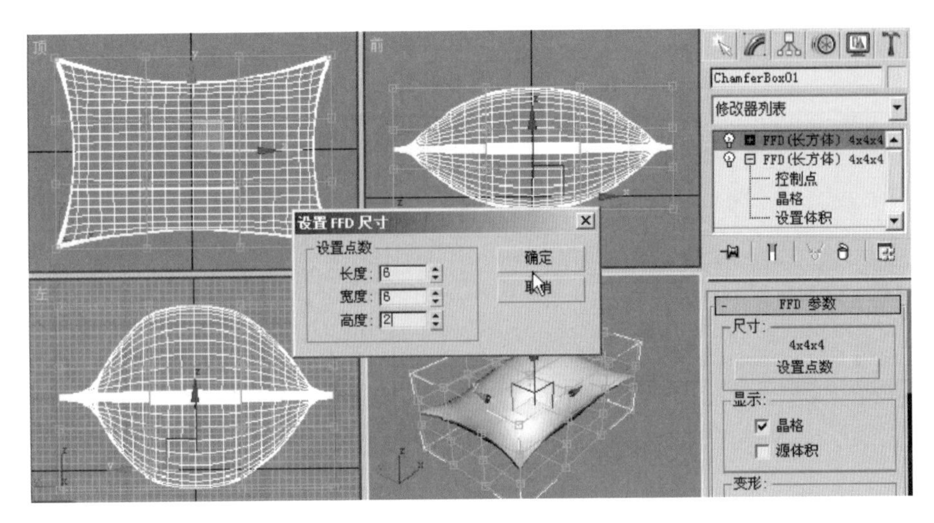

图 4.5 【FFD 长方体】设置三

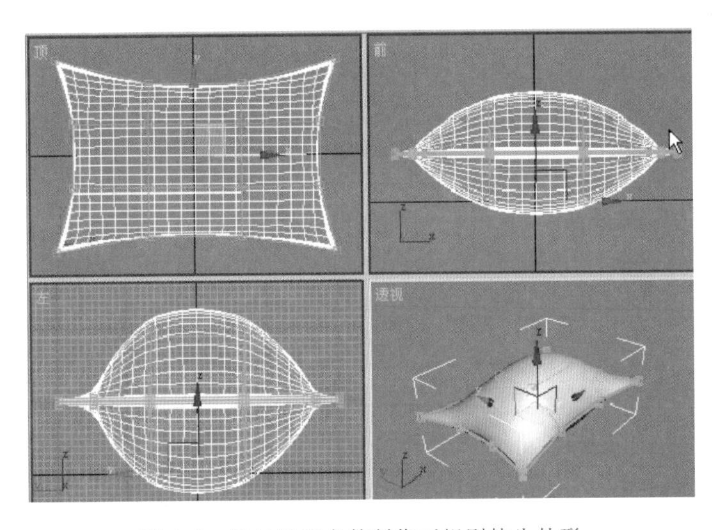

图 4.6 通过设置点数制作不规则枕头外形

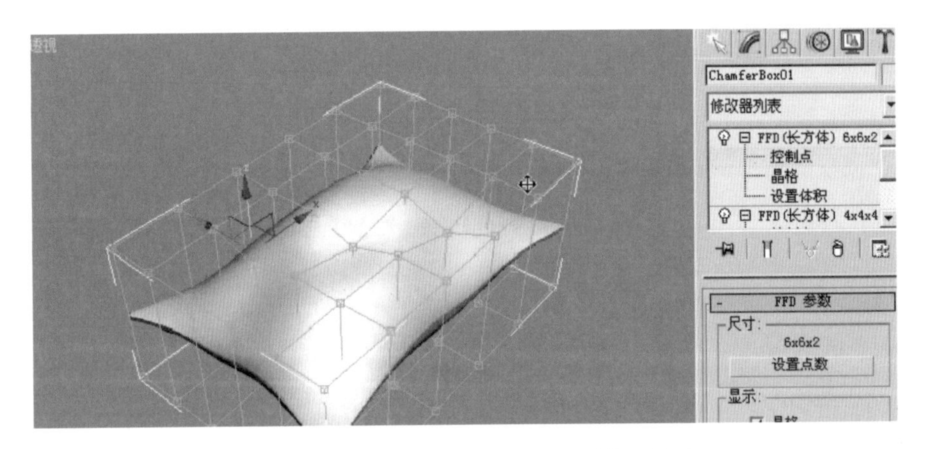

图 4.7 通过移动控制点制作不规则枕头外形

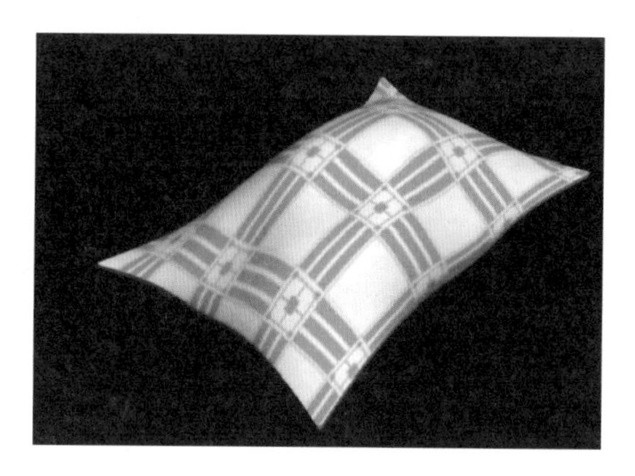

图 4.8　制作完成后的枕头

4.2　弯曲(Bend)

定义：对物体进行弯曲。

弯曲命令的参数意义如下。

操作的角度：指物体与所选轴的垂直平面之间的角度。

方向：指物体与所选轴的平面的角度。

弯曲轴：指弯曲的轴向，系统默认的是 Z 轴。

实例：弯曲的楼梯的制作。

图 4.10 所示的楼梯和图 4.9 所示的楼梯的不同之处是该楼梯的底部是平滑的，即图 4.9 所示的楼梯是弯的不是直的。

图 4.9　弯曲的楼梯

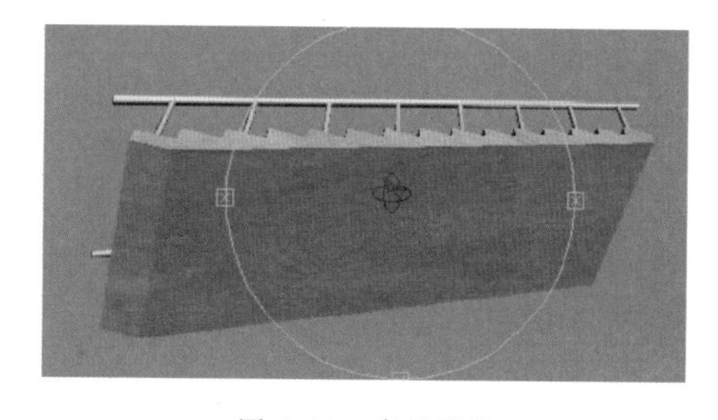

图 4.10　直的楼梯

以下操作是在第 5 章移动阵列的实例“楼梯”的基础上制作完成的。

操作步骤如下。

(1) 在操作之前，选择【2.5 维捕捉】选项，右击，在弹出的【栅格和捕捉设置】窗口中，勾选【顶点】复选框，即只捕捉顶点，如图 4.11 所示。

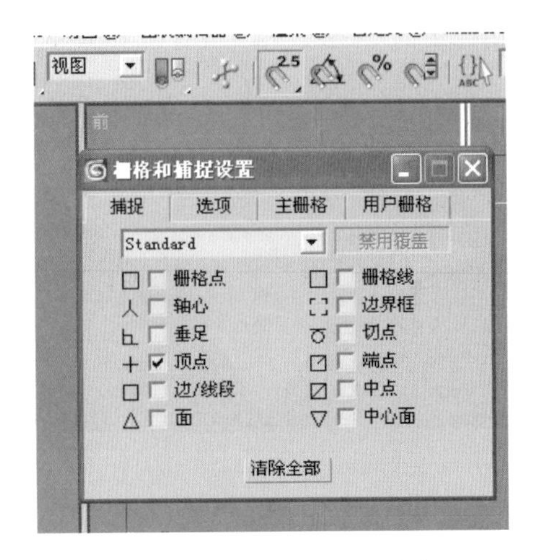

图 4.11 【栅格和捕捉设置】窗口

(2) 首先用【线】命令勾勒出楼梯的形状,如图 4.12 所示。

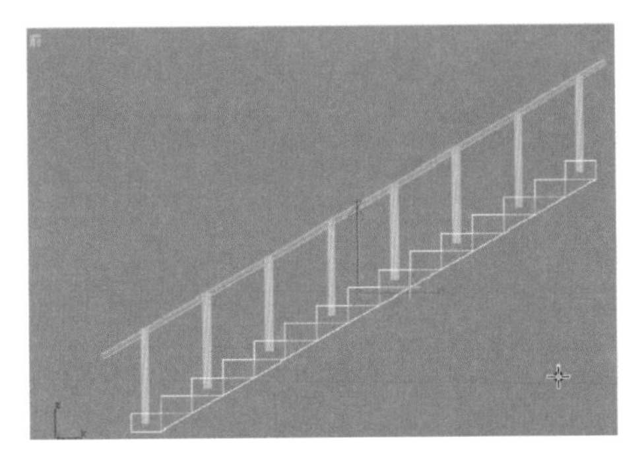

图 4.12 绘制楼梯的形状

(3) 在顶视图中删除原来的楼梯部分,如图 4.13 所示。

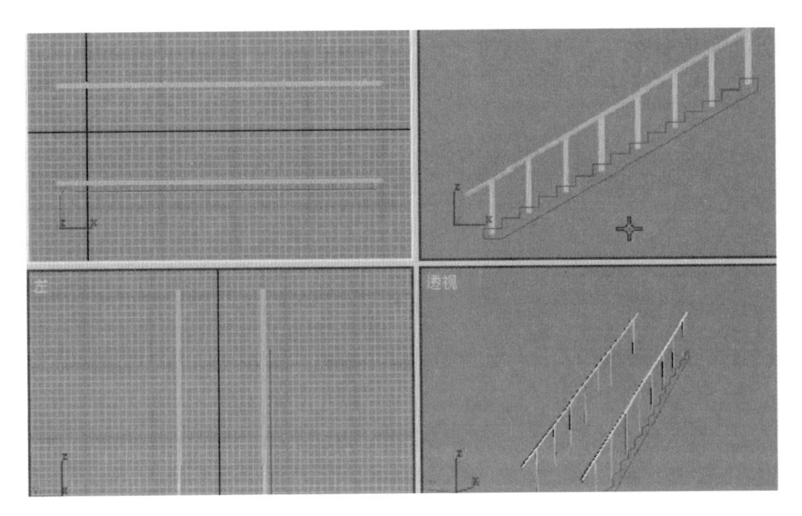

图 4.13 在顶视图中删除楼梯部分

(4) 选择菜单栏中的【修改器】|【网格编辑】|【挤出】命令，设置挤出的厚度是 1500mm，如图 4.14 所示，这样，楼梯的底部就是平的了，如图 4.15 所示。

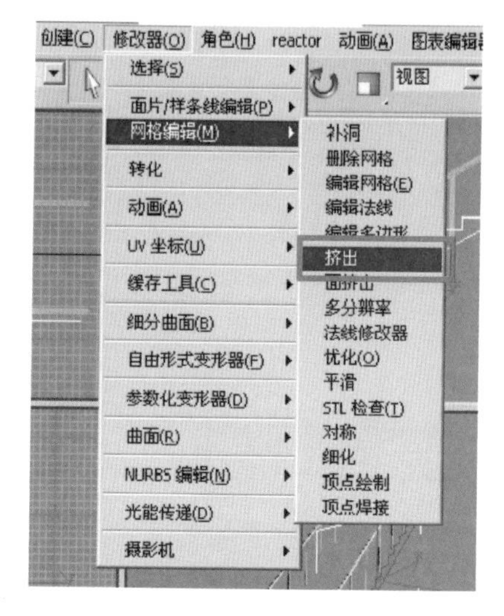

图 4.14 【挤出】命令

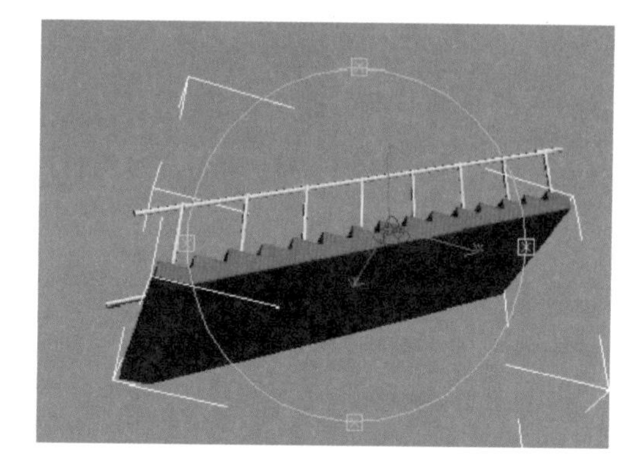
图 4.15 将楼梯的底部设置成平的

(5) 选择 Line 命令下的【线段】选项，在【拆分】文本框中输入“15”，即可将该样条线拆分为 15 段，如图 4.16 所示。

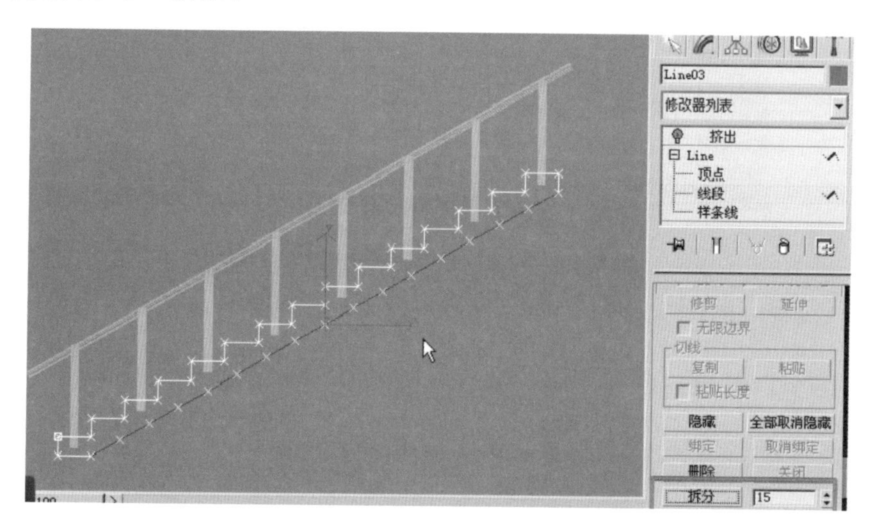

图 4.16 拆分线段

(6) 同样地，下面将扶手拆分为 15 段，在操作之前先将【可渲染样条线】前面的灯灭掉，再选择 Line 命令下的【线段】选项，在【拆分】文本框中输入“15”，即可将该样条线拆分为 15 段，如图 4.17 所示。

(7) 点亮【可渲染样条线】前面的灯，取消【捕捉】复选框(否则很难复制)，按住 Shift 键，复制移动扶手到另一侧放好，如图 4.18 所示。

(8) 按 Ctrl+A 键，选择场景中全部的物体，在菜单栏中选择【组】|【成组】命令，将场景中所有物体变成一个组。

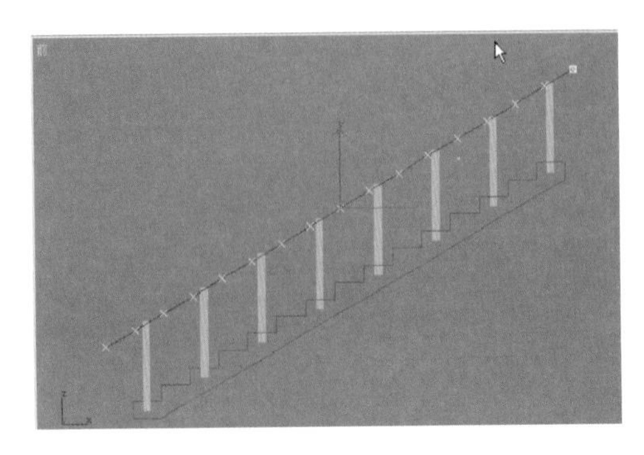

图 4.17 拆分扶手

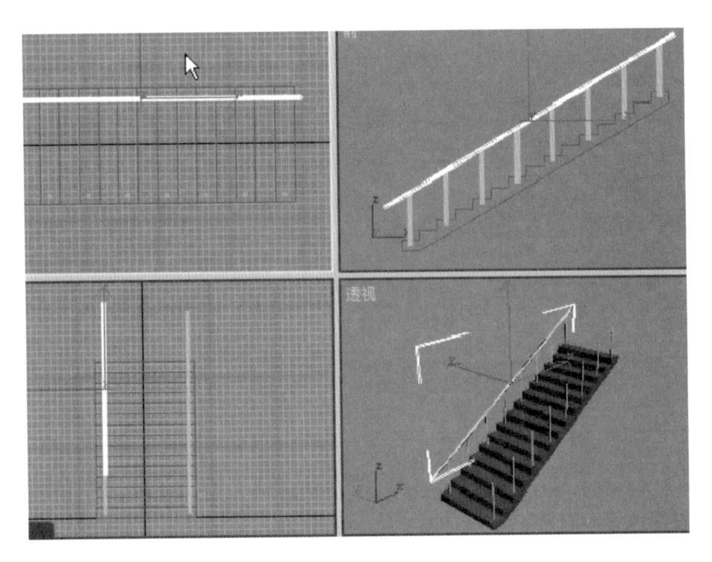

图 4.18 复制和移动扶手

(9) 选择【修改器】|【参数化变形器】|【弯曲】命令，将楼梯弯曲，如图 4.19 所示。

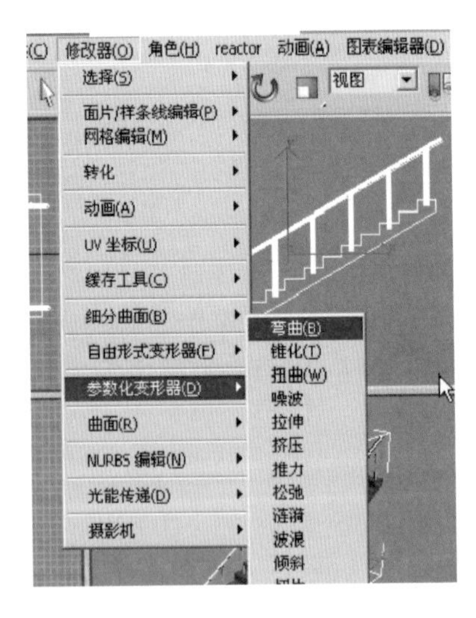

图 4.19 【弯曲】命令

(10) 设置如图 4.20 所示的弯曲参数,即可得到一段弯曲的楼梯。

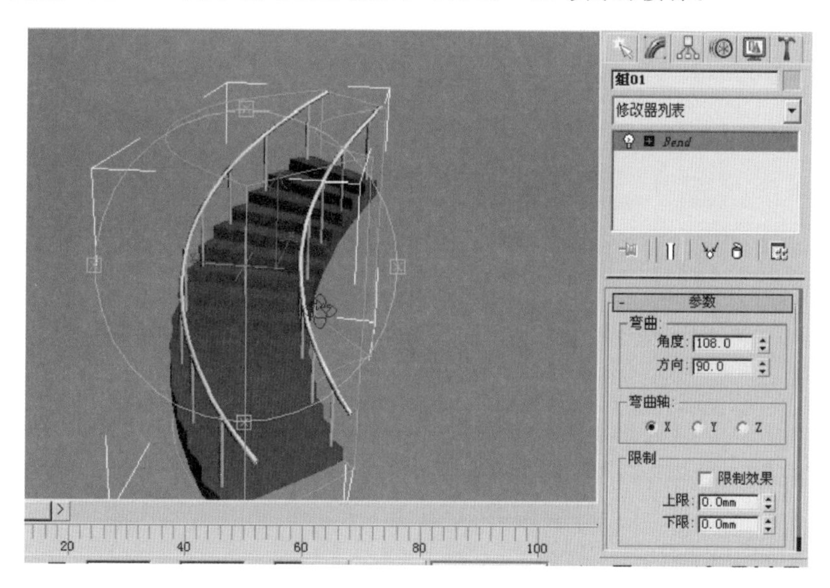

图 4.20 设置弯曲参数

4.3 壳(Shell)

定义:在 3ds Max 中,单层的面是没有厚度的,利用 Shell 命令可以使单层的面变为双层,从而具有厚度的效果。

参数倒角边:利用弯曲线条可以控制外壳边缘的形状。例子:木桶。

3ds Max 物体的构成有如下特点。

(1) 3ds Max 的物体是一个由面构成的空心物体。

(2) 3ds Max 的面有正面和反面之分,正面可见,反面不可见。

(3) 3ds Max 的面是没有厚度的。

实例:下面介绍木桶的制作步骤。

木桶的制作效果如图 4.21 所示。

(1) 在 3ds Max 界面中创建一个圆柱体,圆柱体的参数如图 4.22 所示。

图 4.21 木桶的制作效果图

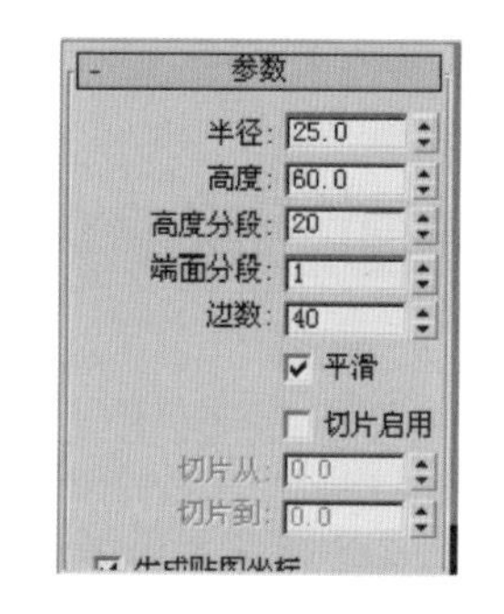

图 4.22 制作圆柱体的参数

(2) 在前视图中,按 F4 键,可以显示高度分段和端面分段,右击圆柱体,选择【转变为可编辑网格】或者【转化为可编辑多边形】命令,如图 4.23 所示。

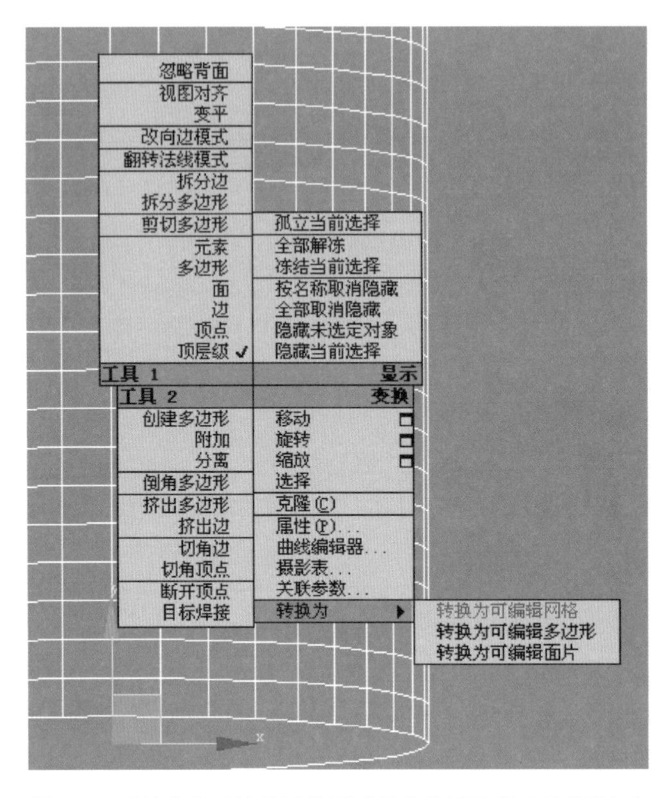

图 4.23 【转化为可编辑网格】和【转化为可编辑多边形】命令

(3) 在【可编辑网格】的【多边形】级别下,选择某些多边形,如图 4.24 中变为红色的部分,单击【删除】按钮,未被删除的多边形即是木桶的两个把手,如图 4.24 所示。

(4) 在【修改器列表】中选择【壳】命令,出现如图 4.25 所示的【参数】界面,其中【内部量】和【外部量】分别表示壳向里和向外的厚度。

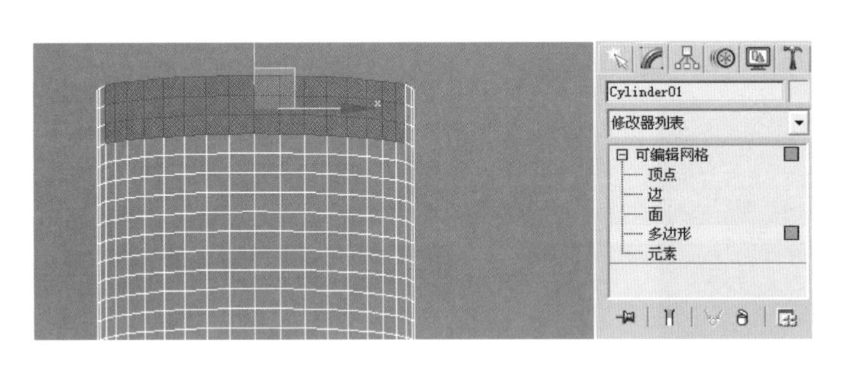

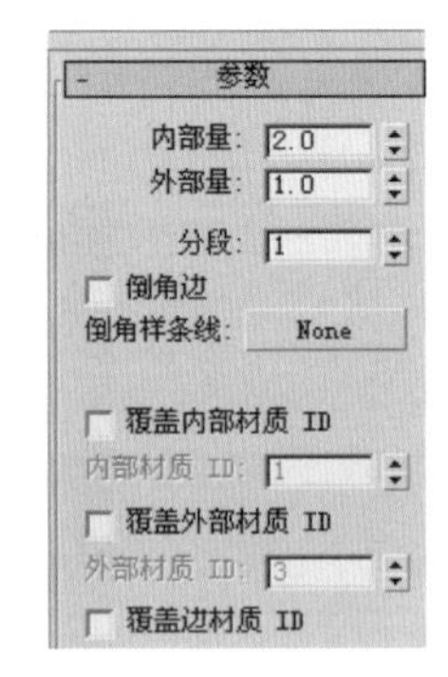

图 4.24 制作木桶的把手

图 4.25 【参数】界面

其中【倒角边】一般用于棱角的编辑,使棱角不那么突兀。使用时勾选【倒角边】复选框,并在【倒角边样条线】中选择一条平滑的曲线。

(5) 最终木桶的外观如图 4.26 所示。

捕捉的知识点：如图 4.27 所示是【捕捉】按钮的解释。

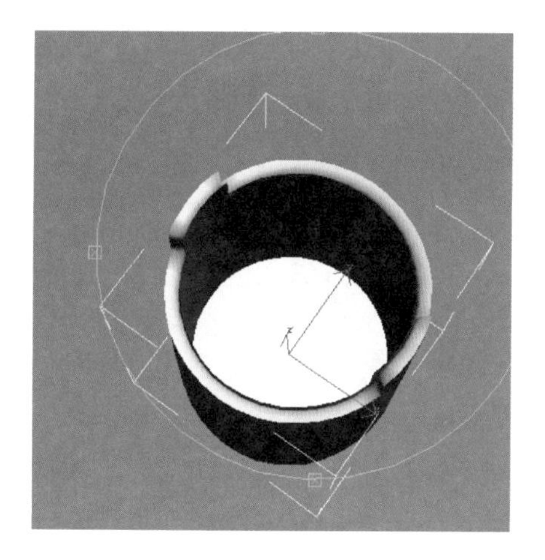

图 4.26　制作完成的木桶外观

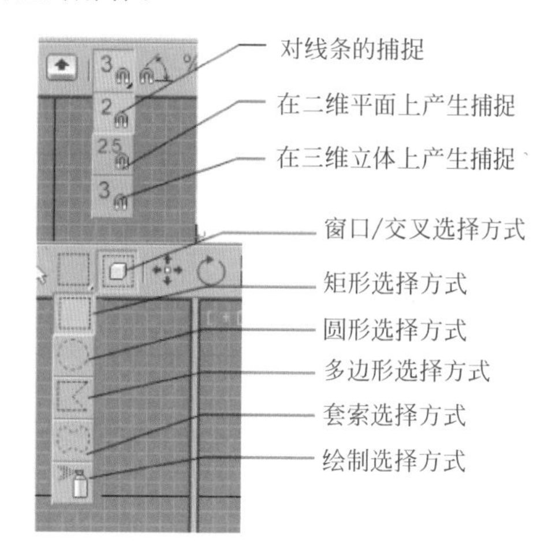

图 4.27　【捕捉】按钮的解释

4.4　锥化(Taper)

定义：对物体的轮廓进行锥化修改，即将物体沿某个轴向逐渐放大或缩小。例子：台灯。

其中锥化参数的意义如下。

操作数量：决定物体的锥化程度，数值越大，锥化程度越大。

曲线：决定物体边缘曲线弯曲程度。当数值大于 0 时，边缘线向外突出；当数值小于 0 时，边缘线向内凹进。

上限和下限：决定物体的锥化程度。

图 4.28 所示是台灯的制作效果图。

图 4.28　台灯的制作效果图

制作步骤如下。

(1) 在前视图中用【线】命令画出如图 4.29 所示的图形。

(2) 在 Line 的【顶点】级别下，调整顶点的位置，如图 4.30 所示。

(3) 在菜单栏中选择【修改器】|【面片/样条线编辑】|【车削】命令，选择【车削】的【轴】选项，如图 4.31 所示，将轴移动到最左边的位置，得到如图 4.32 所示的三维体。

下面开始制作灯罩的部分。

(4) 二维图形中，在【样条线】选项中，在顶视图中用【星形】命令画灯罩，灯罩的参数如图 4.33 所示(两个半径要接近)。

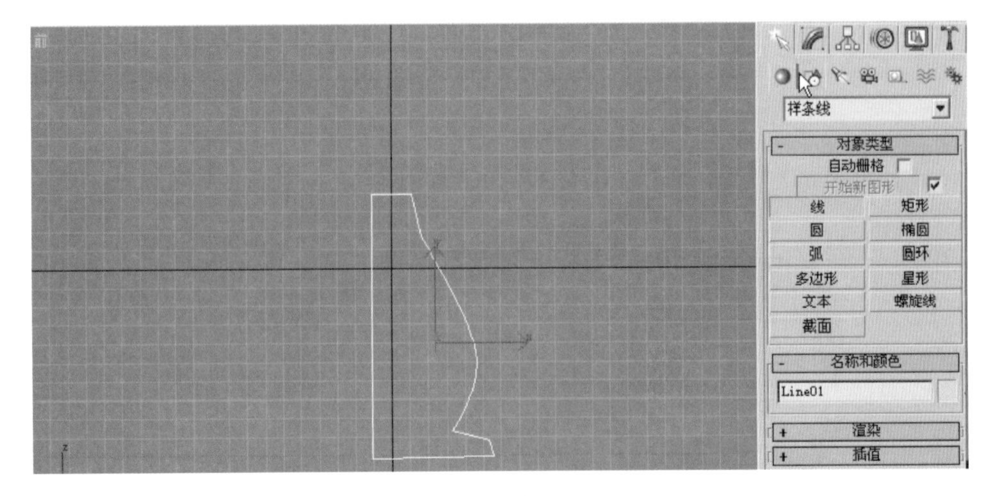

图 4.29　用【线】命令绘制图形

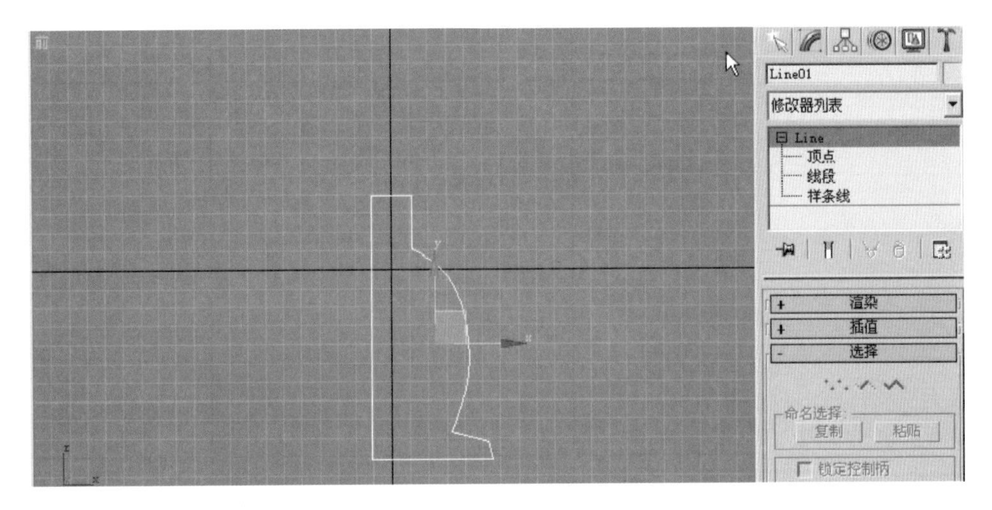

图 4.30　调整顶点的位置

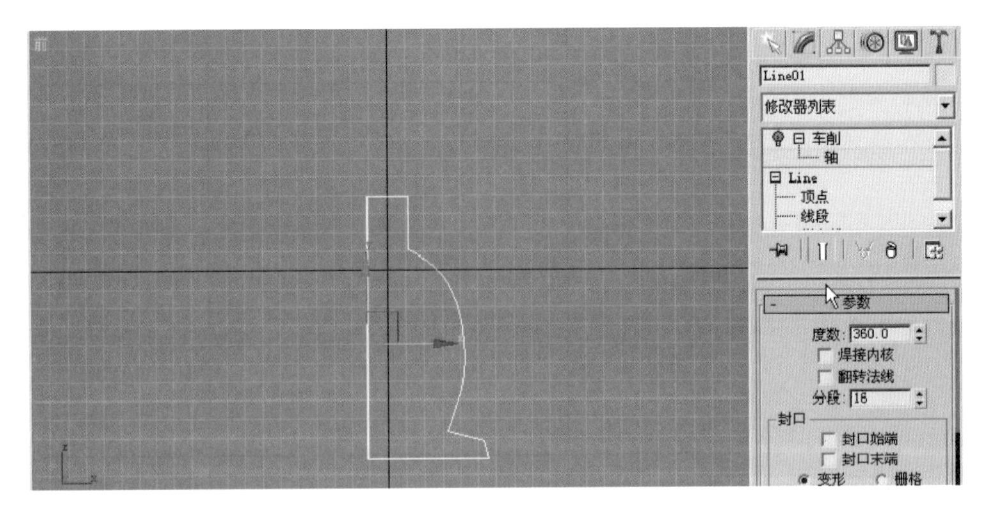

图 4.31　三维体【车削】中的【轴】选项

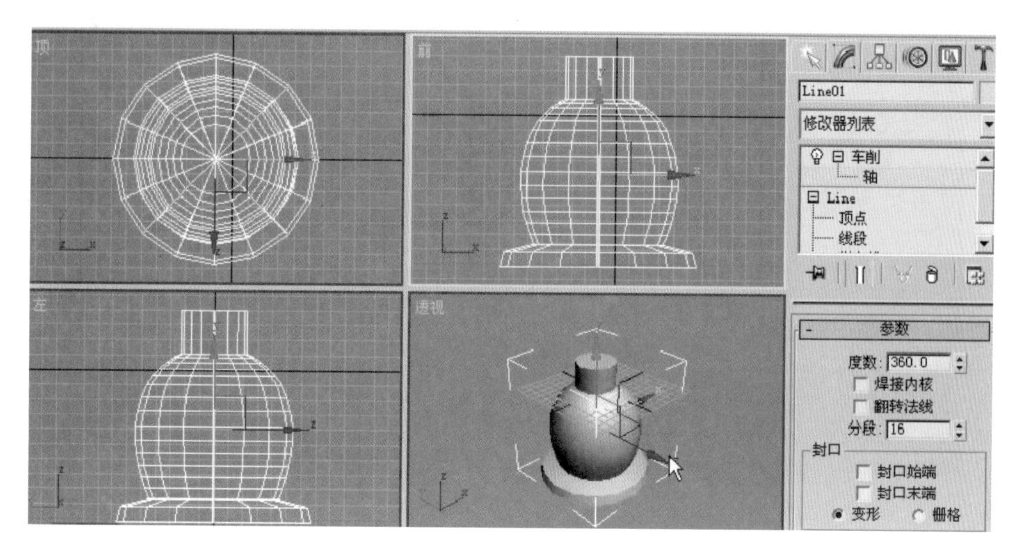

图 4.32　制作三维体

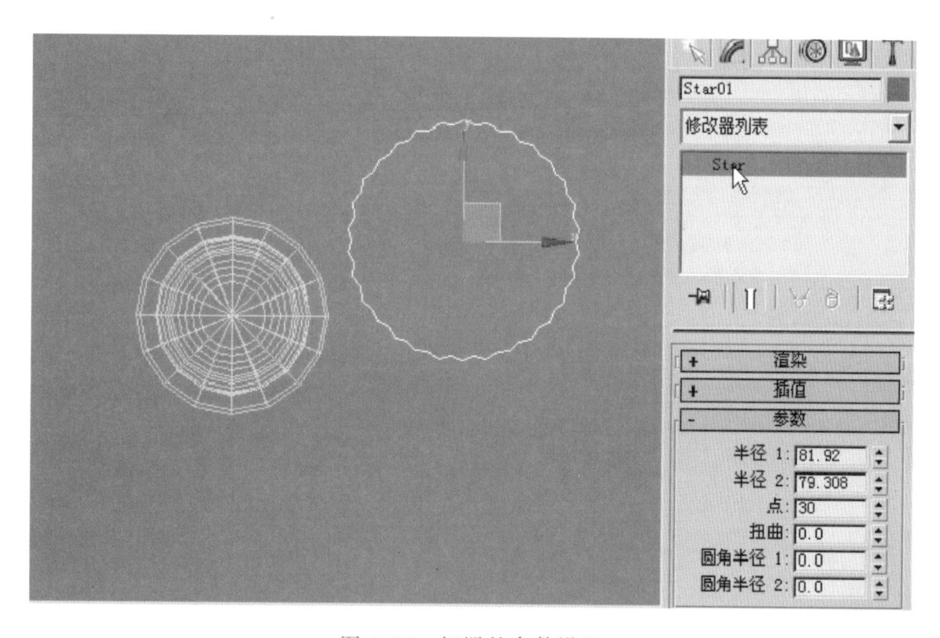

图 4.33　灯罩的参数设置

(5) 选择星形,右击将其转变为【可编辑样条线】,在【样条线】级别下,用【轮廓】命令让它向外产生轮廓,这样灯罩就有了厚度,如图 4.34 所示。

(6) 在菜单栏中选择【修改器】|【网格编辑】|【挤出】命令,挤出一个厚度,如图 4.35 所示,挤出的分段数为 10(为下面锥化做准备),如图 4.36 所示。

(7) 选择菜单栏中的【修改器】|【参数化变形器】|【锥化】命令,参数设置如图 4.37 所示。

(8) 将灯罩放到台灯上面,得到如图 4.38 所示的台灯。

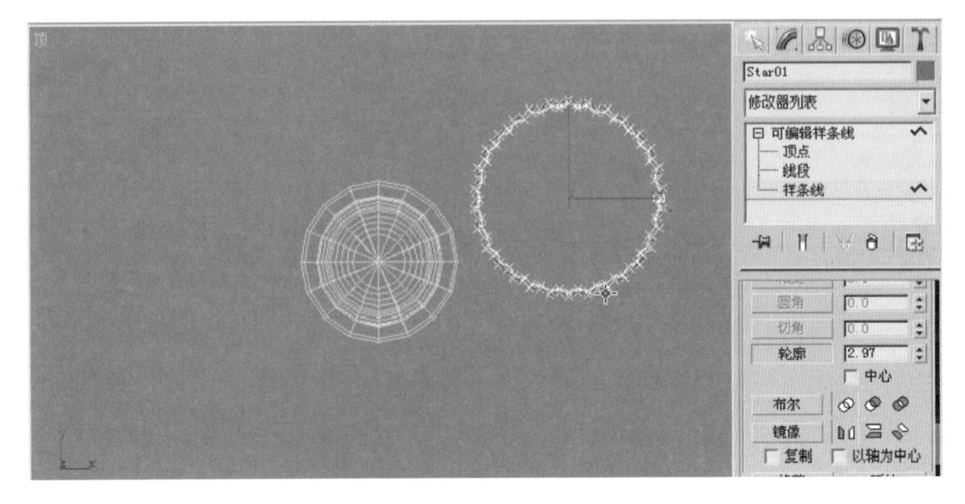

图 4.34 【样条线】下的【轮廓】命令

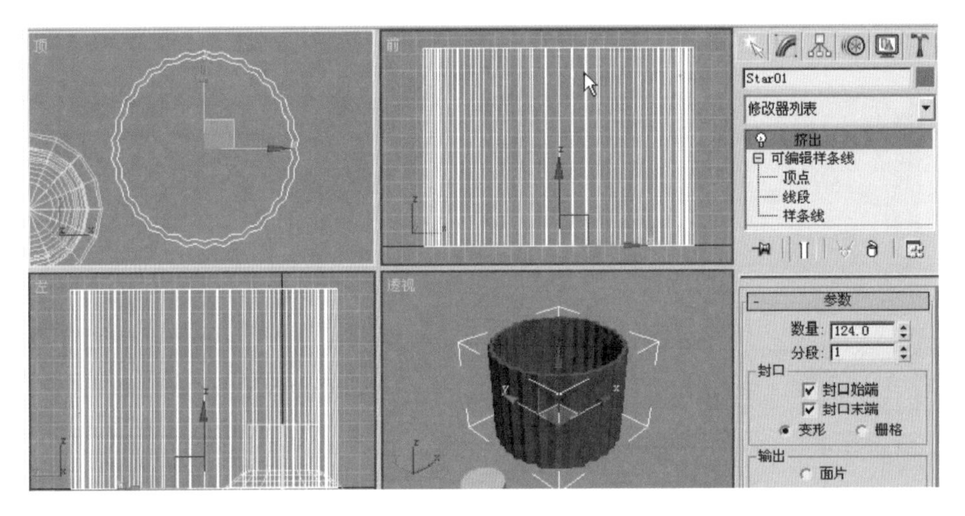

图 4.35 利用【挤出】命令挤出厚度

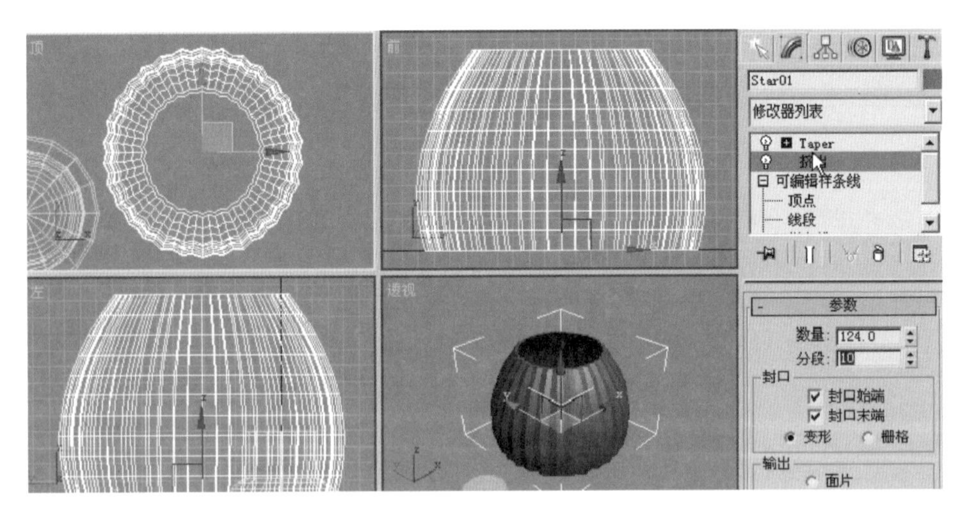

图 4.36 设置挤出的分段数

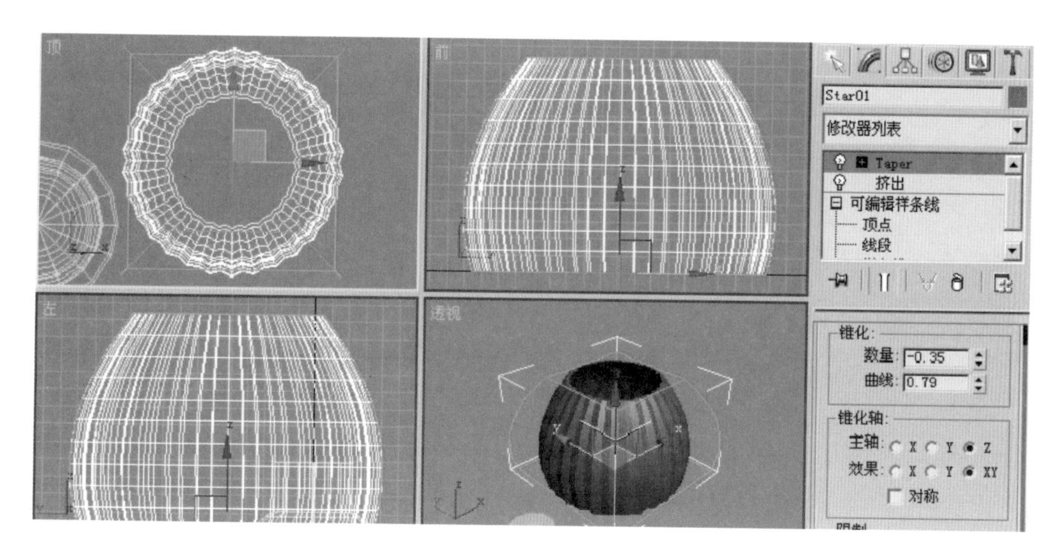

图 4.37　锥化的参数设置

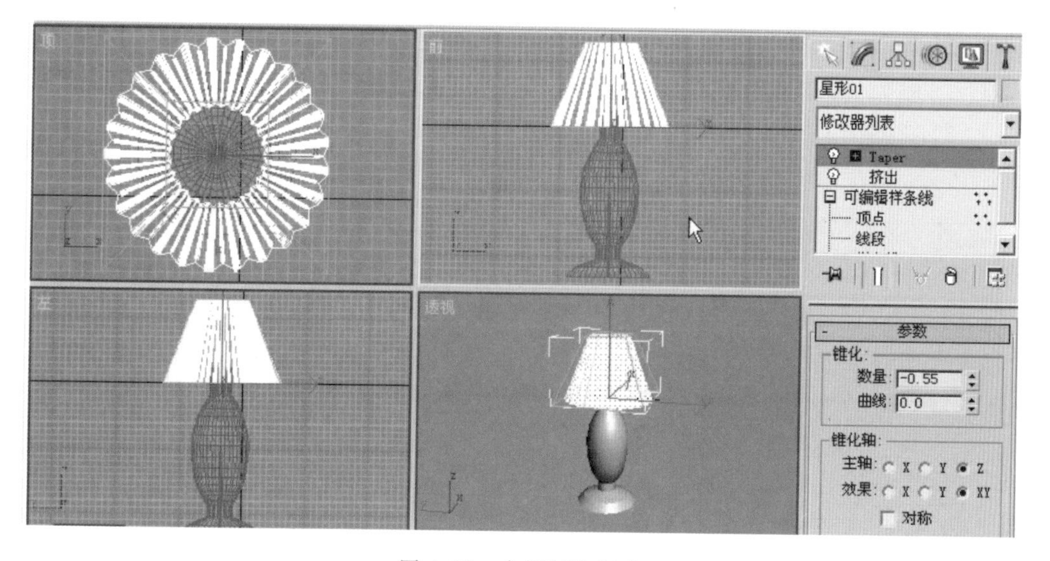

图 4.38　台灯制作完成

4.5　扭　　曲

定义：可以使物体沿着某一指定的轴向进行扭曲(Twist)变形。例子：钻头。

扭曲命令的参数意义如下。

操作的角度：决定物体的角度大小，数值越大，扭转变形就越厉害。

偏移：数值为 0 时，扭曲均匀分布；数值大于 0 时，扭转程度向上偏移；数值小于 0 时，扭转程度向下偏移。

上限和下限：决定物体的扭转程度。

实例：制作如图 4.39 所示的钻头。

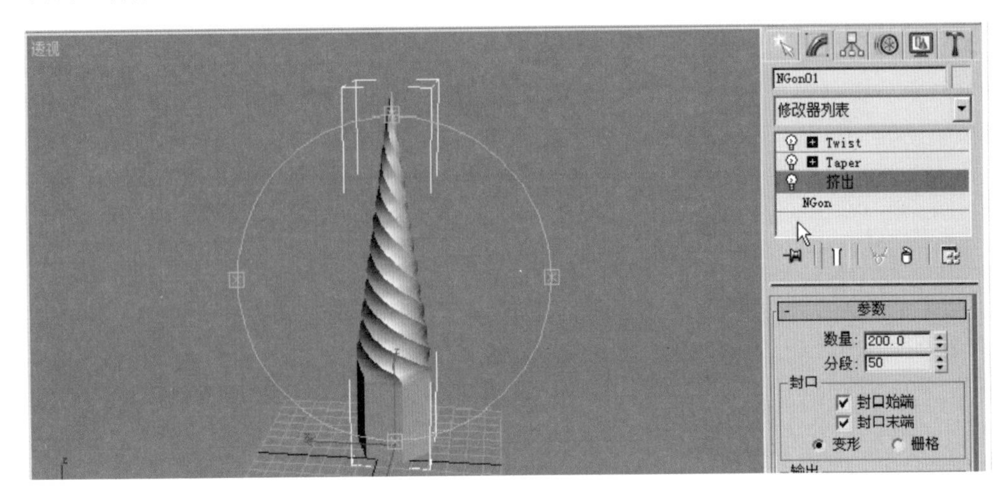

图 4.39 钻头的制作效果图

分析：利用图 4.39 中右边的命令，先画一个六边形，挤出一个高度，再用【锥化】和【扭曲】命令制作完成。

制作步骤如下。

(1)【样条线】级别下，用【多边形】命令画一个六边形，六边形的半径是 25mm，如图 4.40 所示。

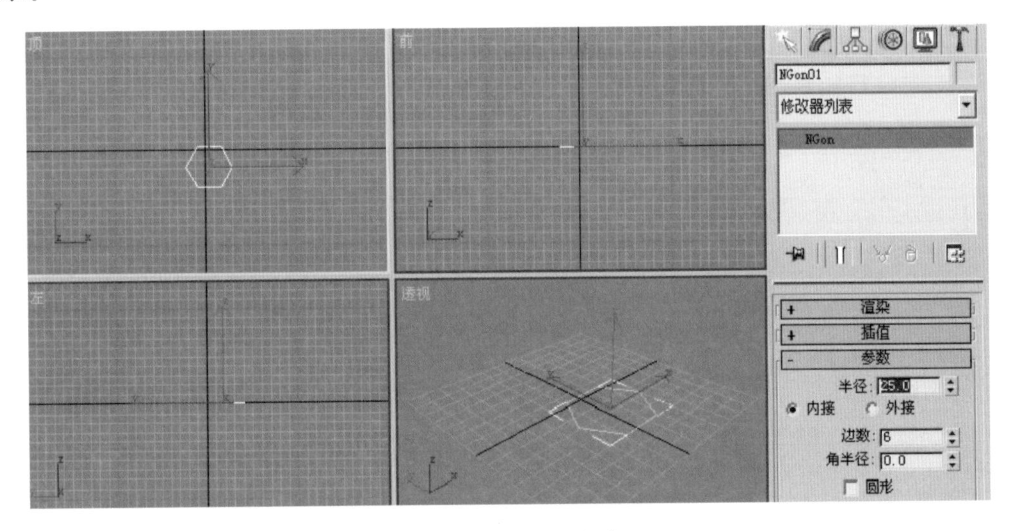

图 4.40 绘制六边形

(2) 选择菜单栏中的【修改器】|【网格编辑】|【挤出】命令，挤出数量设置为 200，如图 4.41 所示。

注意：挤出的分段数设置为 50(为了使后面锥化有效果)，如图 4.42 所示。

(3) 选择菜单栏中的【修改器】|【参数化变形器】|【锥化】命令，如图 4.43 所示，设置其【下限】值为 50。

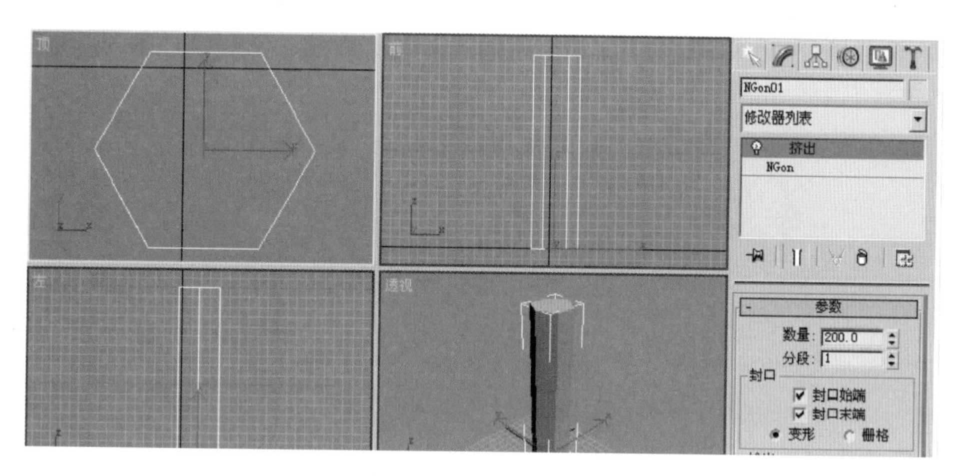

图 4.41　设置挤出数量

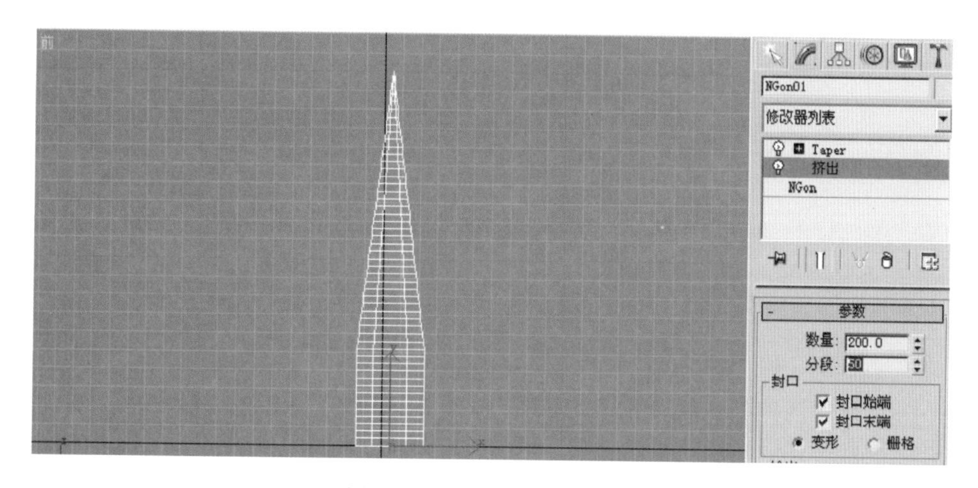

图 4.42　设置挤出的分段数

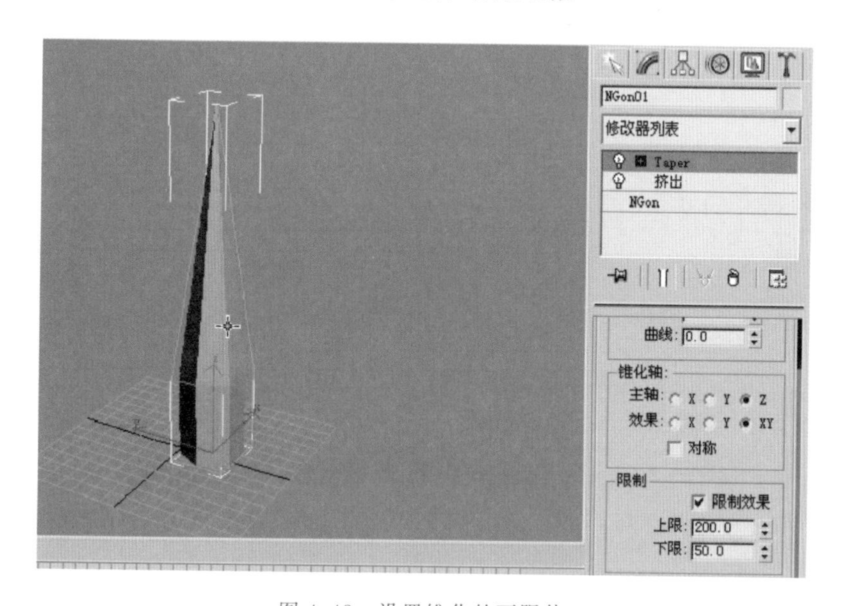

图 4.43　设置锥化的下限值

(4) 选择【修改器】|【参数化变形器】|【扭曲】命令,角度值为正是逆时针,角度值为负是顺时针,参数的设置如图 4.44 所示。

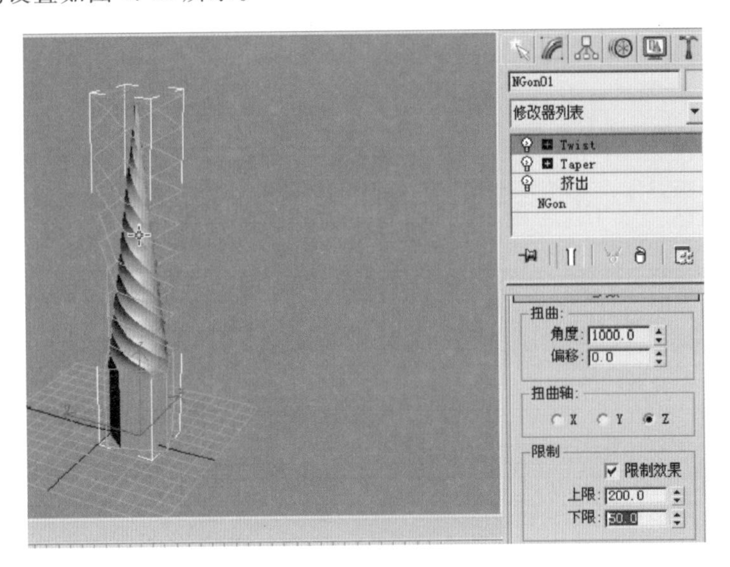

图 4.44 扭曲参数的设置

至此,一个钻头制作完成。

4.6 晶 格

定义:将物体的网格变为实体,效果有点像织篮子一样。例子:舞台框架。
操作:支柱半径、节点半径、光滑。
实例: 制作如图 4.45 所示的舞台框架。

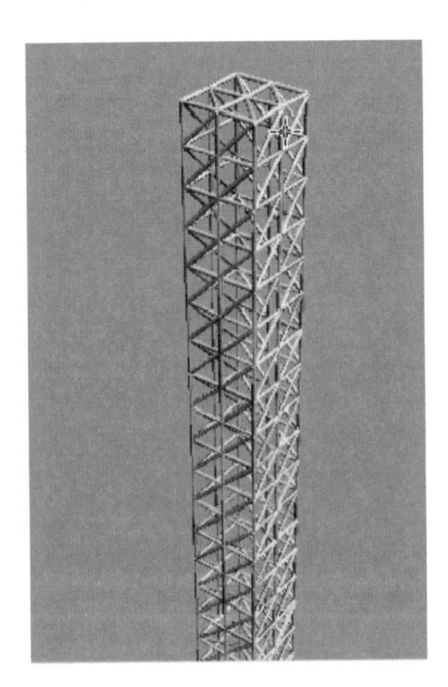

图 4.45 舞台框架制作效果图

制作步骤如下。

(1) 制作一个长方体,参数的设置如图 4.46 所示。

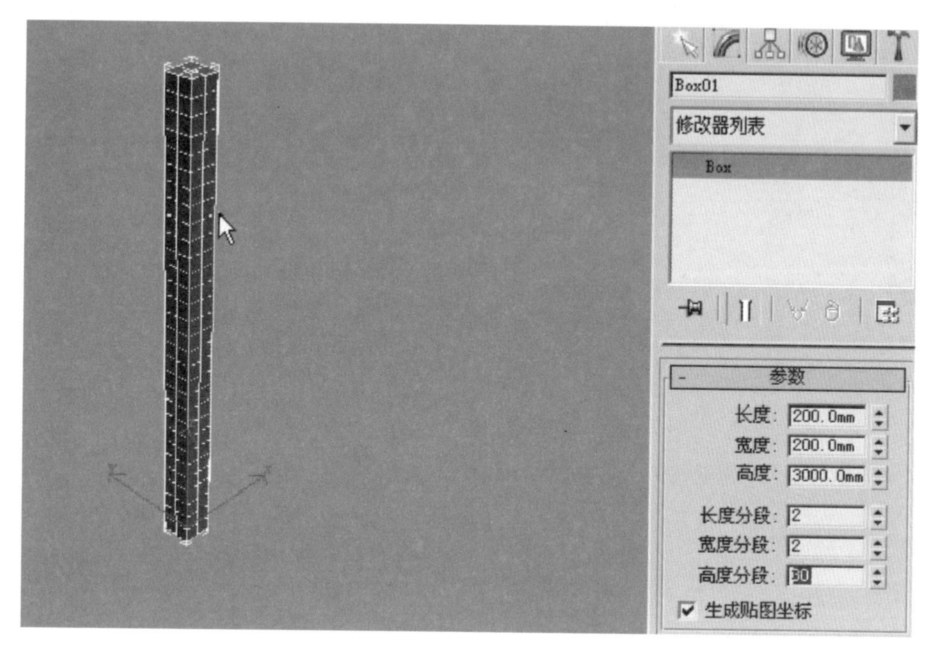

图 4.46 设置长方体的参数

(2) 选择菜单栏中的【修改器】|【参数化变形器】|【晶格】命令,参数设置如图 4.47 所示。

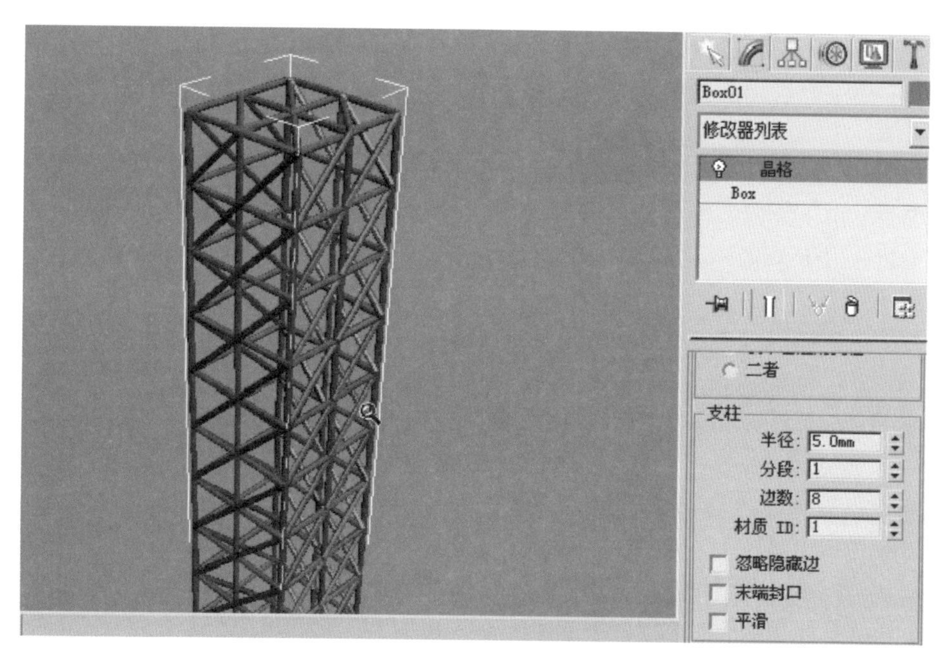

图 4.47 设置晶格的参数

勾选【末端封口】和【平滑】复选框，得到如图 4.48 所示的图形。

图 4.48　勾选【末端封口】和【平滑】复选框的效果

4.7　噪　　波

定义：使物体产生凹凸不平的效果。例子：石头、窗帘。

噪波(Noise)命令参数的意义如下。

操作种子：用于设置噪波的随机种子，不同的随机种子会产生不同的噪波效果。

比例：用于设置噪波的影响范围，值越大，产生的效果越平缓，值越小，产生的效果越尖锐。

分形码：勾选此选项后，将会得到更为复杂的噪波效果。

粗糙度：用于设置表面起伏的程度，值越大，起伏越厉害，表面也就越粗糙。

复杂度：用于设置碎片的迭代次数，值越小，地形越平缓，值越大，地形的起伏也就越大。

强度：用于控制 X、Y、Z 三个轴向上对物体噪波强度影响，值越大，噪波越剧烈。

在第 3 章制作的窗帘，可以加一个【噪波】命令让窗帘产生一种波浪的效果。

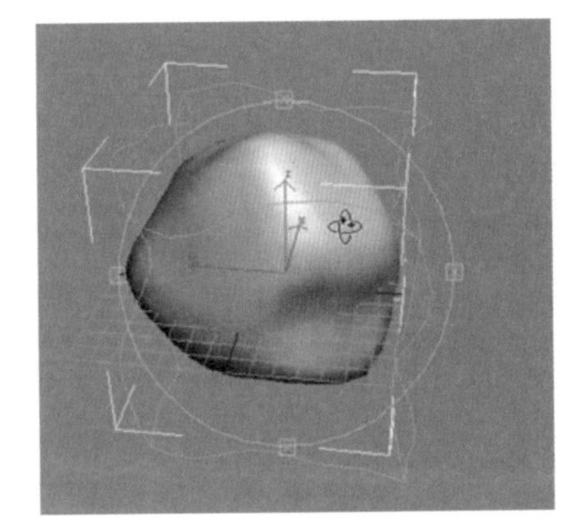

图 4.49　石头的制作效果图

下面制作一个如图 4.49 所示的石头。

步骤如下。

(1) 利用【标准基本体】画一个球体。

(2) 在菜单栏中选择【修改器】|【参数化变形器】|【噪波】命令，参数设置如图 4.50 所示，最终的图像也如图 4.50 所示。

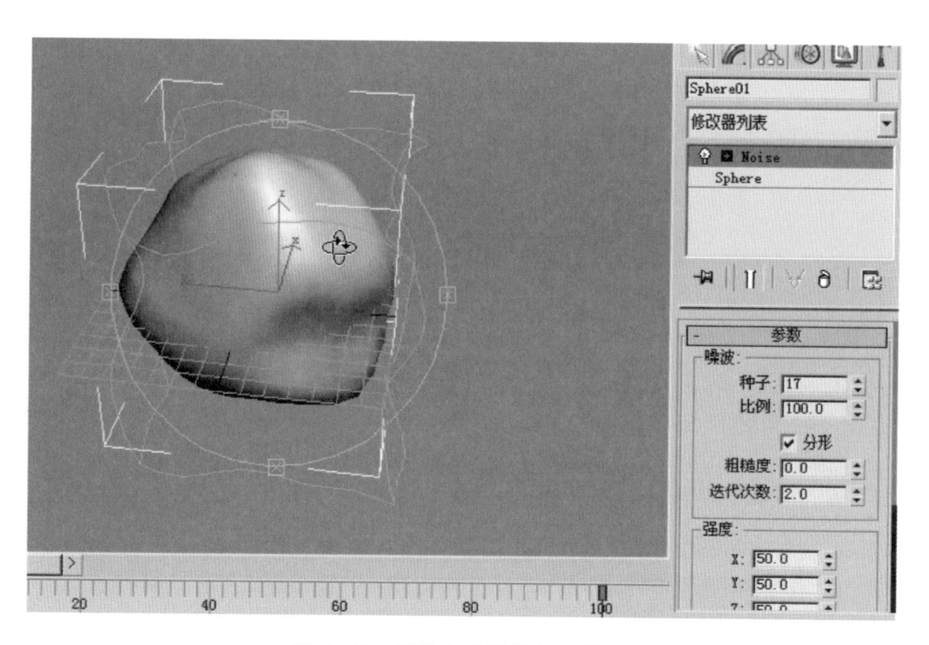

图 4.50 噪波的参数设置和效果

第 5 章 其他造型命令

5.1 阵列工具

(1) 定义：将源对象按照指定的方式成批复制，并且源对象继续保留在原来的位置。阵列的命令主要包括以下三种。

移动阵列：将源对象按照指定的“距离”成批复制。

旋转阵列：将源对象按照指定的“角度”旋转并且成批复制。

缩放阵列：将源对象按照指定的“缩放比例”成批复制。

阵列命令使用时，在菜单栏中选择【工具】|【阵列】命令，弹出如图 5.1 所示的【阵列】对话框。

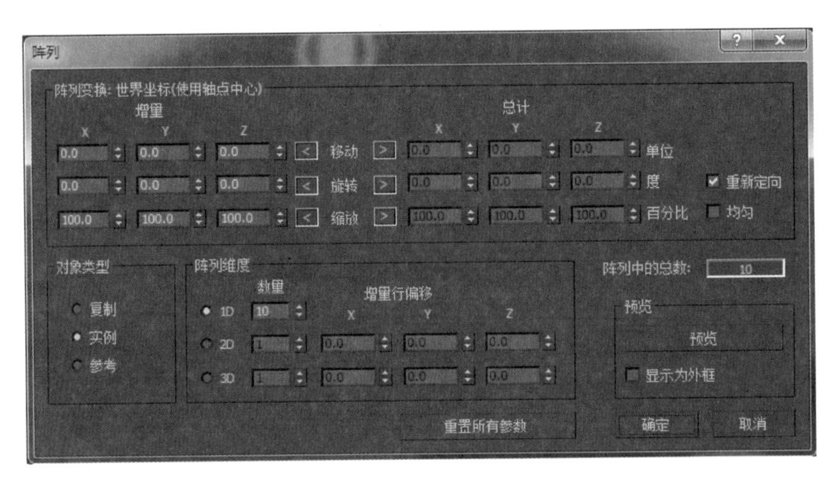

图 5.1 【阵列】对话框

分清楚矩阵阵列、圆形阵列、一维阵列、二维阵列、三维阵列、总计、增量、复制、实例的不同。间隔工具的使用：在菜单栏中选择【组】|【对齐】|【间隔工具】命令或按 Shift+I 键，参数设置如图 5.2 所示。

作用：可以使用对象沿一条线或者两点产生阵列。

(2)【组】的操作：明白【组】的各种操作。

包括：【成组】、【解组】、【打开】、【关闭】、【附加】、【分离】和【炸开】，如图 5.3 所示。

(3) 轴约束功能：此功能一般是配合【捕捉】功能一起使用。

F5：约束 X 轴。F6：约束 Y 轴。F7：约束 Z 轴。F8：循环切换三个平面，如图 5.4 所示。

(4) 更改物体的轴心点：单击【层次】|【仅影响轴】按钮，也可以使用【对齐】命令，使轴心跟物体对齐，如图 5.5 所示。

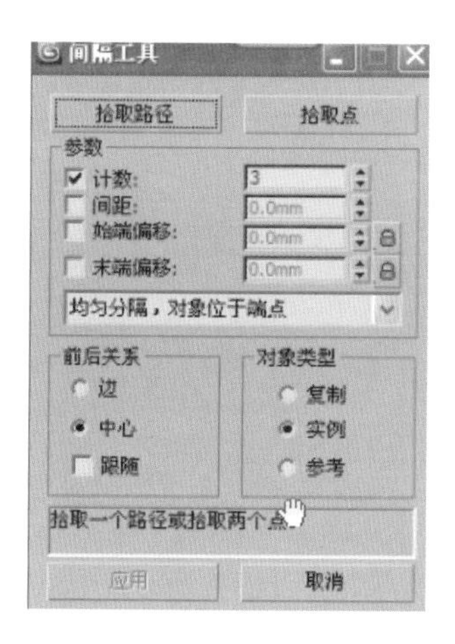

图 5.2 【间隔工具】窗口

图 5.3 【组】包含的命令

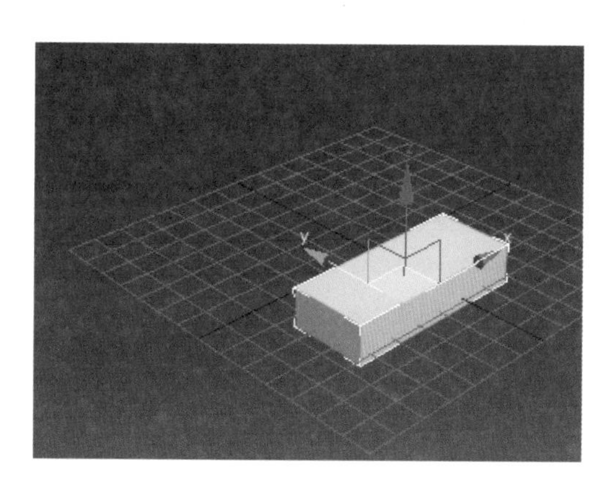

图 5.4 轴约束功能

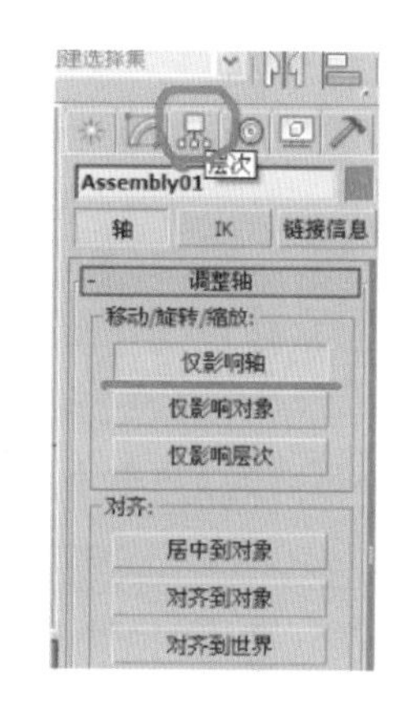

图 5.5 【仅影响轴】按钮

5.2 示例：楼梯的制作

下面用【阵列】命令制作如图 5.6 所示的楼梯。

图 5.6 楼梯的制作效果图

步骤如下。

(1) 创建一个长方体,参数如图 5.7 所示。

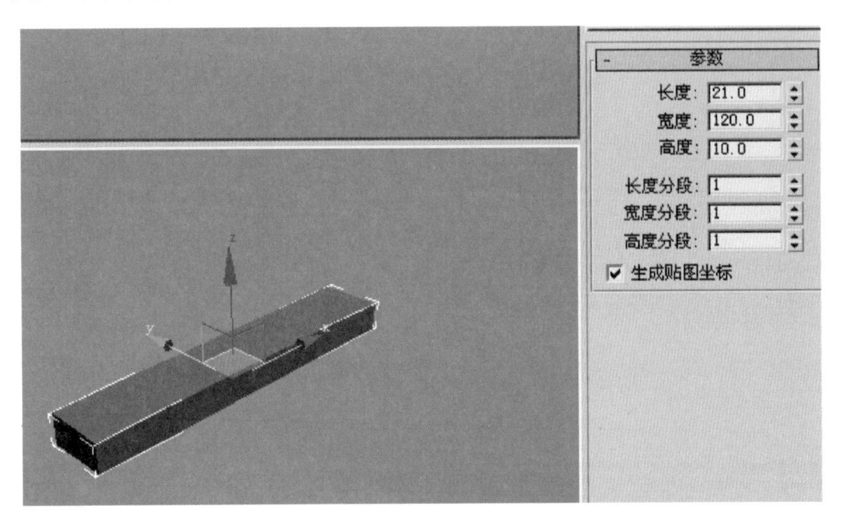

图 5.7 绘制长方体并设置参数

(2) 在顶视图中创建两个圆柱体,半径设置为 2mm,作为台阶的支架,并在菜单栏中选择【组】|【成组】命令,改名为"台阶"。

(3) 选择【工具】菜单下的【阵列】命令,参数设置如图 5.8 所示。

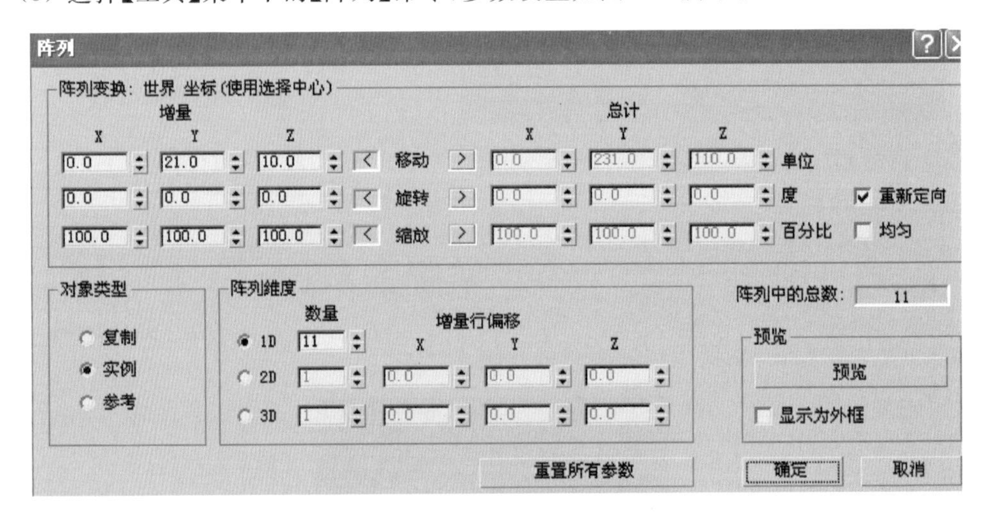

图 5.8 【阵列】的参数设置

(4) 可以单击【预览】按钮,查看当前设置的预览效果。因为支架数量居多,和事实不符,所以采用间隔删除的方法,删除多余的支架,如图 5.9 所示。

(5) 在左视图中,画两个扶手,选择圆柱体,将圆柱体放在扶手处合适的位置。

(6) 至此,楼梯制作完成,最终的效果如图 5.10 所示。

注意:扶手的制作也可以用【线】命令,在右边,渲染【厚度】设置一个值,同时勾选【显示渲染网格】复选框即可,如图 5.11 所示。

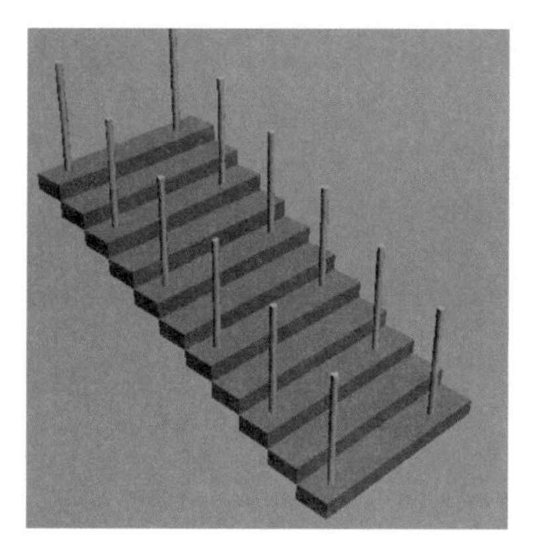

图 5.9　删除多余支架后的预览效果

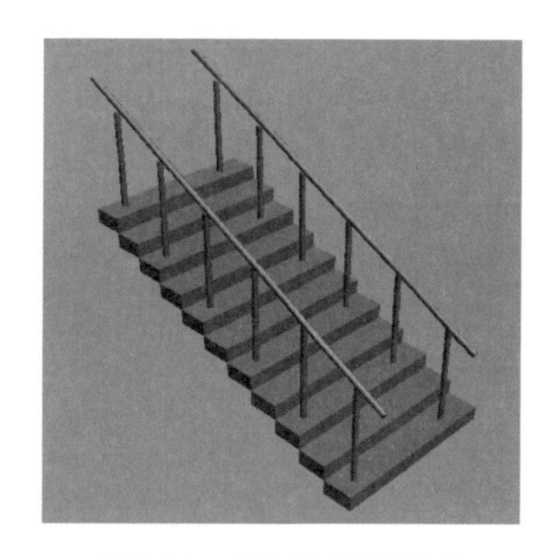

图 5.10　制作完成后的楼梯

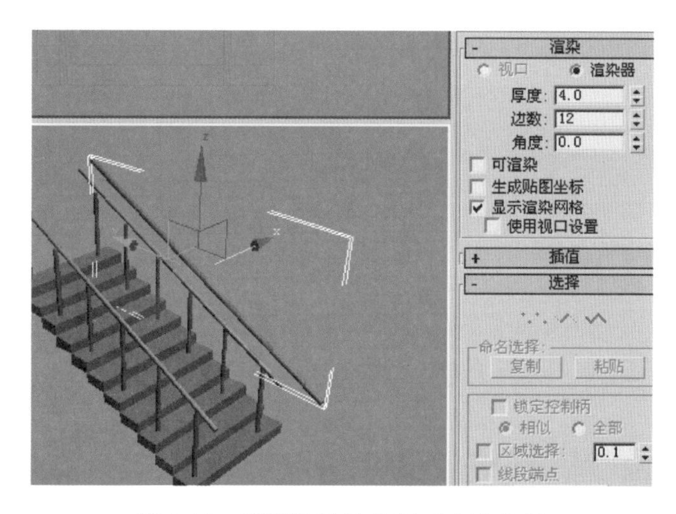

图 5.11　用【线】和【渲染】命令制作扶手

5.3　实例：花灯的制作

花灯的最终效果如图 5.12 所示。

图 5.12　花灯的制作效果图

分析：这个造型稍微有些复杂，底部的灯是一个圆压扁制成的，它的上面是用【车削】命令制作完成的。6个灯是采用旋转阵列完成的。

(1) 制作矩形，参数设置如图5.13所示。

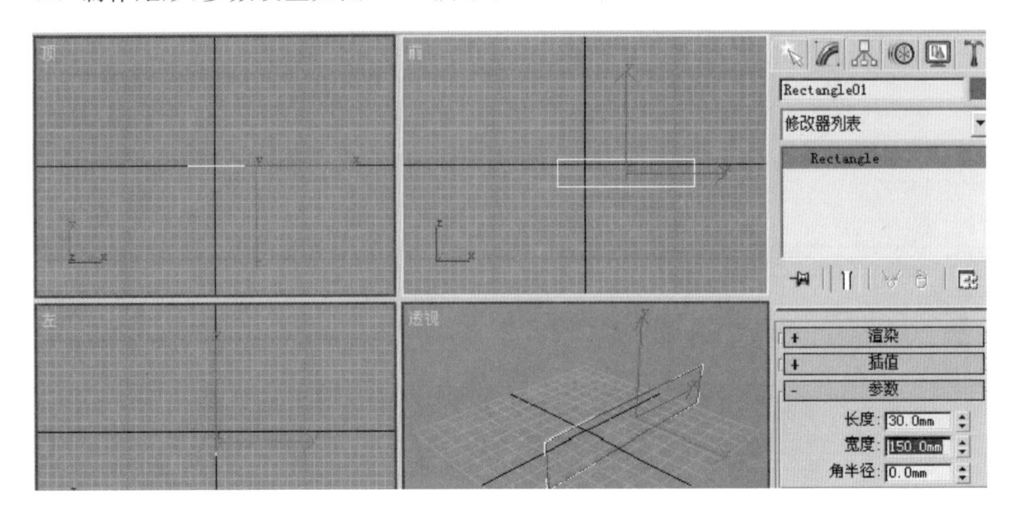

图5.13　绘制矩形并设置参数

(2) 在菜单栏中选择【修改器】|【面片/样条线编辑】|【编辑样条线】命令，或者直接右击，选择【可编辑样条线】命令，在【顶点】级别下将右下角的顶点，经过贝塞尔曲线，得到如图5.14所示的图形。

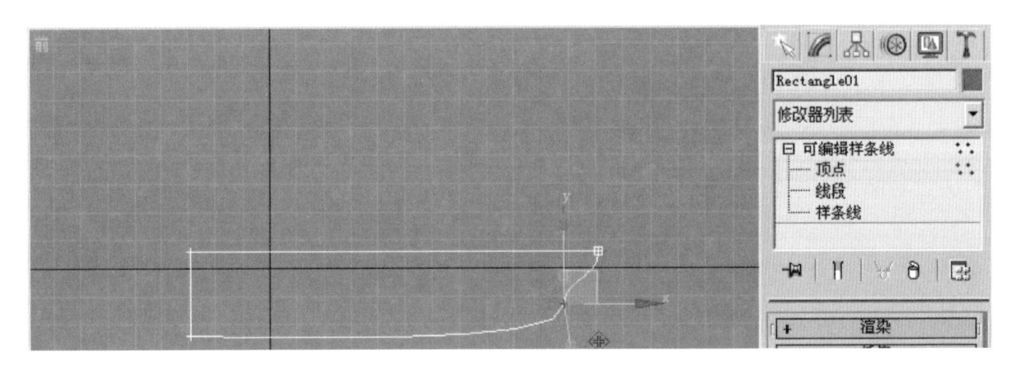

图5.14　右下角的顶点经过贝塞尔曲线

(3) 选择菜单栏中选择【修改器】|【面片/样条线编辑】|【车削】命令，选择【车削】命令的【轴】选项，将轴移动到最左边，如图5.15所示，车削后得到灯罩部分，将车削命令【参数】下的【分段】改为32，如图5.16所示。

(4) 在顶视图画一个球体，用【缩放】命令沿着Z轴将球压扁，制作灯体部分，如图5.17所示。

(5) 在顶视图制作圆柱体，圆柱体的半径为60mm，高度为130mm。

(6) 右击该圆柱体，将其转换为可编辑网格，在【顶点】级别下，用【缩放】命令将中间的顶点缩放成如图5.18所示的外形，至此，小灯的模型制作完成，如图5.18所示。

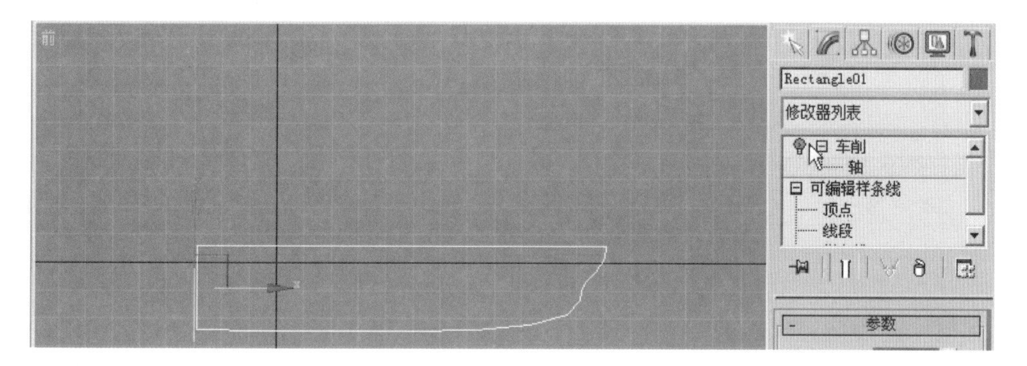

图 5.15　将车削轴移到最左边

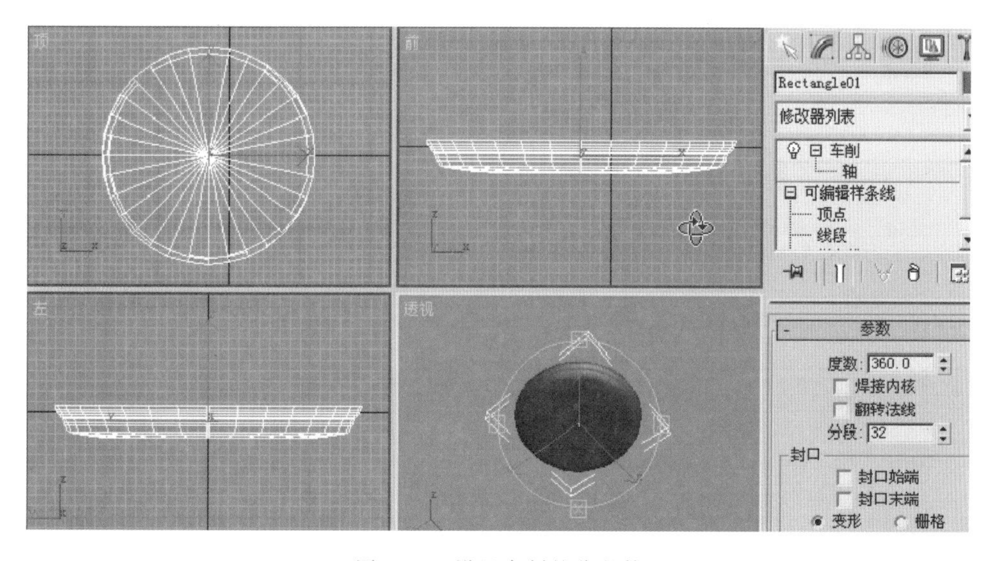

图 5.16　设置车削的分段数

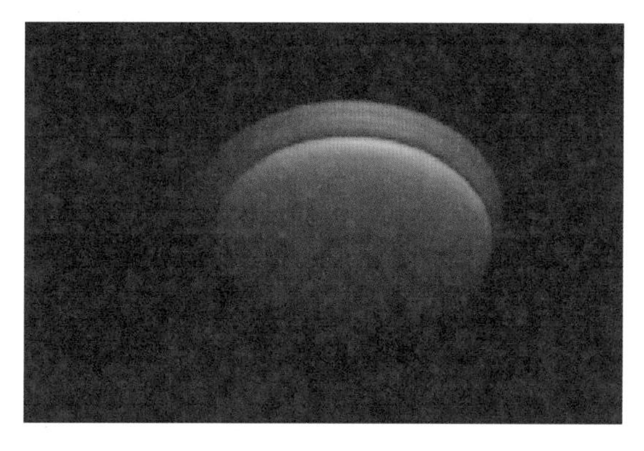

图 5.17　制作灯体

(7) 用直线画如图 5.19 所示的线，在菜单栏中选择【修改器】|【面片/样条线编辑】|【可渲染样条线修改器】命令，【厚度】设置为 8mm，如图 5.19 所示。

(8) 选择线和灯的部分，在右侧单击【层次】|【轴】|【仅影响轴】按钮，将轴心移动到左侧球的中心点，如图 5.20 所示。

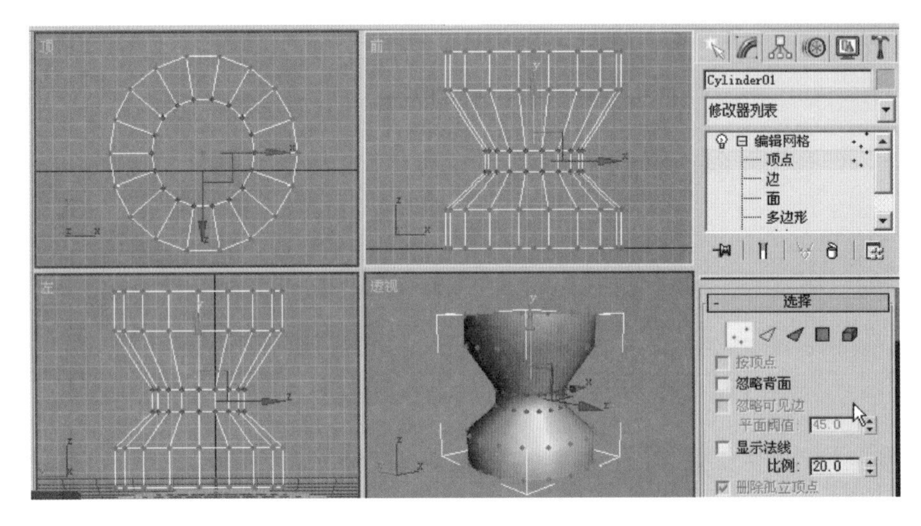

图 5.18　制作小灯的模型

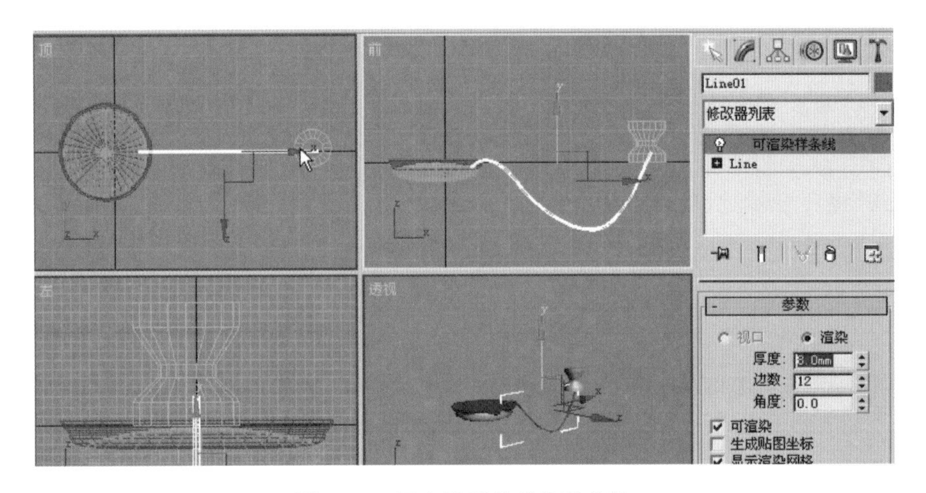

图 5.19　用直线画线并设置参数

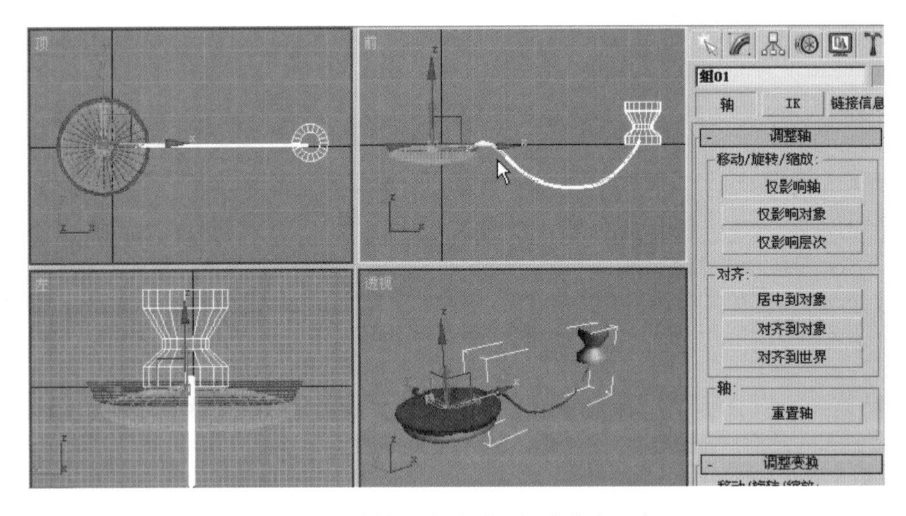

图 5.20　将轴心移动到左侧球的中心点

(9) 在工具栏中，将坐标轴选择为世界坐标，如图 5.21 所示。

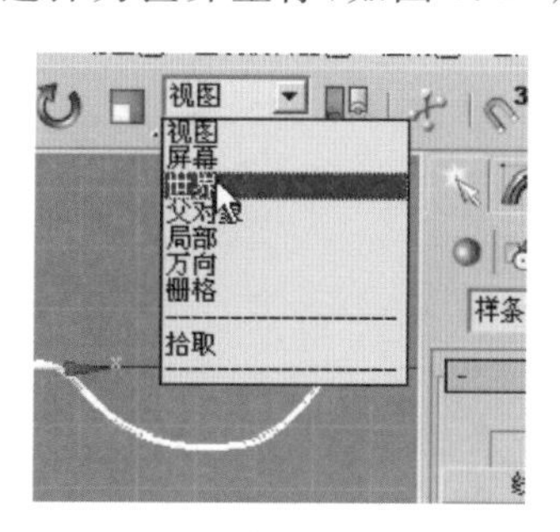

图 5.21　设置世界坐标系

(10) 选择【工具】|【阵列】命令，阵列的【数量】是 6，旋转阵列的 Z 轴为 60，如图 5.22 所示。

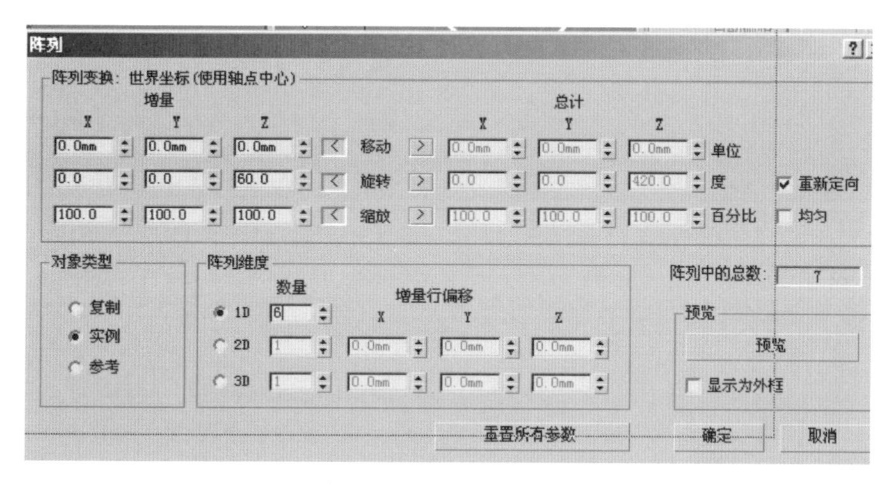

图 5.22　阵列的参数设置

阵列设置后的效果如图 5.23 所示。

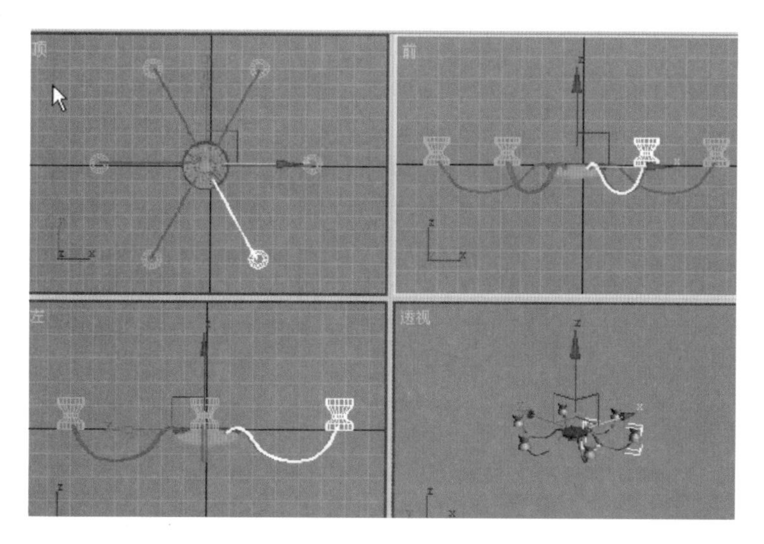

图 5.23　阵列后的效果图

可以单击【预览】按钮，得到图5.23所示的旋转阵列。

(11) 画一个球体，参数设置如图5.24所示，用工具栏的【镜像】按钮，得到如图5.24所示的半球体。

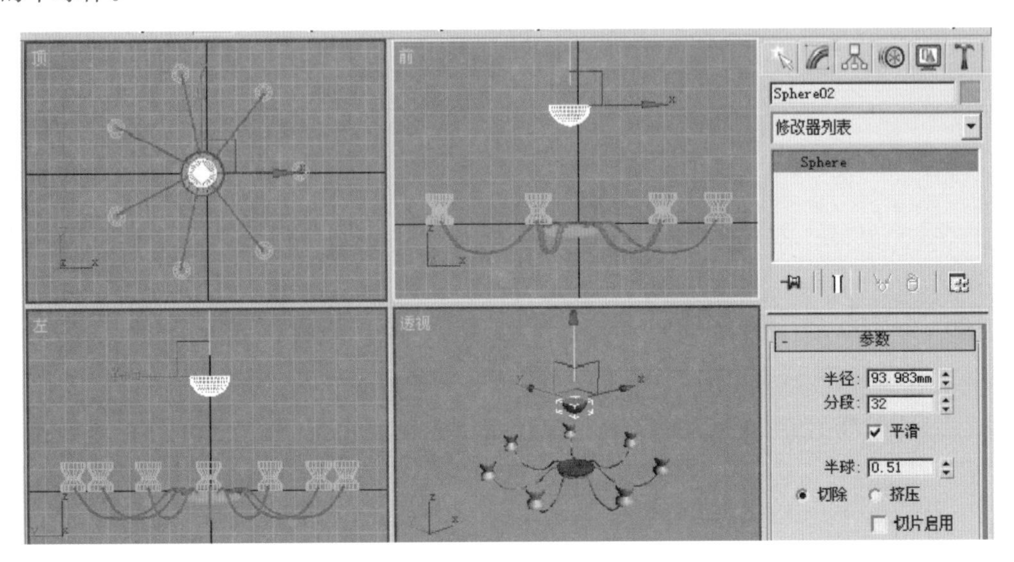

图5.24　绘制球体和半球体

(12) 在前视图中画一条线，右击将其转为"可渲染样条线"，【厚度】设置为4mm，如图5.25所示。

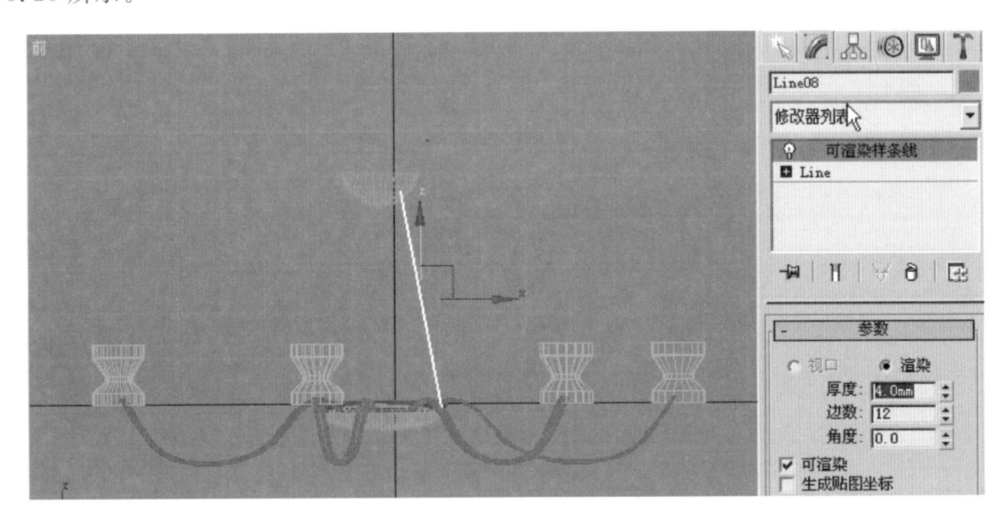

图5.25　可渲染样条线参数设置

(13) 在【轴】命令中，单击【仅影响轴】按钮，将轴移动到如图5.26所示的地方。

(14) 在菜单栏中选择【工具】|【阵列】命令，设置【数量】为5，其他参数设置如图5.27所示。

制作的5条线效果如图5.28所示。

完成的最终效果如图5.29所示。

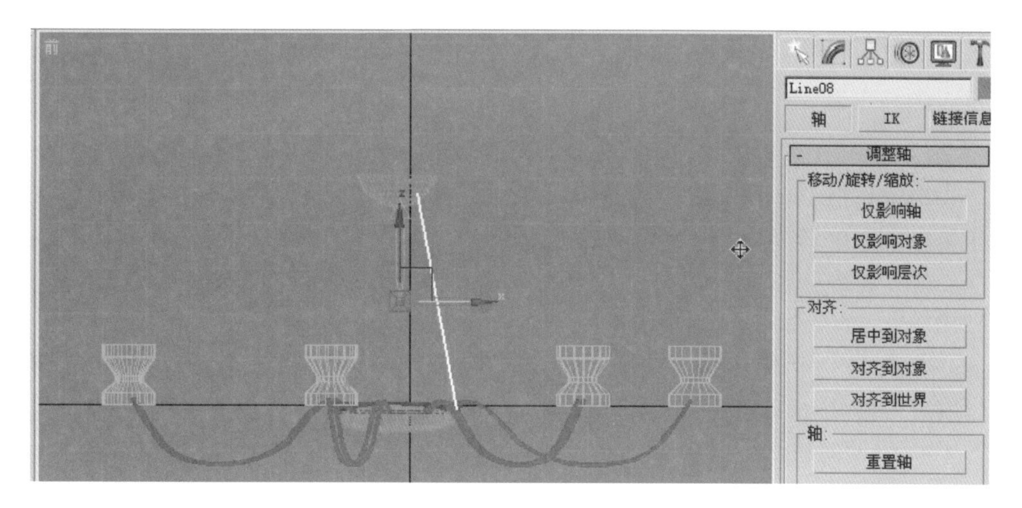

图 5.26　移动轴的位置

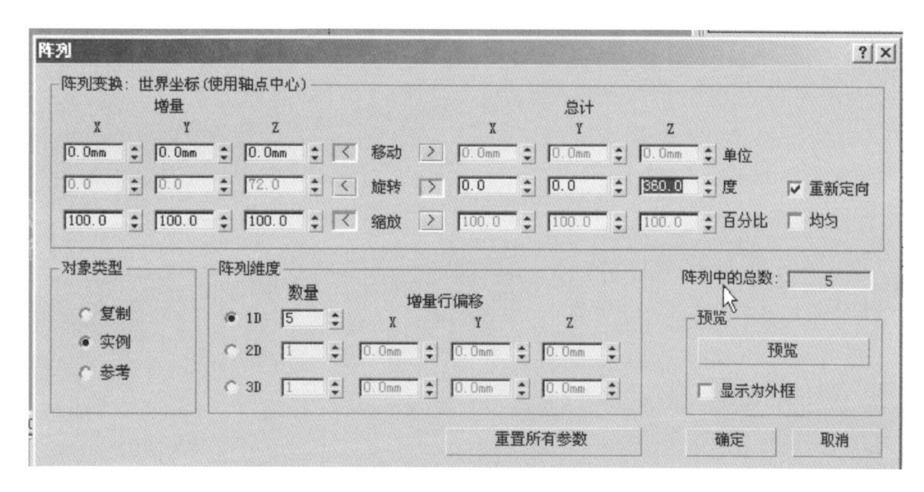

图 5.27　阵列参数设置

图 5.28　制作 5 条线

图 5.29　制作完成后的花灯

5.4 动 力 学

定义：Reactor(动力学系统)是从 3ds Max4 开始加入的一个物理学模拟插件，它以 Havok 引擎为核心。Havok 引擎是由 Havok 公司所开发的专门模拟真实世界中物体碰撞效果的系统。使用具有撞击检测功能的 Havok 引擎可以让更多真实世界的情况以最大的拟真度反映在游戏中。

1. Reactor 的刚体

Rigid Body(刚体)是 Reactor 中的基本模拟对象。刚体是在物理模拟过程中几何外形不发生改变的对象，例如从山坡上滚下来的石块。

2. Cloth Collection

Cloth 集合是一个 Reactor 辅助对象，用于充当 Cloth 对象的容器。在场景中添加了 Cloth 集合后，可以将场景中的 Cloth 对象添加到该集合中。注意：只有先给对象应用 Cloth Modifier(布料修改器)，才能将对象添加到布料集合中。

3. Cloth Modifier

Cloth 修改器可以用于将任何几何体变成变形网格，从而模拟类似窗帘、衣物、金属片和旗帜等对象的行为，如图 5.30 所示。

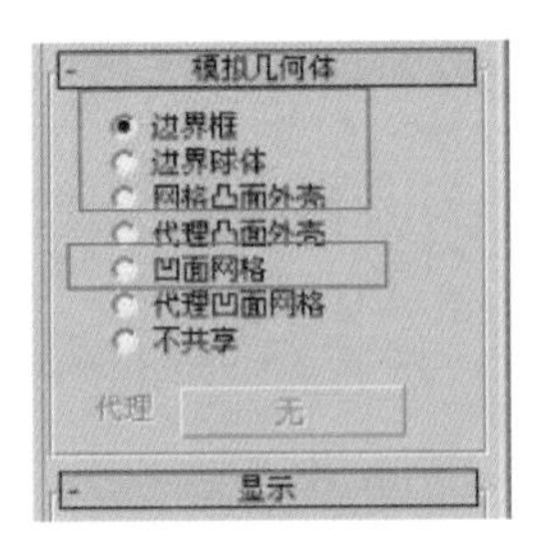

图 5.30　Cloth 修改器可模拟的几何体

第 6 章　多边形建模

6.1　多边形建模的方法介绍

6.1.1　定义

在原始简单的模型上，通过增减点、线、面数或调整点线面的位置来产生所需要的模型，这种建模方式称为多边形建模。

右击将物体转变为可编辑多边形（Editable Ploy），是当前最流行的建模方法，它创建简单、编辑灵活、对硬件的要求不高，几乎没有什么是不能通过多边形建模来创建的，因此，它是当前应用最为广泛的一种模型创建方法，如图 6.1 所示。

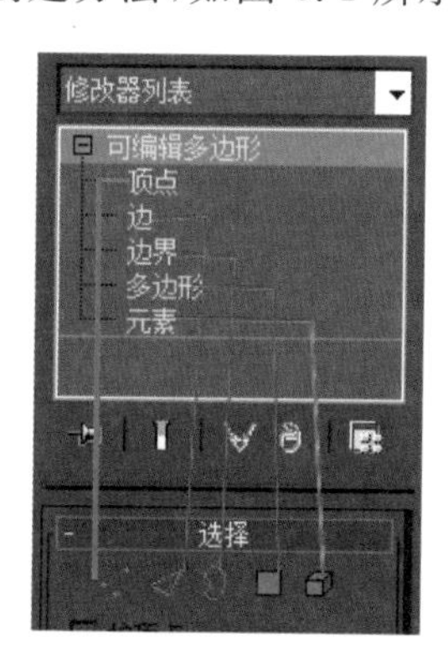

图 6.1　【可编辑多边形】列表

6.1.2　可编辑多边形的 5 个子层级

可编辑多边形的 5 个快捷键，可以分别用数字代替，数字 1 代表顶点；数字 2 代表边级别；数字 3 代表边界；数字 4 代表多边形级别；数字 5 代表元素级别。

点层级：点层级的参数含义如图 6.2 所示。

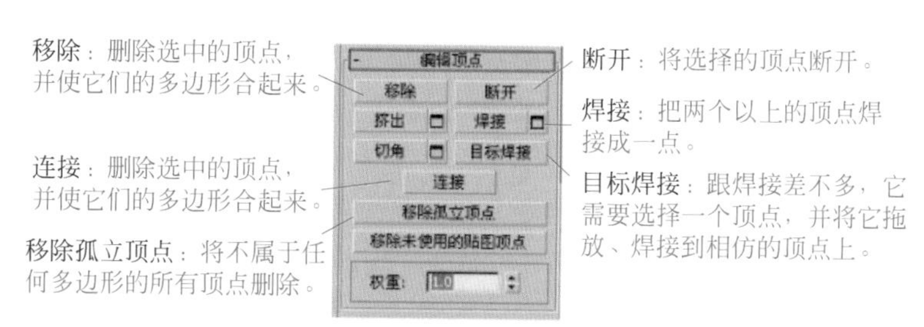

图 6.2　点层级的参数含义

边层级：边层级的参数含义如图 6.3 所示。

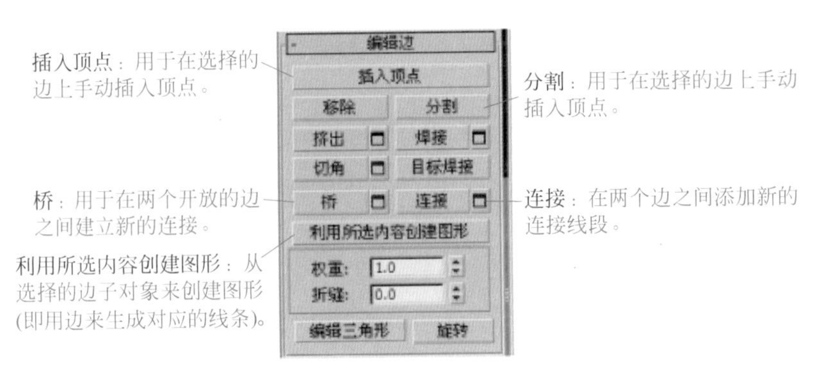

图 6.3　边层级的参数含义

多边形层级：多边形层级下的参数含义如图 6.4 所示。

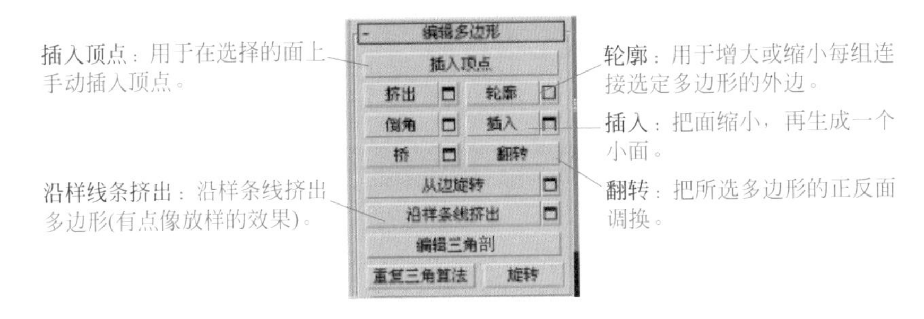

图 6.4　多边层级下的参数含义

6.2　可编辑多边形参数

可编辑多边形：把物体转换为可编辑多边形，可对物体的点、边、面进行操作。其参数的意义如下。

挤出：Edit Polygons 卷展栏下的【拉伸】命令，可以对物体的面进行随意拉出、挤入。

轮廓：Edit Polygons 卷展栏下的【偏移】命令，可对拉出的面进行缩放。

倒角：Edit Polygons 卷展栏下的【倒角】命令，可对物体的面进行拉出、挤入后再缩放。

插入：把面缩小，再生成一个小面。

分离：把子对象分离成为一个独立的对象。

切割：把一个面切割成多个面。

把两个面合并：按 Backspace 键，删除一条边。

桥：可把两个顶点焊接在一起(前提是相对的两个面要删除)。

编辑几何体层级：编辑几何体层级下的参数含义如图 6.5 所示。

知识点：

(1) 网格平滑和涡轮平滑的区别；

(2) 按方向自动切换【窗口】和【交叉】的选择方式：选择菜单栏中的【自定义】命令，选择【首选项】下的【常规】选项卡，如图 6.6 所示。

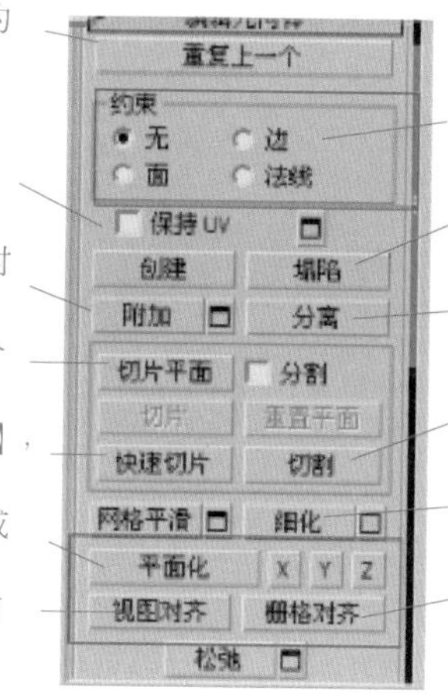

图 6.5　编辑几何体层级的参数含义

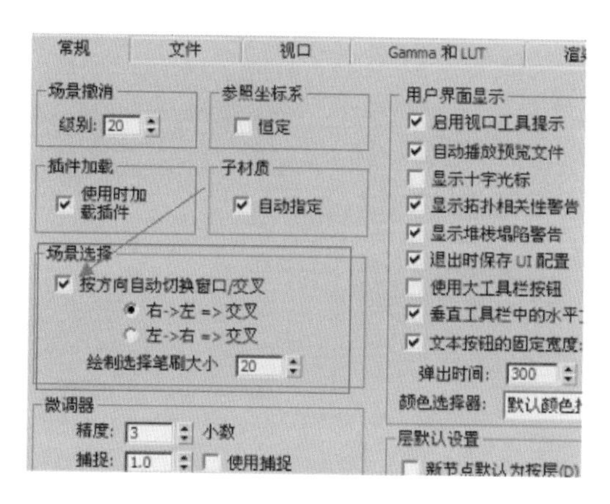

图 6.6　【常规】选项卡

6.3　实　　例

这里主要通过三个实例来讲解用多边形建模的方法，参数设置如下所示。

电视机：分段数、长 1，宽 1，高 1；长 50mm，宽 1000mm，高 700mm。

油桶：分段数、长 6，宽 3，高 2；长 100mm，宽 50mm，高 50mm。

飞机：分段数、长 6，宽 2，高 1；长 200mm，宽 20mm，高 20mm。

6.3.1　油桶的制作

油桶的最终效果如图 6.7 所示。

(1) 首先在顶视图创建一个长方体，长方体的参数如图 6.8 所示。

按下 F4 键，可以在透视图中看到它的分段数。

(2) 在菜单栏中选择【修改器】|【网格编辑】|【编辑多边形】命令，即可将其转变为可编辑多边形，如图 6.9 所示。

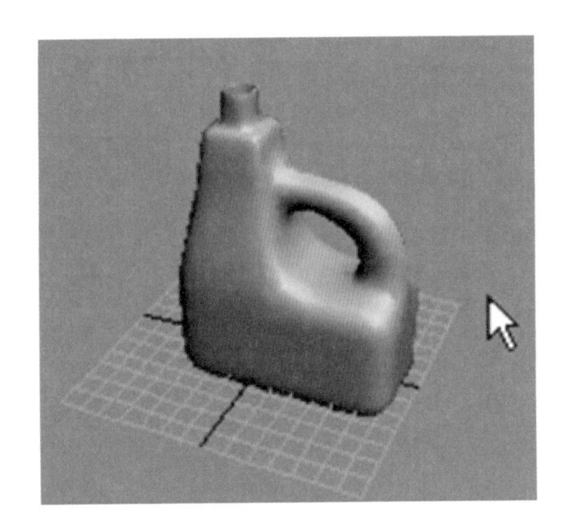

图 6.7　油桶的制作效果图

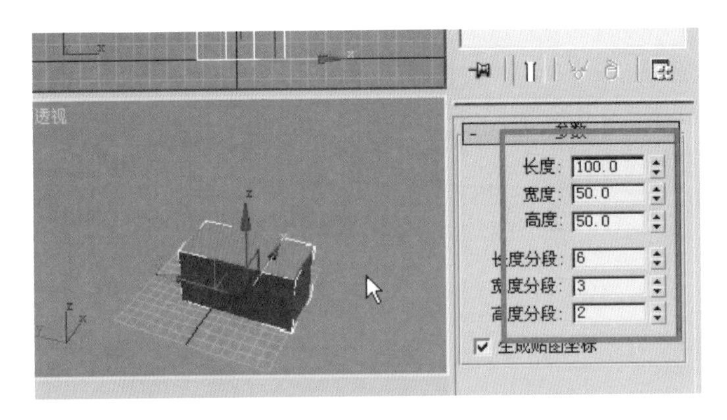

图 6.8　绘制长方体并设置参数

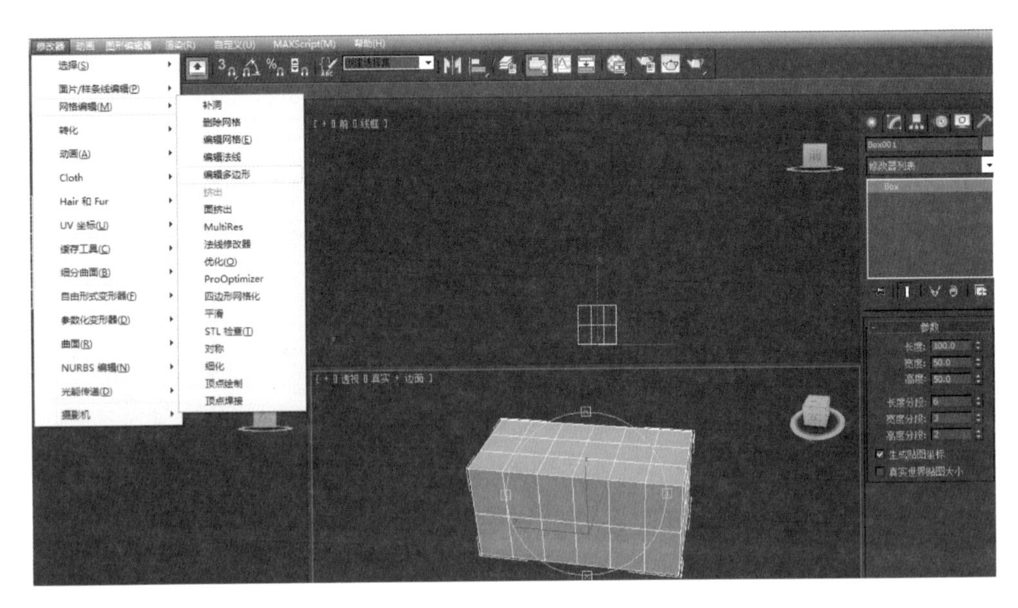

图 6.9　将长方体转化为“可编辑多边形”一

(3) 直接右击该长方体,选择弹出式菜单中的【转换为】|【转换为可编辑多边形】命令也可以将其转化为可编辑多边形,如图 6.10 所示。

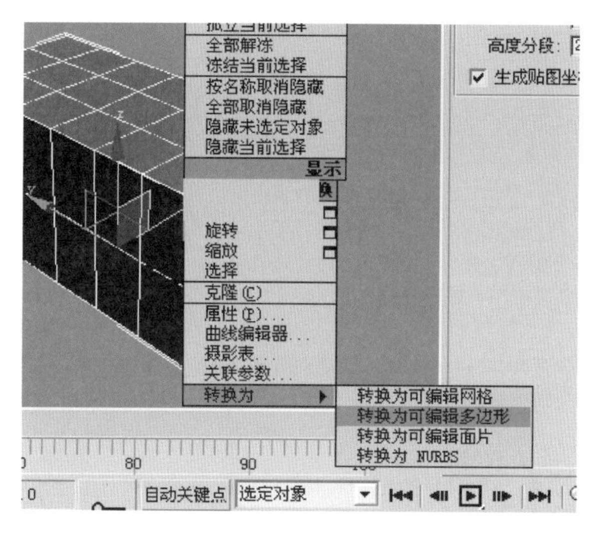

图 6.10 将长方体转化为"可编辑多边形"二

(4) 在【多边形】级别下,勾选【忽略背面】复选框,避免选择了不该选的面,如图 6.11 所示。

图 6.11 【忽略背面】复选框

(5) 在【多边形】级别下,选择一个小长方体,按住 Ctrl 键,再选择其他长方体,如图 6.12 所示。

(6) 单击【编辑多边形】列表中的【挤出】按钮,将上一步中选择的多边形挤出一个高度,如图 6.13 所示。

可以单击中间的【设置】按钮,弹出【挤出多边形】对话框,可以设置挤出多边形的高度值。本示例采用估算值,如图 6.14 所示。

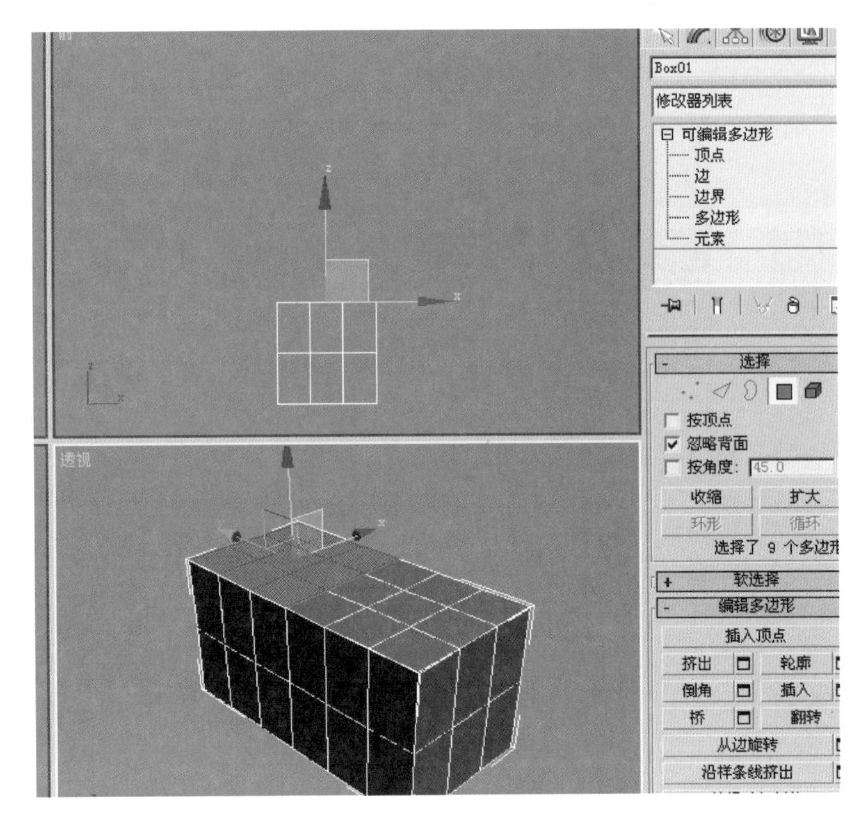

图 6.12　选择多个长方体

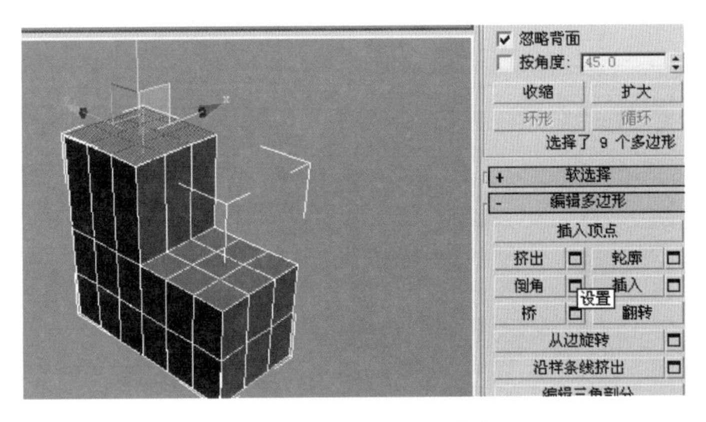

图 6.13　为多边形挤出高度

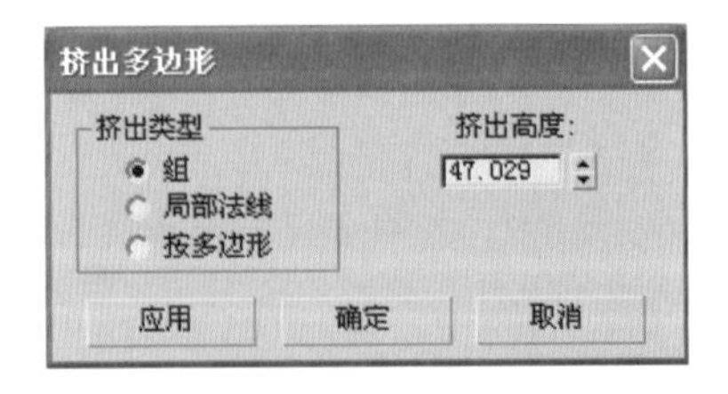

图 6.14　【挤出多边形】对话框

(7) 单击【轮廓】按钮即可得到向里或者向外收缩的效果，如图 6.15 所示。

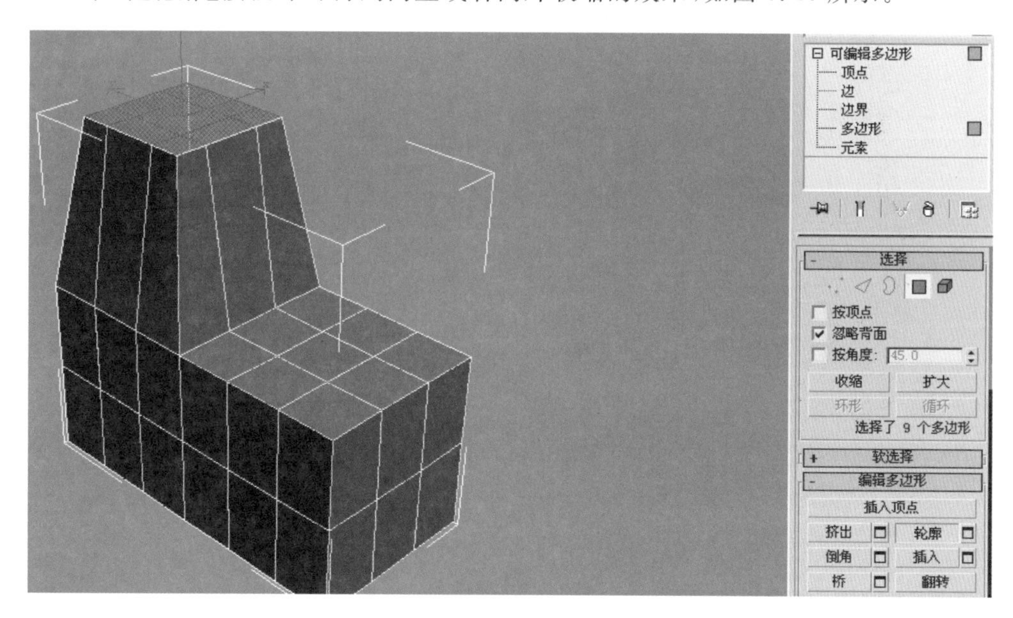

图 6.15　单击【轮廓】按钮后的效果

(8) 再次单击【挤出】按钮，挤出一个高度，高度为 15(单击【挤出】和【轮廓】中间的【设置】按钮，可以设置挤出高度)，如图 6.16 所示。

(9) 单击【倒角】命令右侧的【设置】按钮，设置参数如图 6.17 所示。

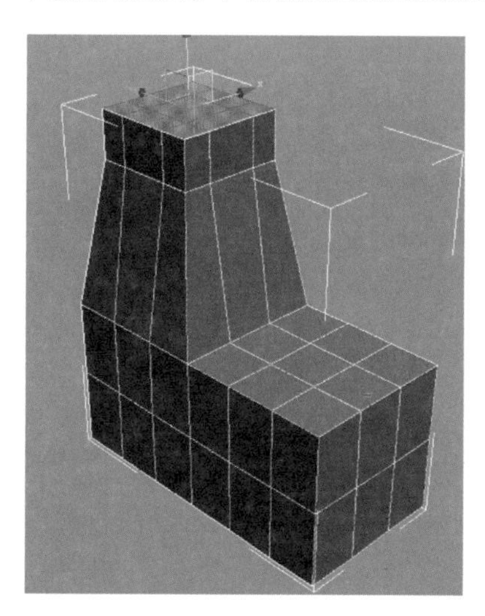
图 6.16　再次挤出一个高度

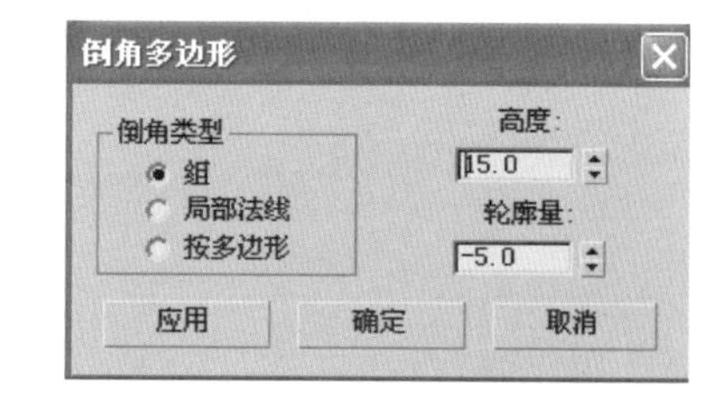

图 6.17　【倒角多边形】对话框

得到的图形如图 6.18 所示。

选择图 6.18 中顶层四边形中的小四边形并选择【挤出】命令，得到如图 6.19 所示的效果图。

(10) 选择最上面的多边形，按 Z 键放大该四边形，得到如图 6.20 所示的效果图。

(11) 单击【插入】按钮，在最上面的四边形中再插入一个面，如图 6.21 所示。

图 6.18　设置倒角参数后的效果

图 6.19　将顶层的小四边形挤出

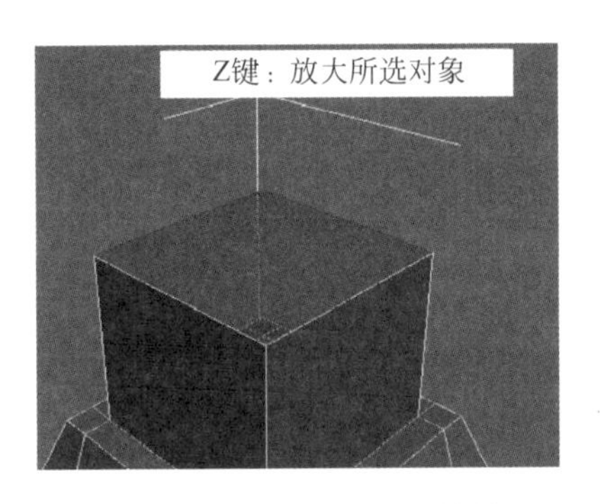

图 6.20　放大多边形的效果

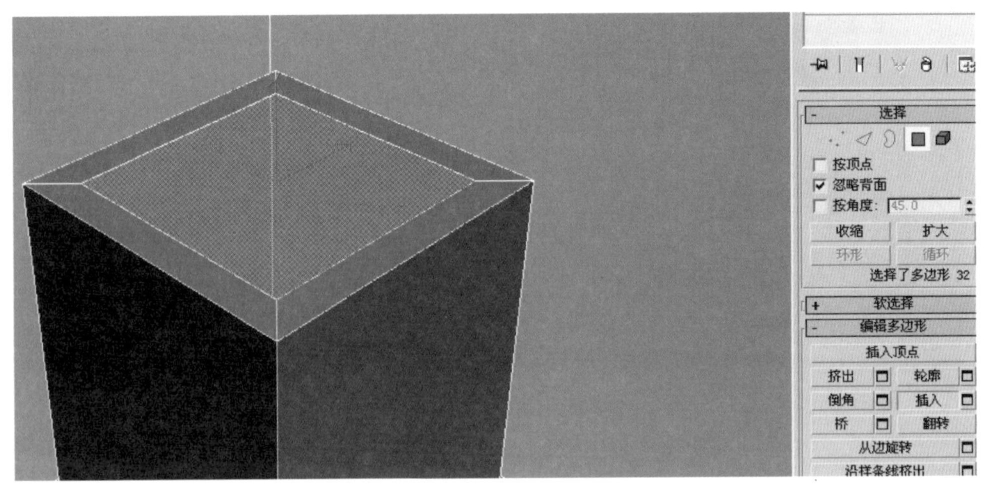

图 6.21　在最上面的四边形中插入面

(12) 单击【挤出】按钮,向下挤出,得到的效果如图 6.22 所示。

图 6.22　向下挤出平面

得到的效果如图 6.23 所示。

(13) 选择侧面和下方的小正方形,选择【挤出】命令,挤出两个长方形,得到如图 6.24 所示的效果。

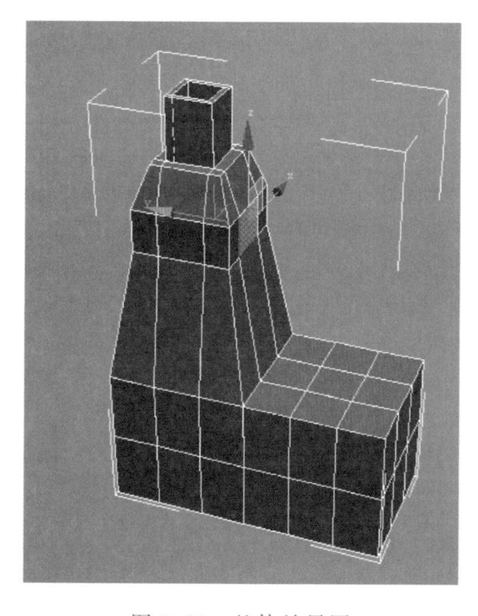

图 6.23　整体效果图

图 6.24　将侧面和下方的正方体挤出

(14) 选择【桥】命令,将上面两个面连接起来,连接起来的效果如图 6.25 所示。

(15) 在【修改器列表】中选择【涡轮平滑】命令,在参数列表中,【迭代次数】可以自由选择,迭代次数越大,结果越平滑,但是后期渲染速度将会变慢,所以迭代次数不宜过大。设置后得到如图 6.26 所示的效果。

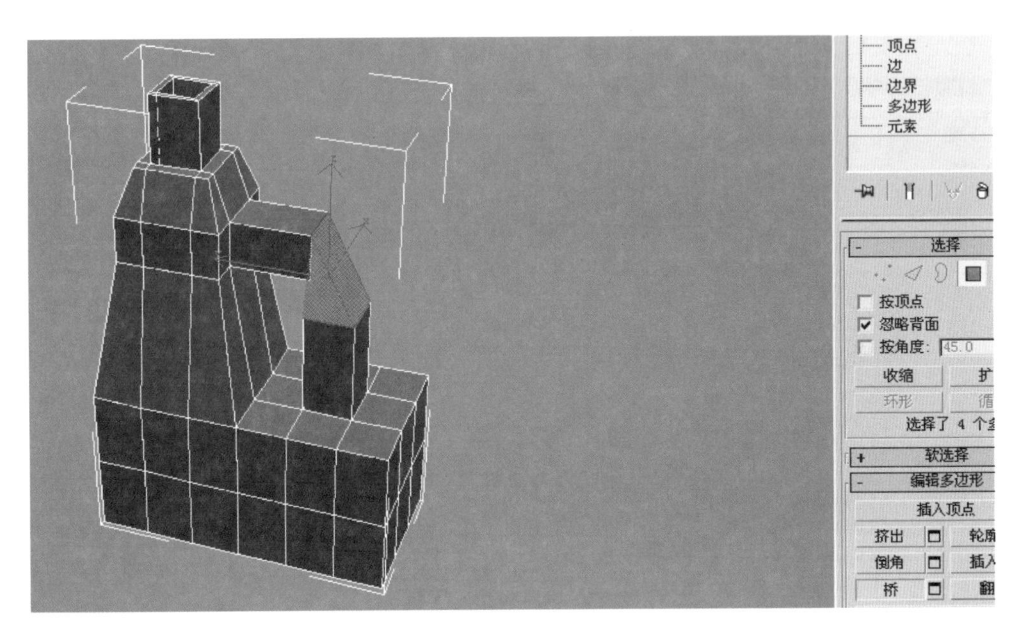

图 6.25　将挤出的两个面连接起来

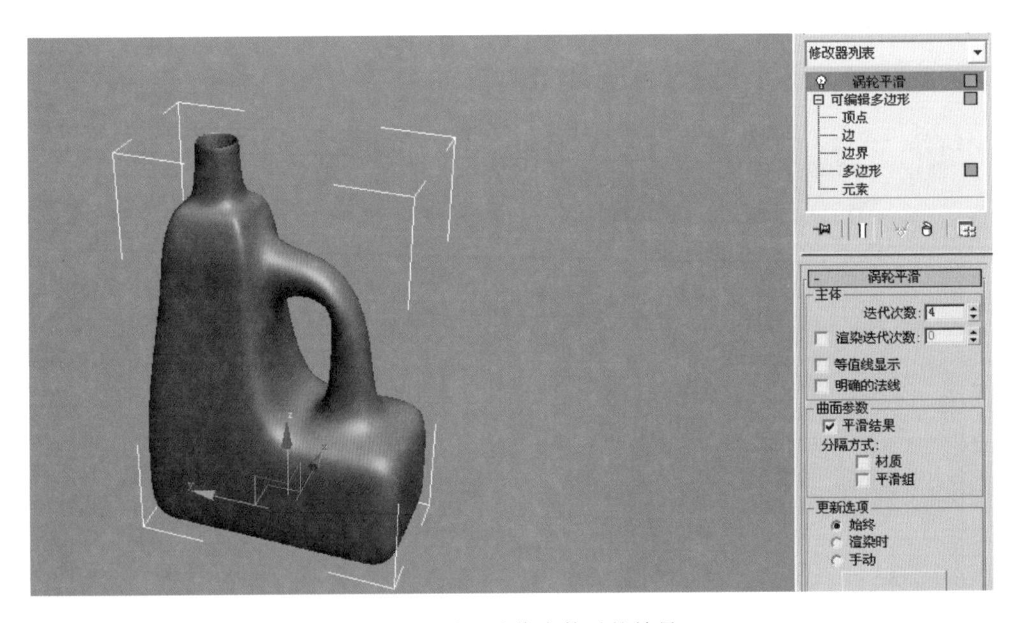

图 6.26　设置迭代次数后的效果

6.3.2　电视机的制作

最终的效果如图 6.27 所示。

制作步骤如下。

(1) 在【标准基本体】下选择【长方体】选项，参数的设置如图 6.28 所示。

图 6.27　电视制作效果图

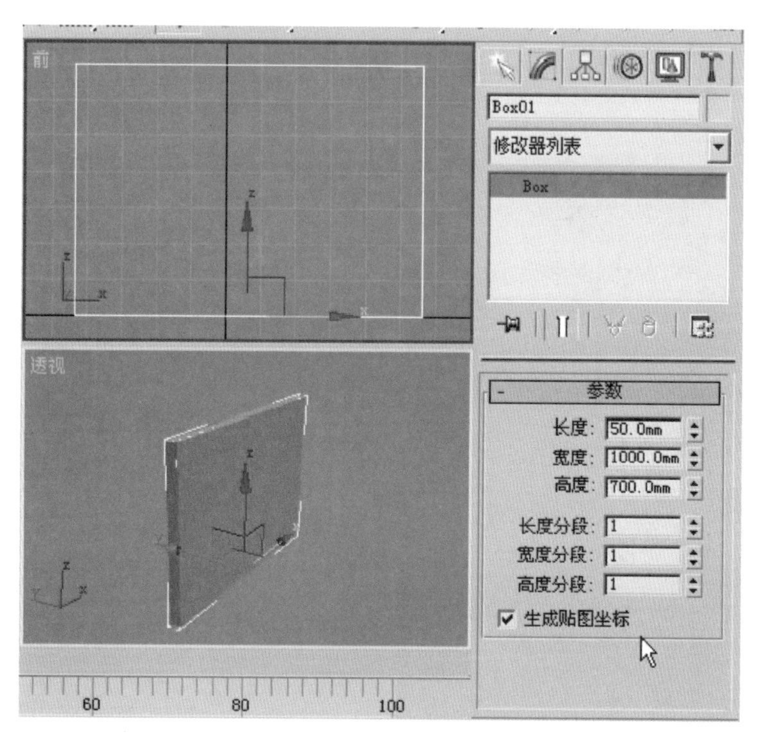

图 6.28　设置长方体参数

(2) 在菜单栏的【修改器】中选择【网格编辑】|【编辑多边形】命令，如图 6.29 所示。

(3) 在【多边形】级别下，选择前面的多边形，按 F4 键选择边框的模式，如图 6.30 所示。

(4) 选择【编辑多边形】下的【插入】命令，在前面插入一个面，如图 6.31 所示。

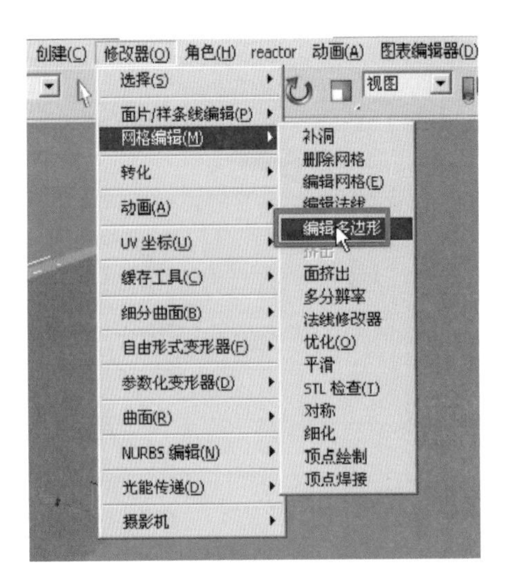

图 6.29 【编辑多边形】命令

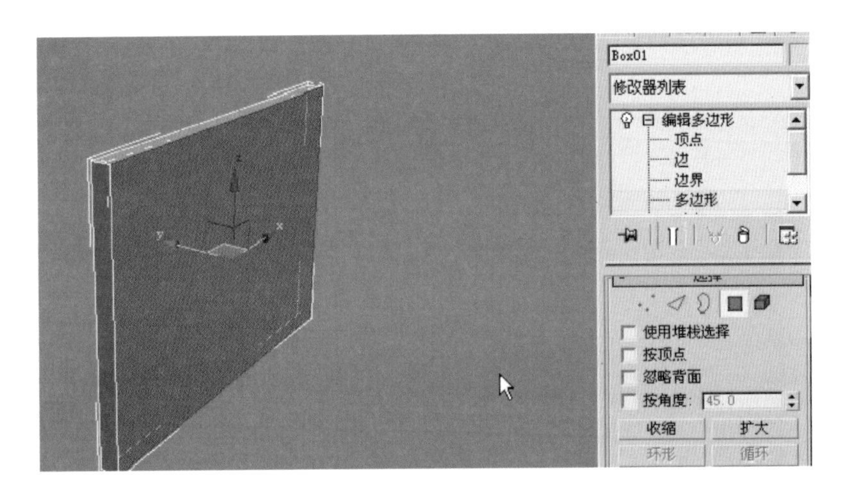

图 6.30 设置多边形边框的模式

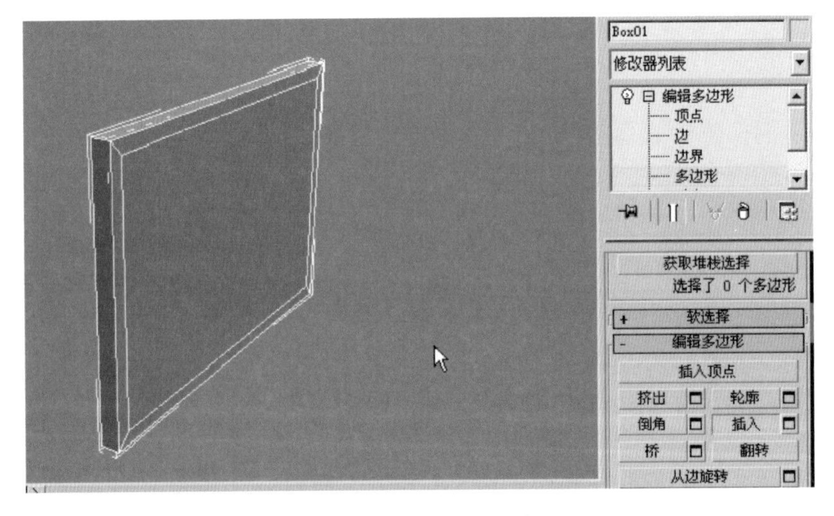

图 6.31 在前面插入一个面

(5) 选择【编辑多边形】下的【挤出】命令，向里挤出一个多边形，再选择【轮廓】命令，制作出屏幕的轮廓造型，如图 6.32 所示。

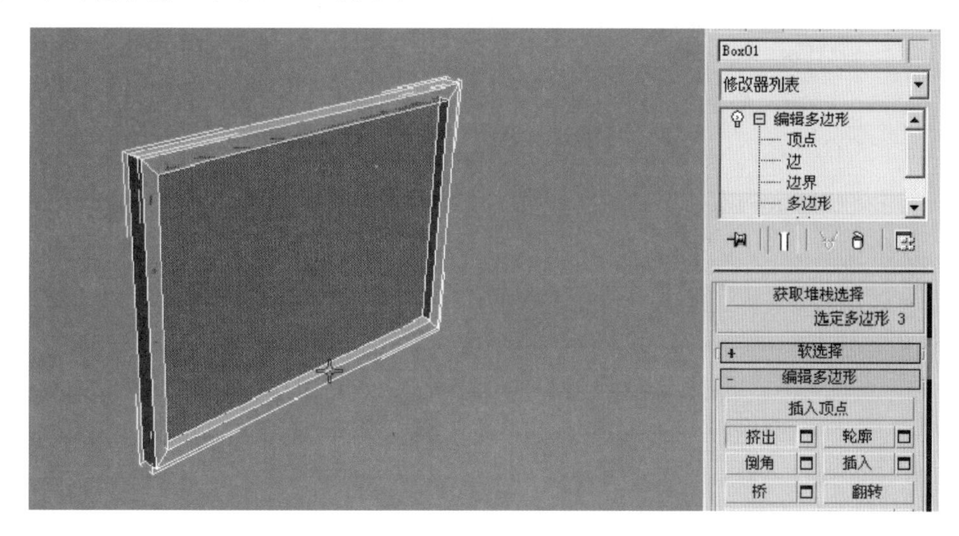

图 6.32　向里挤出一个多边形

至此，前面的造型已经制作完成。下面开始制作电视机后面的造型。

(6) 采用【倒角】命令(倒角＝挤出＋轮廓)，即可得到如图 6.33 所示的电视背面的造型。

图 6.33　制作电视机背面的造型

(7) 下面要将电视机前面的画面单独分离出来，以便能够给电视机贴一张图片。在【多边形】级别下，单击【分离】按钮，即可以把前面的面分离出来，得到如图 6.34 所示的效果。

(8) 单击工具栏上的【按名称选择】按钮，在弹出的【选择对象】对话框中，【对象】即是分离出来的面，如图 6.35 所示。

(9) 选择对象，再单击【选择】按钮，即可分离出该画面，可以给该画面添加图片等，得到如图 6.36 所示的效果。

图 6.34　将前面的面分离出来

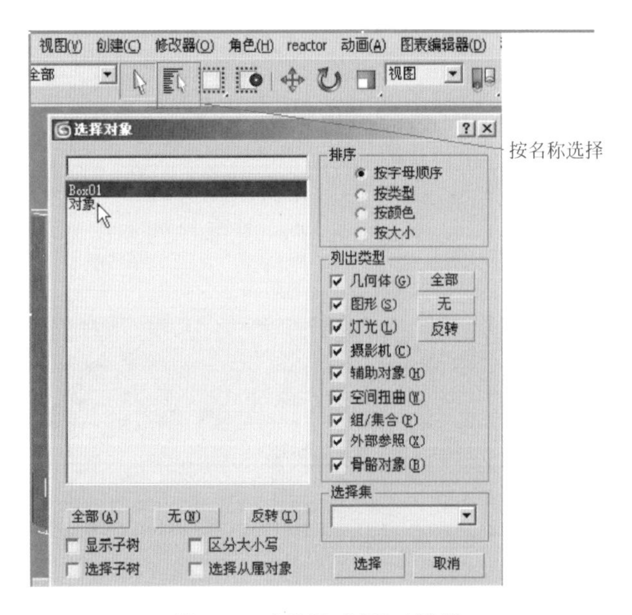

图 6.35　【选择对象】对话框

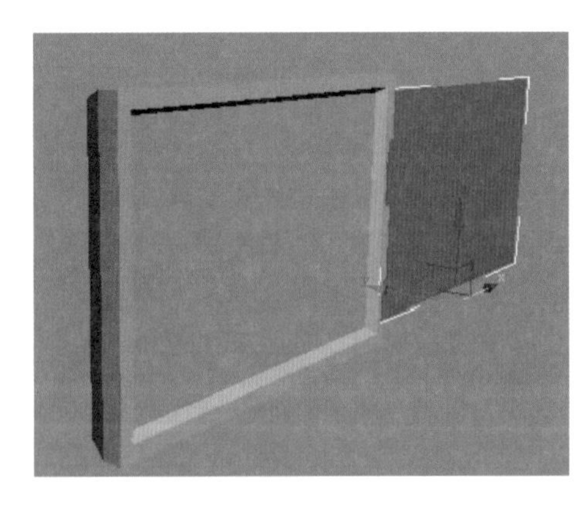

图 6.36　给画面添加图片

6.3.3 飞机的制作

飞机的制作效果如图 6.37 所示。

(1) 创建一个长方体，长方体的参数如图 6.38 所示，按 F4 键，可以清楚地看到分段数，如图 6.38 所示。

(2) 制作飞机的翅膀，在菜单栏选择【修改器】|【网格编辑】|【编辑多边形】命令，在【多边形】级别下选择【挤出】命令，单击挤出多边形的【设置】按钮，【挤出高度】设置为 5mm，如图 6.39 所示。

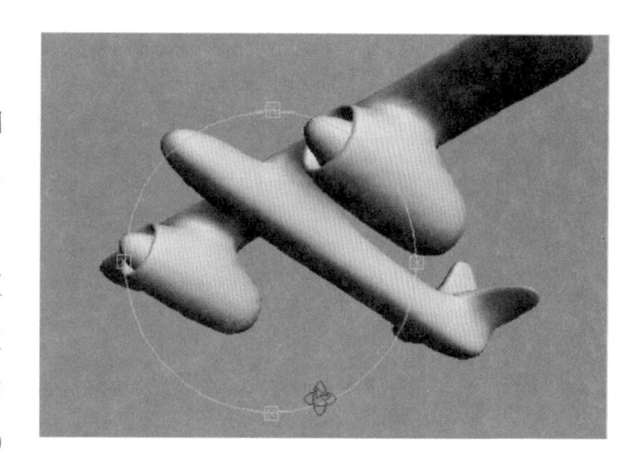

图 6.37 飞机的制作效果图

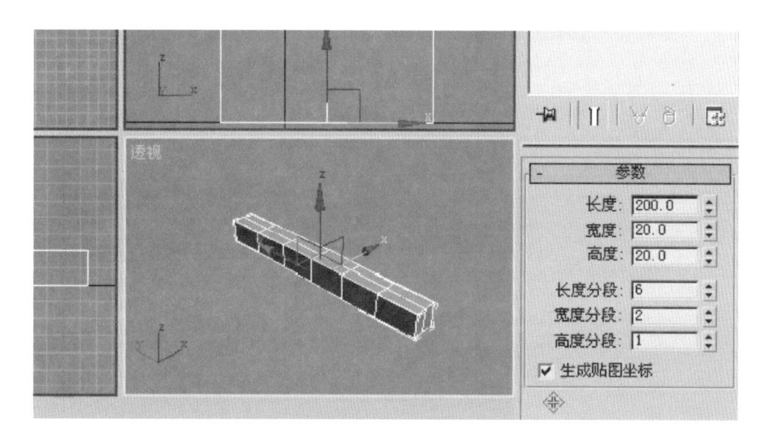

图 6.38 制作长方体并设置参数

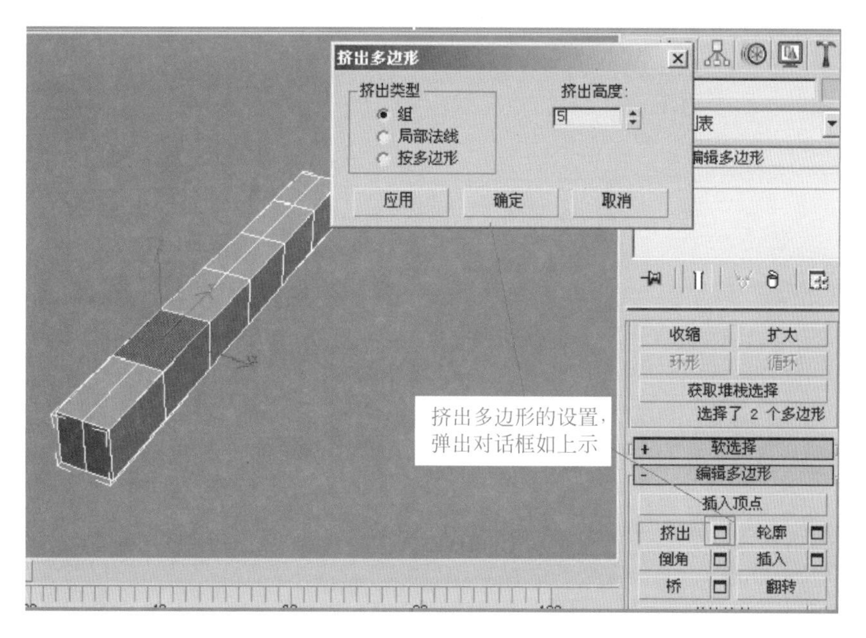

图 6.39 挤出多边形

挤出后的效果如图 6.40 所示。

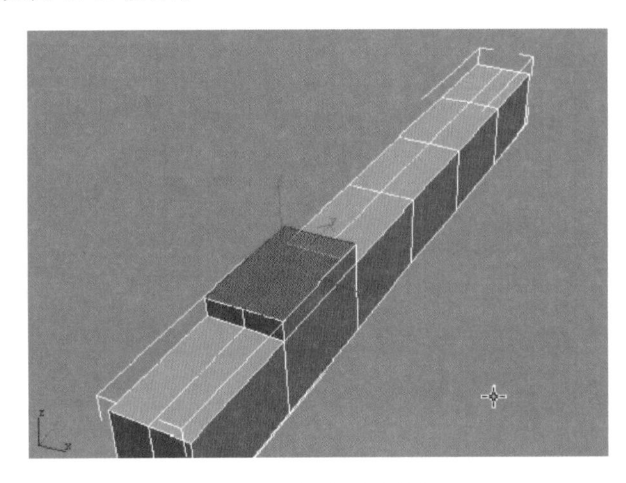

图 6.40 挤出后的效果

(3) 选择侧面的两个面,再选择【挤出】命令,得到如图 6.41 所示的效果。

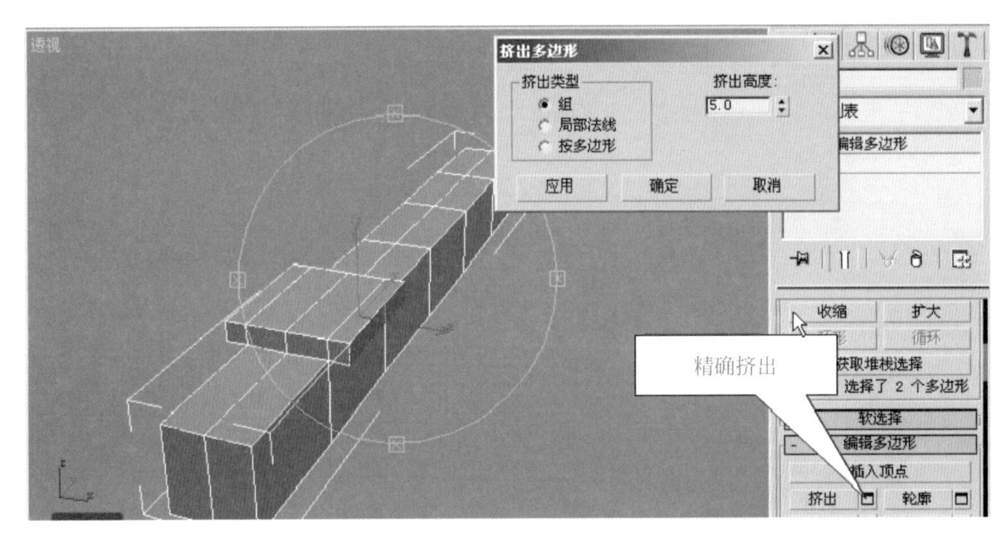

图 6.41 挤出侧面的两个面

【挤出高度】设置为 30mm,再次挤出,共 4 段,这样飞机的两个翅膀就制作好了,如图 6.42 和图 6.43 所示。

(4) 再制作飞机的发动机,选择飞机翅膀下面的两个四边形,单击【挤出】的【设置】按钮,设置【挤出高度】为 5mm,如图 6.44 所示。

(5) 再次挤出,挤出的高度设置为 30mm,这样飞机的发动机就制作完成了,如图 6.45 所示。

选择飞机前面的两个四边形,用【倒角】命令,单击【倒角多边形】的【设置】按钮,导出如图 6.46 所示的效果。

(6) 再次选择飞机前面的四边形,选择【倒角】命令,设置倒角命令参数的值,如图 6.46 所示。

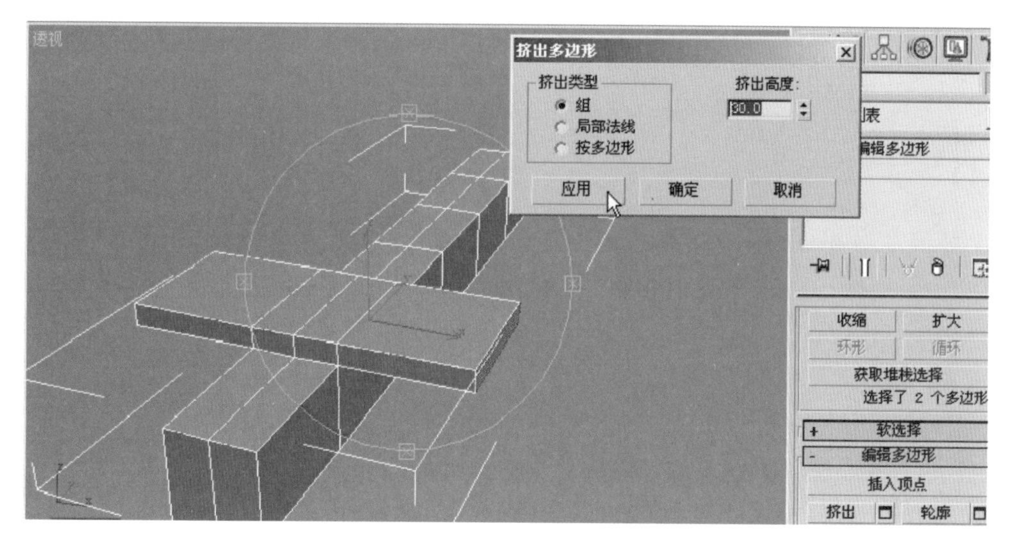

图 6.42　设置【挤出高度】

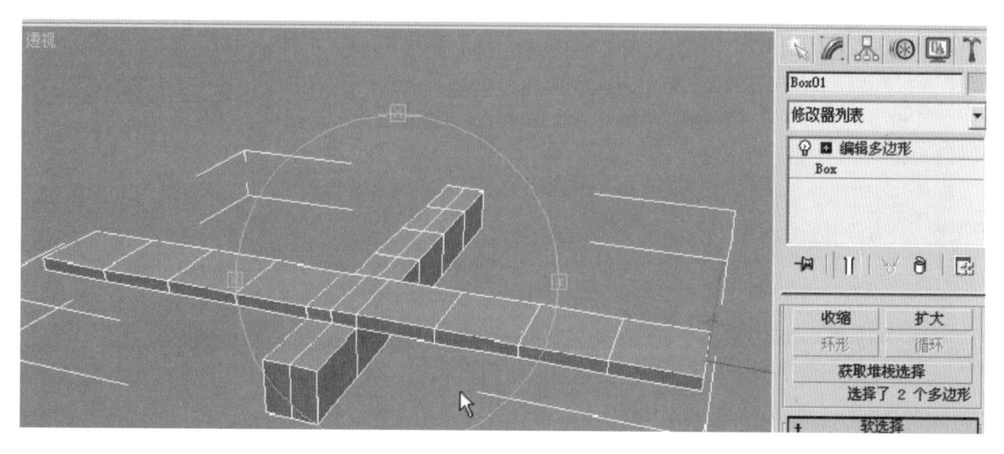

图 6.43　飞机的两个翅膀

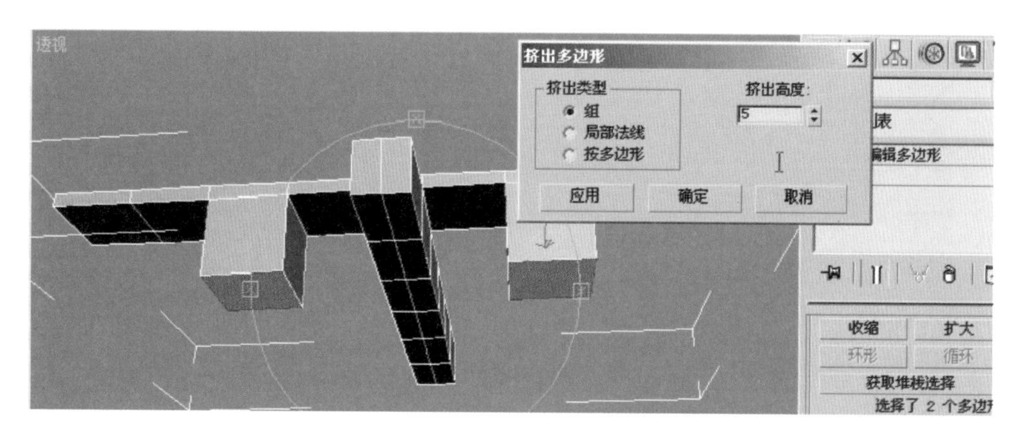

图 6.44　设置下面两个多边形的挤出高度

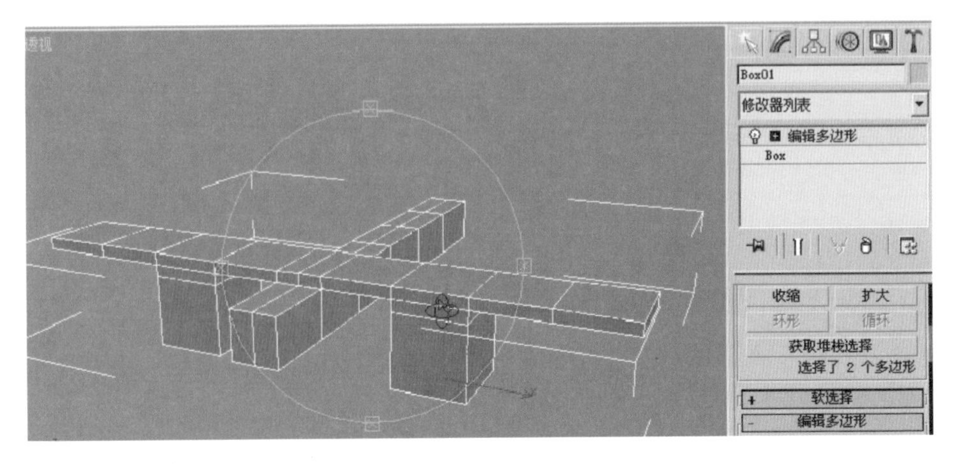

图 6.45　飞机的发动机初始图形

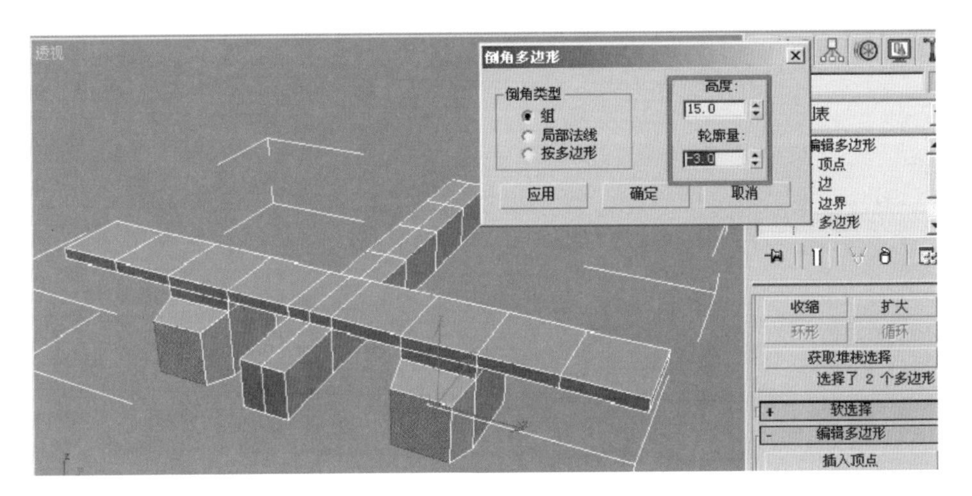

图 6.46　【倒角多边形】对话框

(7) 再次选择飞机前面的四边形，单击【倒角】命令，设置倒角命令的参数值，如图 6.47 所示。

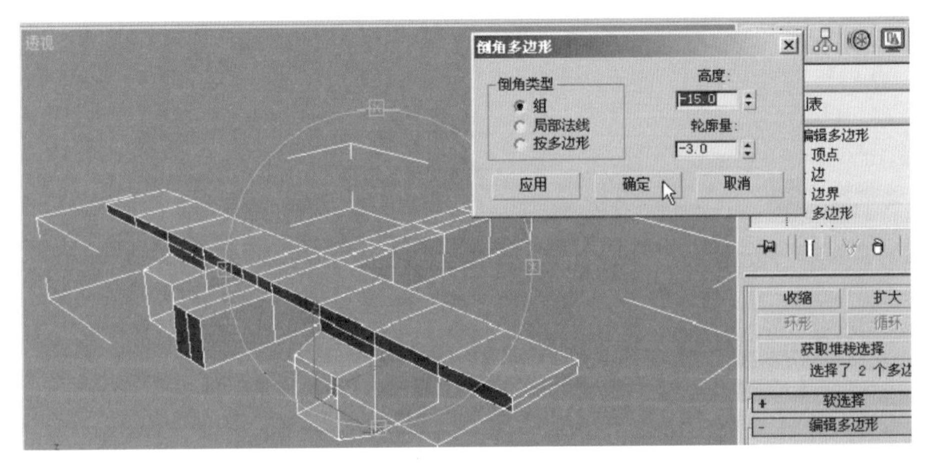

图 6.47　选择飞机前面的四边形设置倒角命令

(8) 选择飞机后面的两个四边形，单击【倒角】命令的【设置】按钮，设置如图 6.48 所示的参数。

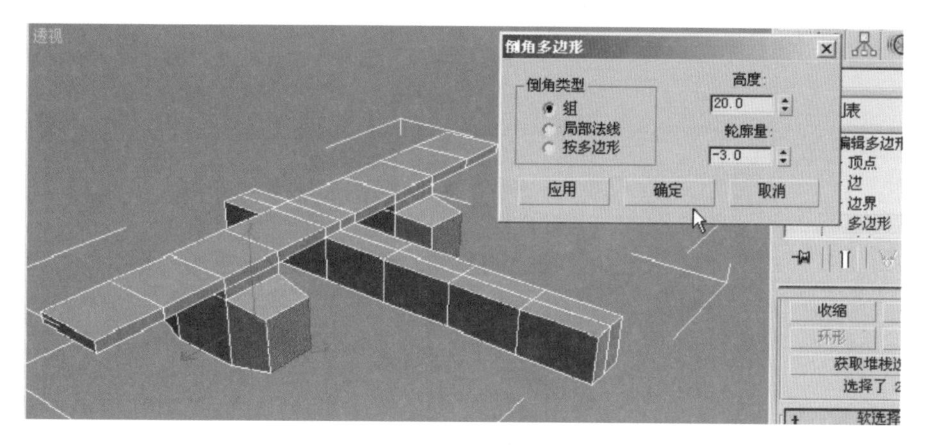

图 6.48 选择飞机后面的四边形设置倒角命令

(9) 在【边】级别下，选择飞机底部的一根线，按 Backspace 键，删除飞机底部的那条线，如图 6.49 和图 6.50 所示。

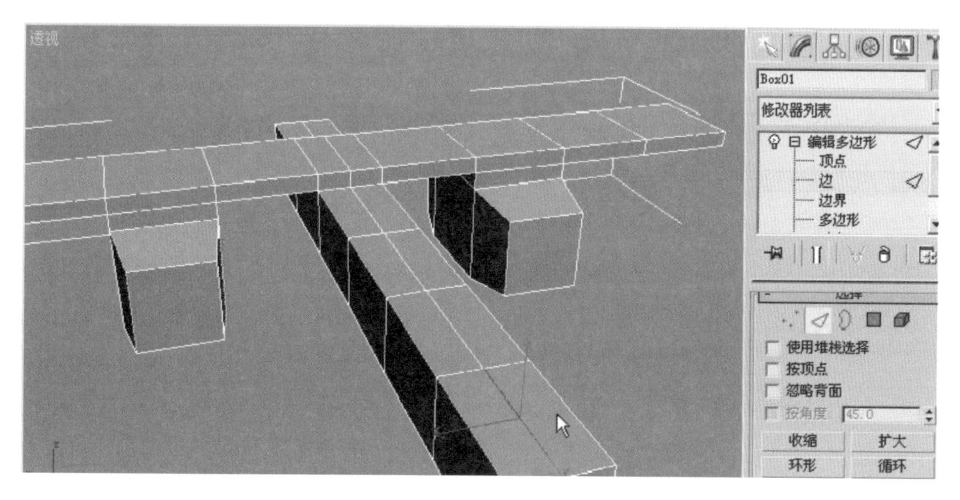

图 6.49 选择飞机底部的一根线

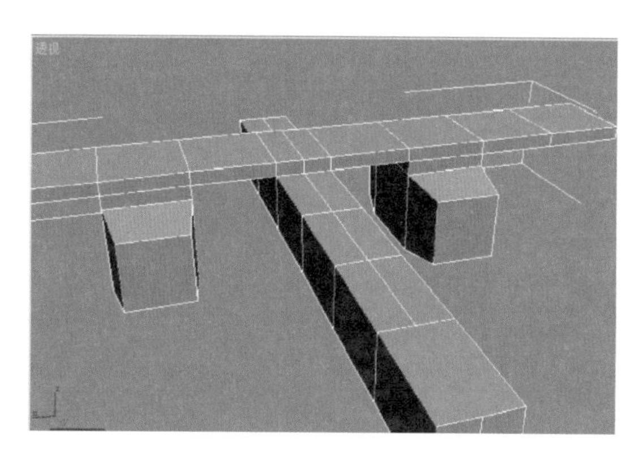

图 6.50 删除飞机底部的那条线

(10) 在【边】级别下，选择【切割】命令，在飞机底部切割两条线，如图 6.51 所示。

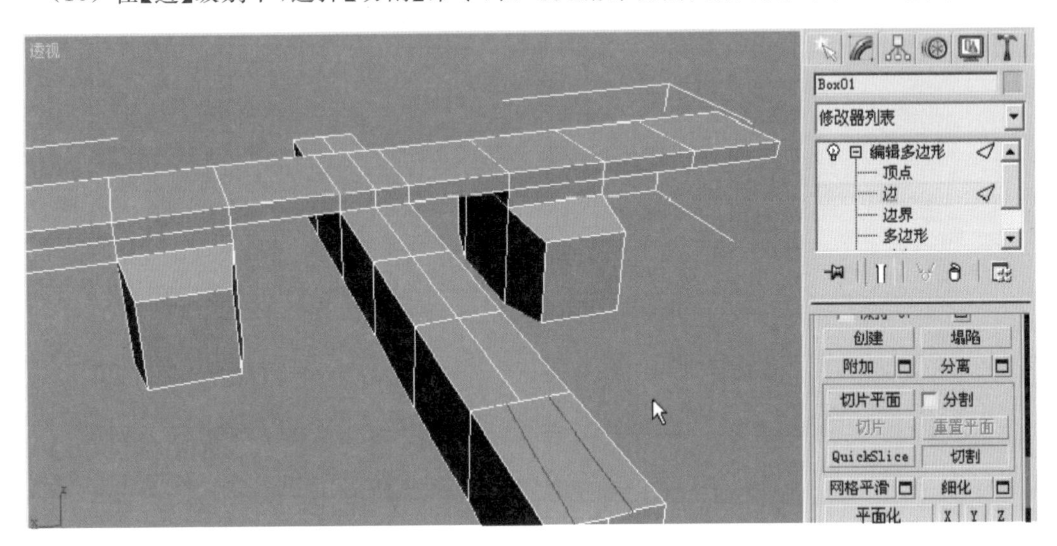

图 6.51　在飞机底部切割两条线

(11) 在【顶点】级别下，在顶视图选择顶点，移动顶点，将两条线拉直，得到如图 6.52 所示的效果。

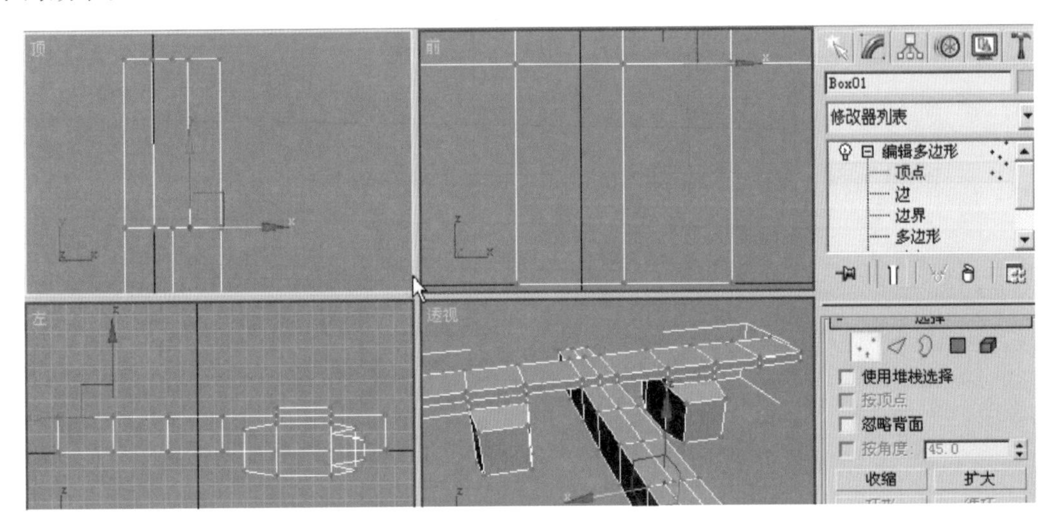

图 6.52　选择和移动顶点

(12) 选择飞机尾部中间的四边形，在【多边形】级别下，分别用【倒角】命令、【移动】命令和【缩放】命令得到如图 6.53 所示的飞机。

(13) 采用同样的方法，在飞机的侧面分别采用【切割】命令、【倒角】命令、【移动】命令和【缩放】命令，得到如图 6.54 所示的飞机造型。

(14) 选择菜单栏中的【修改器】|【细分曲面】|【网格平滑】命令，如下图 6.55 所示，在网格平滑的参数列表中，【迭代次数】设置为 3，完成的飞机模型如图 6.56 所示。

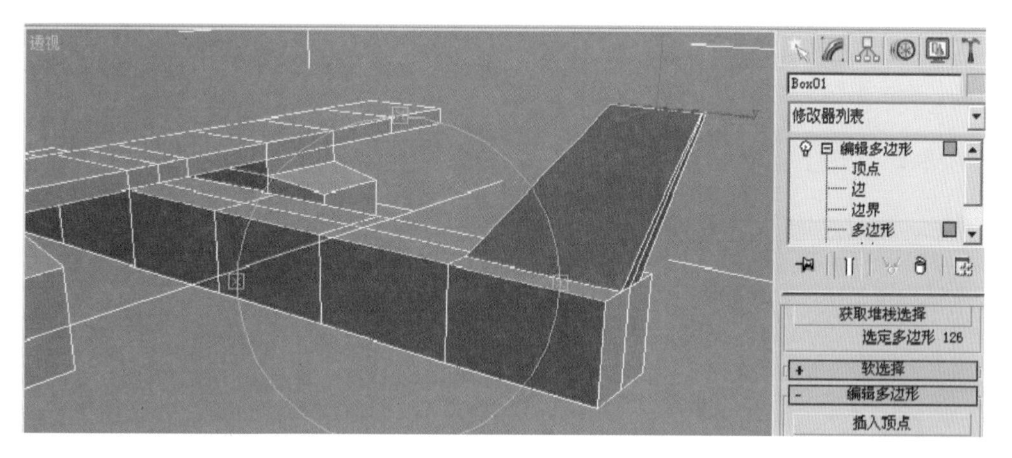

图 6.53　制作飞机尾部

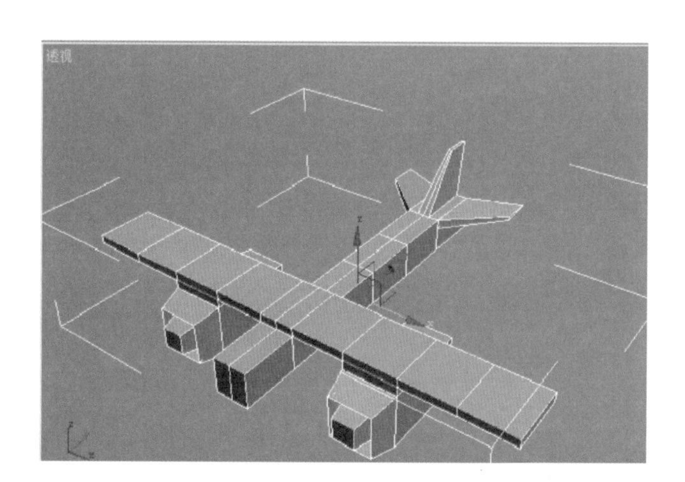

图 6.54　制作飞机的侧面

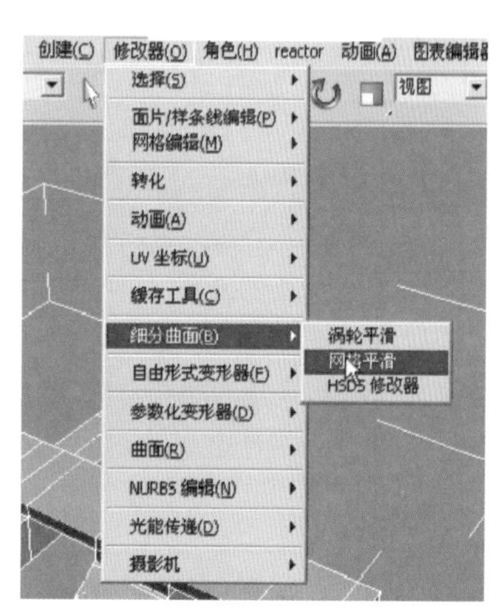

图 6.55　【网格平滑】命令

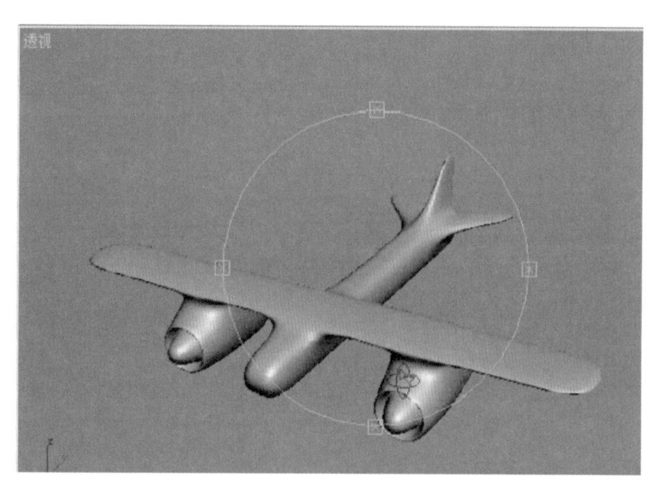

图 6.56　制作完成的飞机效果

至此，飞机的造型制作完成。

第 7 章　材质和贴图

7.1　材质、贴图的概念

所谓材质，就是指定物体的表面或数个面的特性，它决定这些平面在着色时以特定的方式出现，如 Color(颜色)、Shininess(光亮程度)、Self-Illumination(自发光度)及 Opacity(不透明度)等。指定到材质上的图形称为贴图(Maps)。用多种方法贴图能把最简单的模型变成丰富的场景画面。在 3D Studio Max 3 中巧用贴图的技术还能节省许多不必要的建模时间，以达到事半功倍的效果。

材质就是指定给对象的曲面或面，以在渲染时按某种方式出现的数据，其会影响对象的颜色、光泽和不透明度等属性。这是行业对材质通用的专业解释，用通俗的语言来讲，材质就是计算机模拟的对象表现出来的物理质感。例如：光滑的瓷砖、粗糙的石头、柔软的布和晶莹剔透的玻璃等。材质，简单地说就是物体看起来是什么质地。所谓质地，包括物体表面的颜色、纹理、光滑度、透明度、反射率、折射率、自发光等属性。有了这些属性，人们才能识别三维模型是用什么制作的。另外，离开光材质是无法得到体现的，例如在正常的照明条件下，很容易分辨物体及其材质，而在微弱的光照下则很难分辨，图 7.1 所示是一些常见的材质的效果。

图 7.1　一些常见材质的效果

3ds Max材质与贴图世界上任何物体都有各自的表面特征，如玻璃、木头、大理石、花草、水或云等，怎样成功地表现它们不同的质感、颜色、属性是三维建模领域的一个难点。3ds Max的材质编辑功能非常强大，为了适应变化，开发者对用户界面也做了适当的安排。材质编辑器增加了多种贴图的类型，包括Swirl Map(旋涡)、Paint Map(画笔)、Bricks Map(砖墙)等。特别是3D Studio Max 3增加了在打开所有贴图文件时可以预览的新功能，使材质贴图制作更加直观快捷。

Material Editor(材质编辑器)是3D Studio Max中功能强大的模块，是制作材质、赋予贴图及生成多种特技的地方。虽然材质的制作可在材质编辑器中完成，但必须指定到特定场景中的物体上才起作用。我们可以对构成材质的大部分元素指定贴图，例如可将Ambient、Diffuse和Specular用贴图来替换，也可以用贴图来影响物体的透明度，用贴图来影响物体的自体发光品质等。本章从介绍材质编辑器入手，由浅至深，逐步讲解基本材质、基本贴图材质、贴图类型与贴图坐标及复合材质等问题。

如果说学习掌握3ds Max的建模只是时间的问题，那么对于掌握材质贴图来说必须真下工夫。因为3ds Max的材质编辑器不仅功能强大，它的界面命令和层出不穷的卷展栏也让人望而却步。不过只要耐心细致地学习，工夫不负有心人，一旦使用者能熟练运用材质编辑器，就会发现原来很多精美真实的材质做起来并不难。另外一定要树立材质树的概念。因为好的材质，都是具有材质树特点的多层材质，即材质中有材质，贴图中套贴图。材质树的概念在材质贴图制作上是体现深度的关键所在，也是学习材质编辑器必须理解的概念。

(1) 贴图：贴图就像给物体穿上衣服一样，让人产生可触摸的质感。在3ds Max中是指把图片包裹到三维物体的表面，这样可以用简单的方法模拟出复杂的视觉效果。

(2) 渲染：渲染就是通过数据运算，结合3ds Max的材质、灯光、环境贴图等参数来模拟真实的环境，进而把窗口的对象输出二维图像或影片的过程。默认情况下，在渲染时，软件使用默认的扫描线渲染器生成特定分辨率的静态图像，并显示在屏幕上一个单独的窗口中。

7.2 材质编辑器

1. 材质编辑器的使用

(1) 材质编辑器的三大组成部分：材质示例窗、工具栏、参数卷展栏。

材质编辑器的快捷键：M。

(2) 简单材质赋予过程：选择材质示例球并调整材质，选择物体，单击【将材质指定给选定对象】按钮(示例球重命名、示例球三种状态、删除材质)。

(3) 示例球数量的调整：实用程序，重置材质编辑器窗口。

(4) 获取材质：单击【从对象吸取材质】按钮。

2. 3ds Max常用材质类型——标准材质

(1) 常用参数卷展栏：明暗器基本参数、Blinn基本参数、贴图。

(2) 常用的贴图类型——位图参数卷展栏：坐标、位图参数、输出。

3. 3ds Max常用贴图通道

反射、折射(光线跟踪贴图)、凹凸(噪波贴图、位图)、不透明度(渐变坡度中的延伸渐变、贴图、位图)，其他常用的贴图类型如衰减贴图等。

图 7.2 所示是材质编辑器的设置按钮。

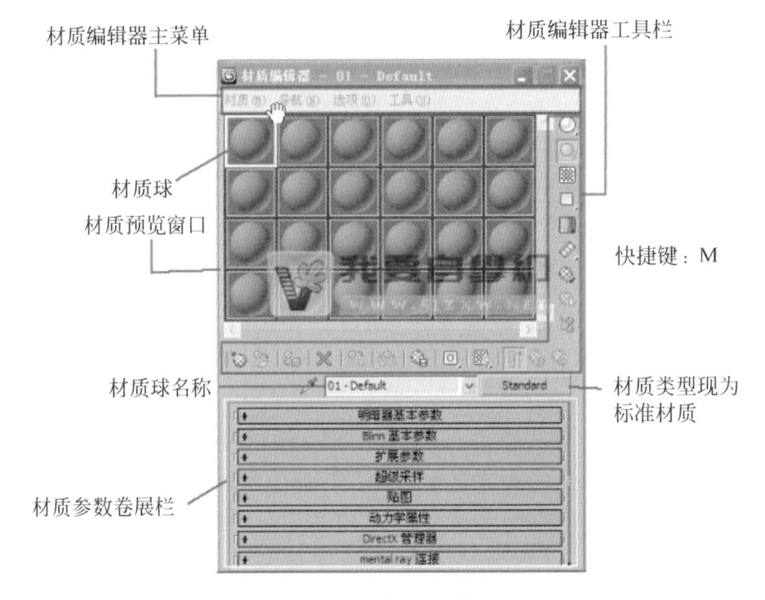

图 7.2 【材质编辑器】窗口

7.3 标准材质

3ds Max 标准材质包括如图 7.3 所示的材质。

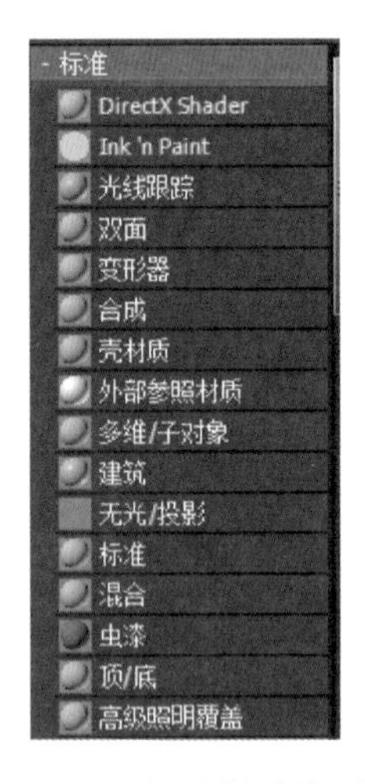

图 7.3 标准材质类型

各个基本参数如图 7.4 中的标注所示。

Fresnel 反射：反射强度与物体的入射角度有关系，入射角度越小，反射越强烈，当垂直入射的时候，反射强度最弱。

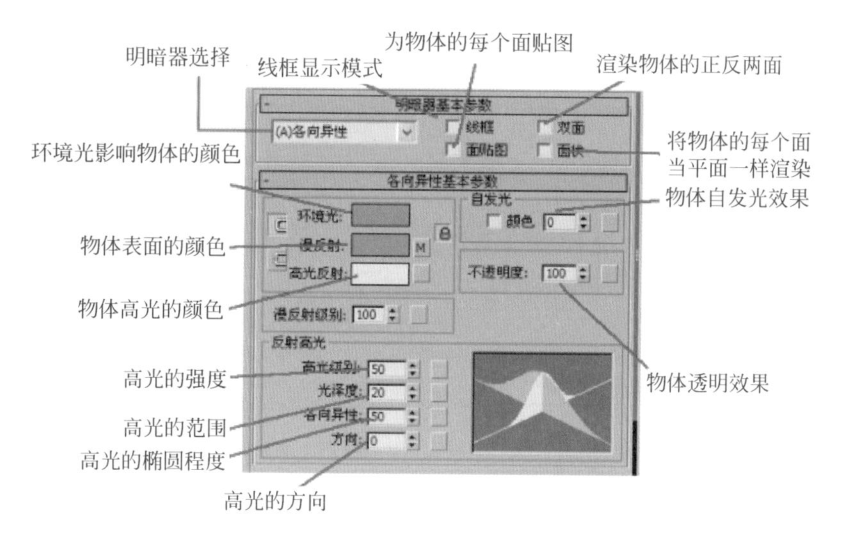

图 7.4　基本参数的标注

7.4　混合材质

Blend 混合材质是通过遮罩(Mask)混合两种不同的材质,混合材质常用于制作刻花镜、金花抱枕、部分锈迹的金属等,它们都具备两种材质特性,图 7.5 所示是混合材质的基本参数说明。

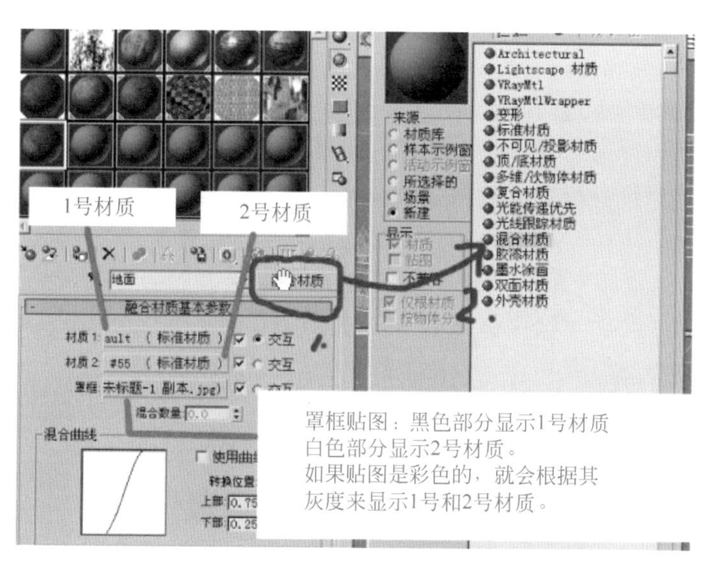

图 7.5　混合材质的基本参数

图 7.5 所示是 3ds Max 里混合材质的基本面板,混合材质有两个基本材质和一个中间材质——罩框。罩框只能是带有不同灰度值像素的图,即使彩色图也是由不同灰度值的像素组成的。

两个基本材质是材质 1 和材质 2。其中材质 1 是代表罩框里的黑色或暗色部分,材质 2

是代表罩框里白色或亮色部分。罩框里的贴图将以自身的灰度值自动和材质 1 和材质 2 匹配。

图 7.5 中视口里的模型是个平面，显示的是罩框的贴图，一张黑白分明的贴图。材质 1 是橘黄色，材质 2 是深蓝色，渲染后，罩框里的黑色部分将由材质 1 的橘黄色代替，罩框里的白色部分将由材质 2 的深蓝色代替。

图 7.5 上的三个【交互】，是指视口里显示什么样的颜色或贴图。选择了材质 1 的交互式，就显示材质 1 的颜色或贴图；选择了罩框的交互式，就显示罩框的贴图。如果要同时显示材质 1 和材质 2 的颜色或贴图，必须选择罩框的交互式，并且驱动程序必须是 OpenGL 或 Direct3D。

取消【罩框】复选框，表示不启用罩框。此时，【混合数量】被激活。【混合数量】仅指材质 2 在混合时的百分比，默认为 0，表示在和材质 1 混合时，百分比为 0，此时混合材质将全部由材质 1 来显示。【混合数量】的值为 100 时，混合材质将全部由材质 2 来显示。

当勾选【罩框】复选框时，【混合曲线】选项被激活。混合曲线其实是对混合颜色的渐变或清晰程度的控制方式，【转换位置】里的【上部】和【下部】分别指渐变的方向。

7.5 建筑材质

建筑材质能够快速模拟真实世界的高质量效果，可使用“光能传递”或 Mental Ray 的“全局照明”进行渲染，适合于建筑效果制作。建筑材质是基于物理计算的，可设置的控制参数不是很多，其内置了光线追踪反射、折射和衰减。通过建筑材质内置的模板可以方便地完成很多常用材质的设置，如木头、石头、玻璃、水和大理石等。建筑材质支持任何类型的“漫反射”贴图，根据选择的模板，透明度、反射和折射都能够自动设定。它还可以完美地模拟菲尼尔反射现象，根据设定的颜色和反射等参数自动调节光能传递的设置。Mental Ray 渲染器可以与建筑材质很好地配合，但 Mental Ray 渲染器会忽略材质的能量发射和采样设置，使用自身的采样设置进行代替。使用建筑材质时建议不要在 3ds Max2013 的“标准”灯光和“光线跟踪”条件下渲染，这种材质需要精确的计算。最好使用“光度学”灯光和“光能传递”。Mental Ray 渲染器也能渲染这个材质，但是在某些方面会有限制。

“发射能量(基于亮度)”设定被忽略，建筑材质对场景的光照方面并不能提供帮助。

“采样参数”会被忽略，Mental Ray 渲染器会使用自身的采样设置。

3ds Max【模板】卷展栏中的选项功能如图 7.6 所示，下面分别介绍 3ds Max 中已经设置好的模板的材质，图 7.6 所示是材质编辑器模板的设置。

图 7.6 【模板】卷展栏

(1)【模板】下拉列表框：在这个下拉列表框中，提供了 24 种常用的材质模板，每个模板都提供一组不同的预设参数设置。用户可以根据创建对象的不同，从中选择自己需要的材质模型进行使用，同时也可以进行自定义的调整。

擦亮的石材：具有一定发光度，同时也是漫反射贴图的良好基础。

(2) 水：完全清晰且发光。

(3) 油漆光泽的木材：上漆的木头材质。

(4) 玻璃-半透明：半透明的玻璃材质。

(5) 玻璃-清晰：清晰的玻璃。

(6) 理想的漫反射：中间白色材质。

(7) 瓷砖，光滑的：瓷砖、上过油料的材质。

(8) 用户定义：中间；用于漫反射贴图的良好基础。

(9) 用户定义的金属：有些发光；用于漫反射贴图的良好基础。

(10) 石匠：砖石、墙壁等。

(11) 石材：石头；用于漫反射贴图的良好基础。

(12) 粗的木材：未加工的木头材质。有些发光；用于漫反射贴图的良好基础。

(13) 纸-半透明：半透明的纸。

(14) 纺织品：编织物。

(15) 绘制光泽面：颜料的光泽度。白色；发光。

(16) 绘制半光泽面：颜料半光泽度。白色；略微发光。

(17) 绘制平面：颜料平面，无光泽，是另一种中间的白色材质。

(18) 金属：金属；发光和反射。

(19) 金属-刷过的：磨砂过的金属，低发光度。

(20) 金属-平的：平坦的金属，非常低的发光度。

(21) 金属-擦亮的：抛光金属，高发光度。

(22) 镜像：镜面；完全发光。

【物理性质】卷展栏中的选项如图 7.7 所示。

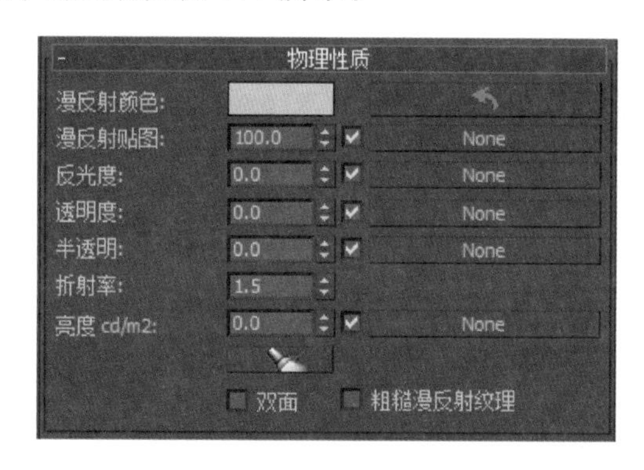

图 7.7 【物理性质】卷展栏

(1) 漫反射颜色：控制漫反射颜色，单击后面的色块，可以在弹出的颜色拾色器中设置颜色。单击后面的 按钮，根据【漫反射贴图】中的贴图计算出平均颜色，并将这个颜色设置为“漫反射颜色”。如果在【漫反射贴图】通道中没有任何贴图，则这个按钮为不可用状态。该按钮对“漫反射贴图”的强度非常有用，当漫反射贴图覆盖于自身的平均色彩上时，效果比覆盖于没有关联的色彩上时更加真实。

(2) 漫反射贴图：可以为建筑材质的“漫反射”指定一个贴图。贴图按钮左侧的文本框用于控制贴图强度，是一个百分比值，为100时表示只有贴图是可见的；低于100则可以透过贴图看到“漫反射颜色”。

(3) 反光度：设置材质的反光度，也是一个百分比参数，通常反光度越大，表示反射高光的面积越小。

(4) 透明度：控制材质的透明度，此参数为百分比参数，数值为100时表示完全透明；参数越低，越不透明；如果为0则材质完全不透明。

(5) 半透明：控制材质的半透明效果。半透明材质能让光线穿透，并且在对象内形成散射。

(6) 折射率：控制材质如何反射和折射光线。

(7) 亮度 cd/m2：当此参数小于0时，材质表现为自发光效果。

(8) (由灯光设置亮度)：单击此按钮，可以通过所选择的某个灯光为材质设置一个“亮度”。先单击此按钮，然后在场景中选择需要的灯光，这样灯光的亮度就会被设置为材质的亮度。

(9) 双面：勾选此复选框可使材质双面显示，默认为关闭。

(10) 粗糙漫反射纹理：勾选此复选框可将材质从灯光和曝光控制中排除，则渲染时将使用其自身设定的“漫反射颜色”或贴图显示，默认为关闭状态。

【特殊效果】卷展栏中的选项功能介绍如图7.8所示。

(1) 凹凸：可以控制材质的凹凸效果，或指定一个贴图控制凹凸效果。

(2) 置换：可以控制材质的置换效果，也可以通过指定一个贴图来控制置换效果。

(3) 强度：可以指定一个贴图来控制材质的亮度。

(4) 裁切：这里可以给材质指定一个裁切贴图，使材质产生部分透明的效果。

【高级照明覆盖】卷展栏中的选项功能介绍如图7.9所示。

图7.8 【特殊效果】卷展栏

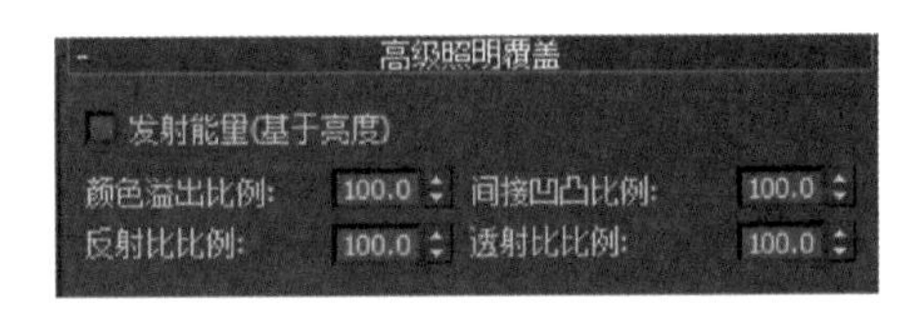

图7.9 【高级照明覆盖】卷展栏

如果设置了一个较亮的【漫反射颜色】或较高的【反射度】参数，则会带来大量的反射，通常这样会导致曝光过度。解决这个问题最好的方法就是降低材质【漫反射颜色】HSV中的V值；使用【漫反射贴图】的材质则可以降低贴图的红绿蓝等级。

另外，在某些情况下，可以通过【高级照明覆盖】卷展栏控制色彩渗透和避免曝光过度。

大面积的色彩，例如红色的灯光在一个白色墙壁的房间中，基于物理知识会产生过度的红色，但是不符合正常的视觉习惯，可以通过调整【反射比比例】和【颜色溢出比例】参数使光能传递的效果更好。

(1) 发射能量(基于亮度)：勾选此复选框，材质能在光能传递中发射能量，发射的能量基于材质的“亮度”参数大小。

(2) 颜色溢出比例：提高或降低反射颜色的饱和度，可设置范围为 0～100，默认值为 100。

(3) 间接凹凸比例：缩放材质被间接光照区域的凹凸贴图效果。

(4) 反射比比例：提高或减少对象反射的能量，可设置范围为 0～100，默认值为 100。

(5) 透射比比例：此参数可以提高或减少对象透射的能量，可设置范围为 0.1～5，默认值为 1。

7.6 多维/子对象材质

多维/子对象材质：这种材质包含很多种同级的子材质，它可以赋予模型各个部分不同的材质，其中各项参数的意义如下。

设置数目：用于设置材质的数目。

增加：用于添加子材质。

删除：用于删除子材质。

标识符：用于设置子材质的 ID 号。

名称：用于设置子材质的名称。

子材质：单击其下的按钮为子材质赋予材质。

开关：用于控制子材质是否起作用。

使用多维/子对象材质可以采用几何体的子对象级别分配不同的材质。创建多维材质，将其指定给对象并使用网格选择修改器选中面，然后选择多维材质中的子材质指定给选中的面。如果该对象是可编辑网格，可以拖放材质到面的不同的选中部分，并随时构建一个多维/子对象材质。也可以通过将其拖动到已被编辑网格修改器选中的面来创建新的多维/子对象材质。子材质的 ID 不取决于列表的顺序，可以输入新的 ID 值。

下面通过一个实例讲解多维/子对象材质的设置。茶壶的不同部分被赋予不同的材质，最终的效果如图 7.10 所示。

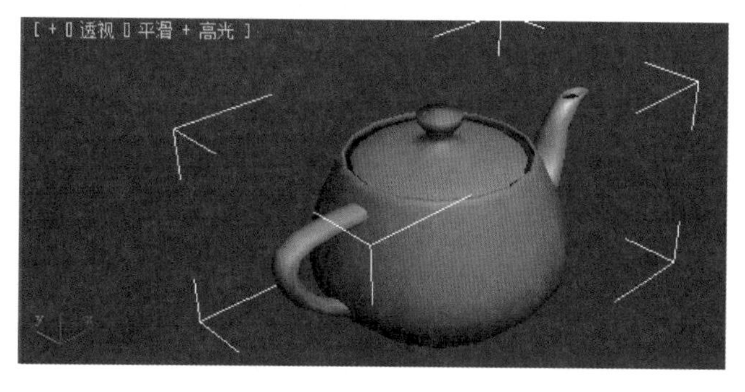

图 7.10 茶壶制作效果图

步骤如下。

(1) 单击 M 按钮进入【材质编辑器】窗口，选择 Standard 下的【多维/子对象】选项，如图 7.11 所示。

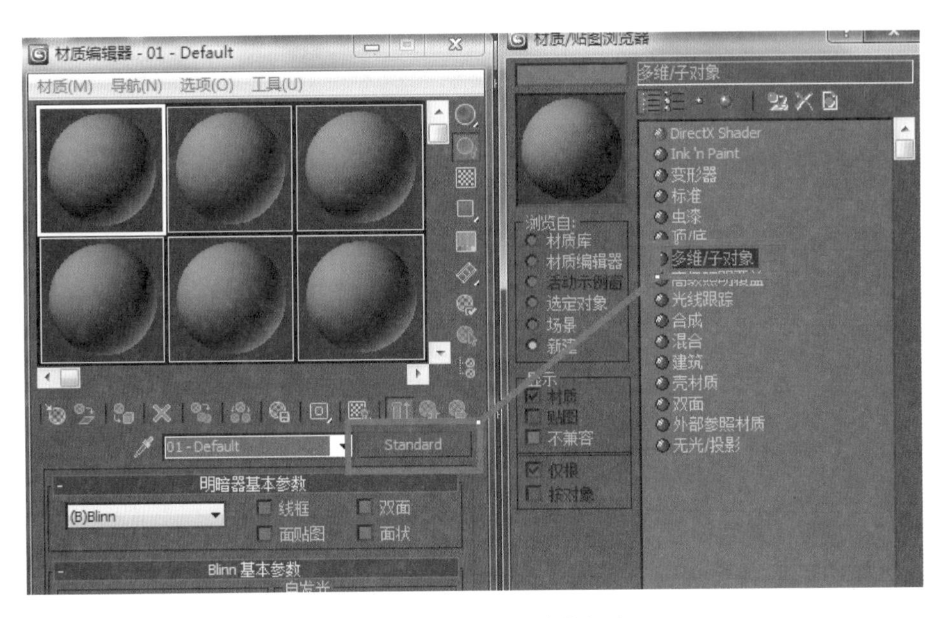

图 7.11 【多维/子对象】选项

(2) 进入多维/子对象编辑器,设置【材质数量】为 2,即可进入【材质编辑器】窗口,如图 7.12 所示。

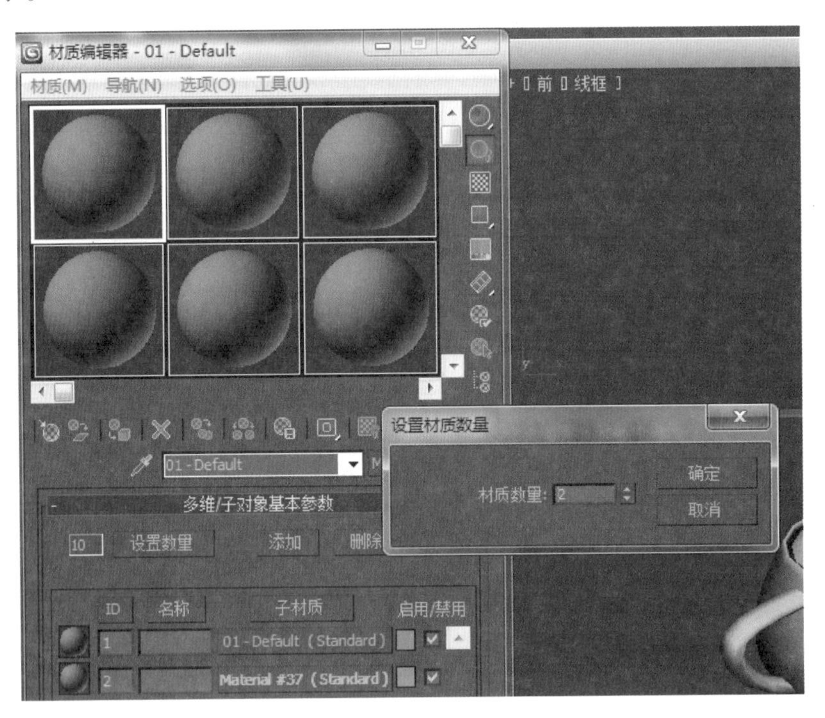

图 7.12 【设置材质数量】对话框

(3) 选择茶壶,右击选择【转换为】|【转换为可编辑网格】命令,在【多边形】级别下,在前视图中选择茶壶的把手和茶壶嘴(茶壶的把手和茶壶嘴设置为一种材质,茶壶体设置为另一

种材质)，在【曲面属性】中【选择 ID】为 1，另一个茶壶体的 ID 设置为 2，这样就区分了同一个物体不同部分的 ID 号，如图 7.13 所示。

图 7.13　区分同一物体的不同部分

(4) 重新打开【多维/子对象】材质，将 ID 号为 1 的子材质设置为建筑材质，在【模板】选项中选择【瓷砖，光滑的】选项，即可将茶壶的把手和茶壶嘴设置为一种材质，颜色设置为蓝色，如图 7.14 所示。

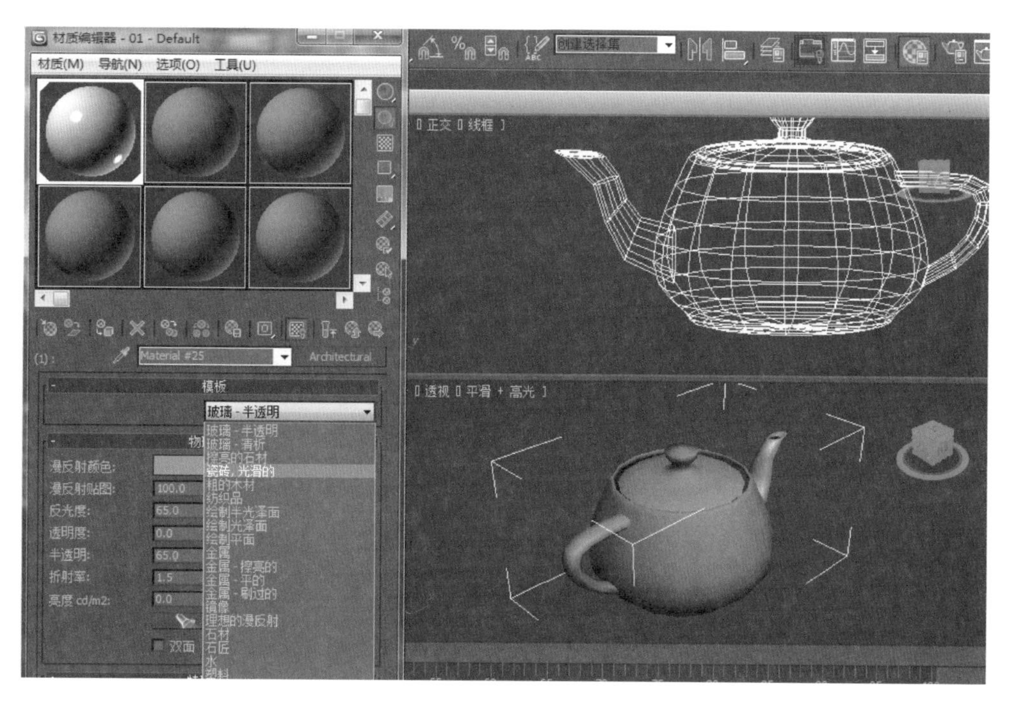

图 7.14　将茶壶的把手和壶嘴设置为一种材质

(5) 同样地，设置 ID 号为 2 的子材质为建筑材质，在【模板】选项中选择【金属-擦亮的】选项，【漫反射颜色】设置为浅红色，与其他材质分开，如图 7.15 所示。

至此，茶壶的材质制作完成。本实例只是举了一个小例子，目的是说明如何将同一个物体的不同部分设置为不同的材质。

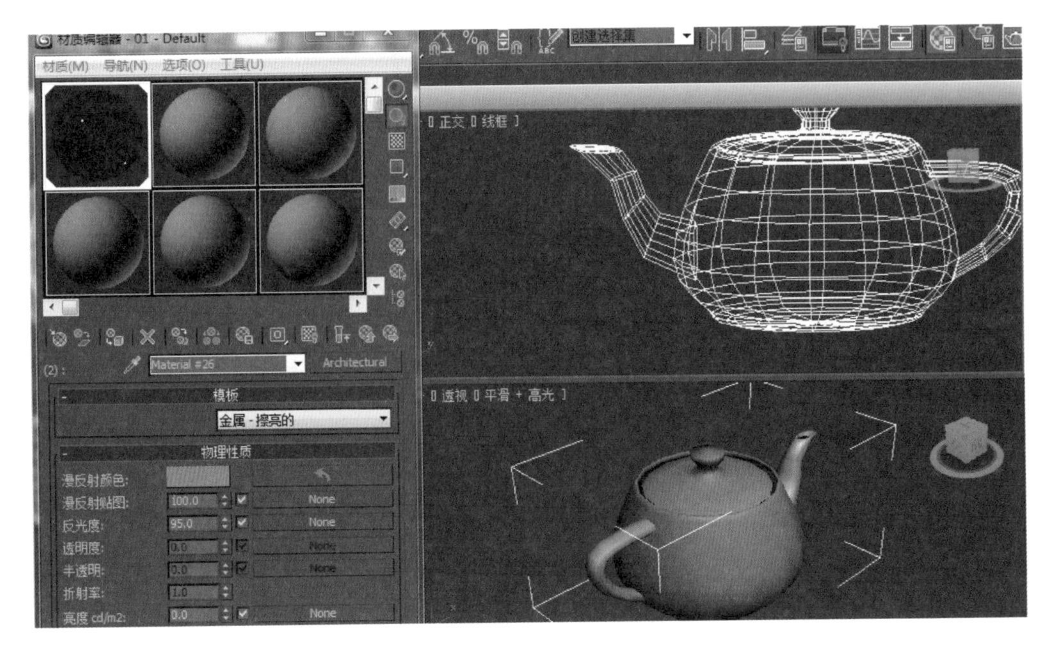

图 7.15　设置 ID 号为 2 的子材质

7.7　合成材质

合成材质可以合成 10 种材质，按照在卷展栏中列出的顺序，从上到下叠加材质。

合成类型下面的 ASM 按钮可控制材质的合成方式。默认设置为 A，ASM 的使用方法如下。

A：启用此选项之后，该材质使用增加的不透明度，材质中的颜色基于其不透明度进行汇总。

S：启用此选项之后，该材质使用相减的不透明度，材质中的颜色基于其不透明度进行相减。

M：启用此选项之后，该材质基于数量混合材质，颜色和不透明度将按照使用无罩框，混合材质时的样式进行混合，合成材质的基本参数如图 7.16 所示。

对于相加(A)和相减(S)合成，数量范围为 0～200。当数量为 0 时，不能进行合成，下面的材质将不可见；如果数量为 100，将完成合成；如果数量大于 100，则合成将“超载”，材质的透明部分将变得更不透明，直至下面的材质不再可见。

对于混合(M)合成，数量范围为 0～100。当数量为 0 时，不进行合成，下面的材质将不可见；当数量为 100 时，将完成合成，并且只有下面的材质可见。如图 7.17 所示的是两种材质混合在一起的材质。

带阴影的邮箱是与墙壁和人行道一起合成的，组成一幅完整的场景。给材质 1 加个透明的贴图(Opacity)，带 Alpha 通道的黑白贴图，通常是 TIFF 或 Targa 格式的图片，如图 7.18 所示。

贴图的黑色部分为透明区域，白色部分为不透明区域。

图 7.16 合成材质的基本参数

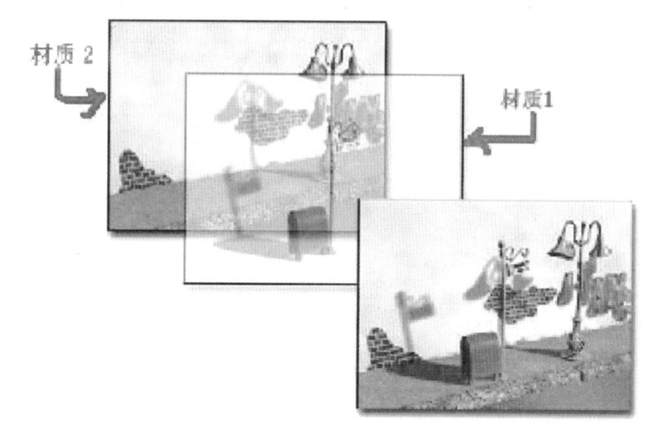

图 7.17 两种材质混合在一起

图 7.18 带 Alpha 通道的黑白贴图

7.8 双面材质

双面材质主要包含两种材质，一种材质用于对象的前面，另一种材质用于对象的背面，如图 7.19 所示是双面材质的界面。

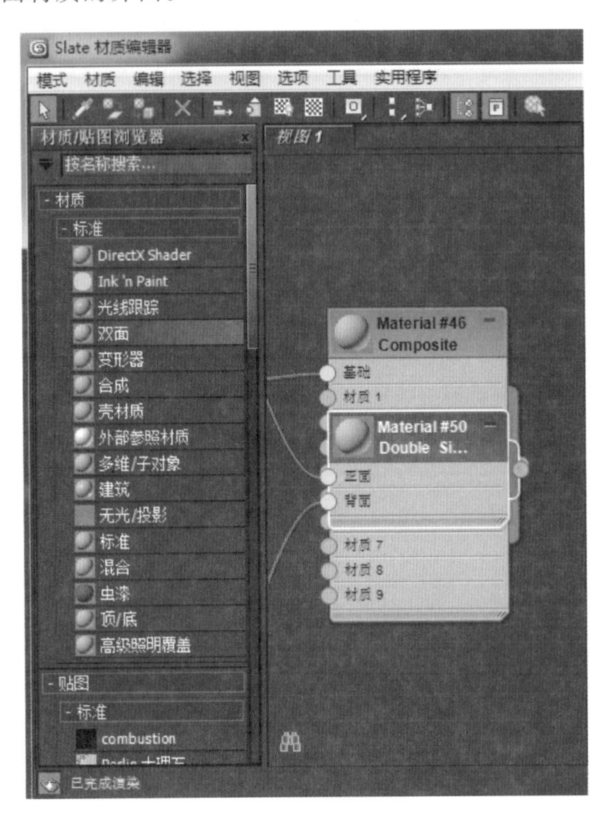

图 7.19 双面材质的界面

图 7.20 中的垃圾桶使用了双面材质，可以为垃圾桶的内部创建一个图案，最终的效果如图 7.20 所示。

图 7.20 垃圾桶制作效果图

双面材质的基本参数如图 7.21 所示，使用双面材质可以为对象的前面和后面指定两个不同的材质，默认情况下，子材质上带有 Blinn 明暗的标准材质。要使材质是半透明的，将半透明设置为大于 0 的值。【半透明】控件影响正面和背面两个材质的混合。半透明为 0 时，没有混合；半透明为 100%时，可以在内部面上显示外部材质；设置为中间值时，内部材质指定的百分比将下降，并显示在外部面上。

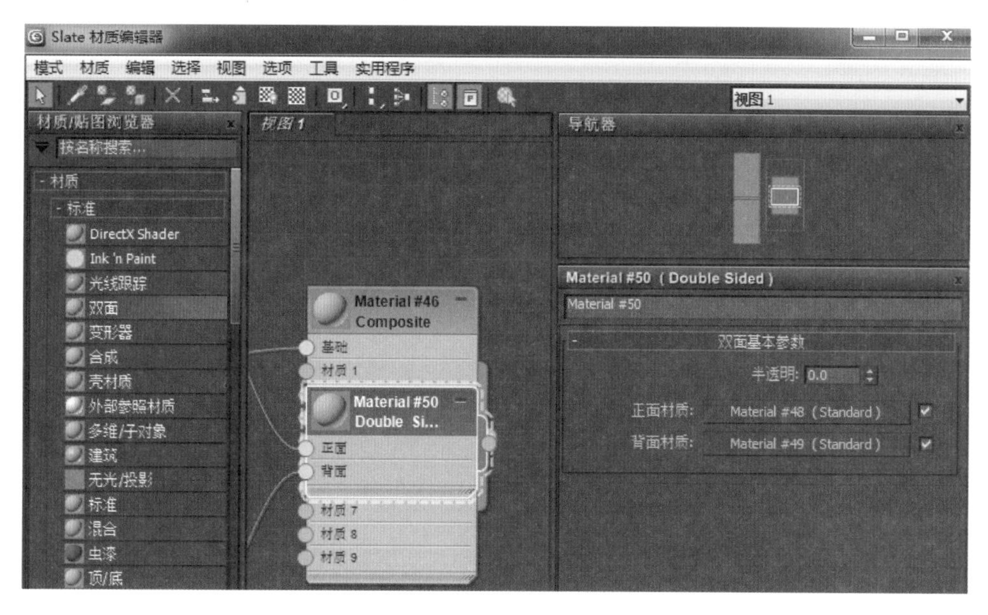

图 7.21　双面材质的基本参数

7.9　贴图的控制

为材质添加贴图的方法有两种：一种是单击材质编辑器【Blinn 基本参数】卷展栏中【漫反射】、【高光反射】、【自发光】、【不透明度】等参数右侧的空白按钮，利用打开的【材质/贴图浏览器】对话框添加贴图，如图 7.22 所示；另一种方法是单击【贴图】卷展栏中贴图通道右侧的 None 按钮添加贴图，如图 7.23 所示，二者是等效的。

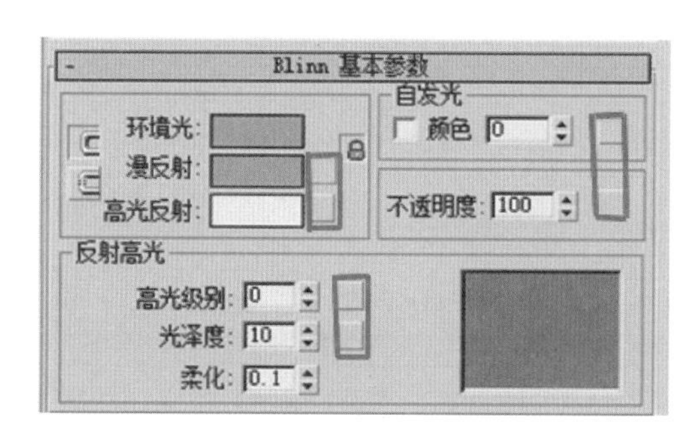

图 7.22　【Blinn 基本参数】卷展栏

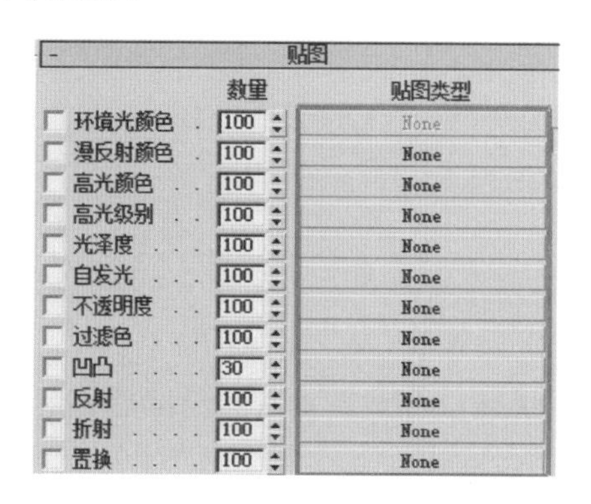

图 7.23　【贴图】卷展栏

第 8 章　光能传递

8.1　光能传递的定义

定义：光能传递渲染方式能够重现光线在物体上的传播和反弹，从而得到更为精确和真实的照明效果。

8.2　3ds Max 灯光的分类

3ds Max 灯光的分类如图 8.1 所示。

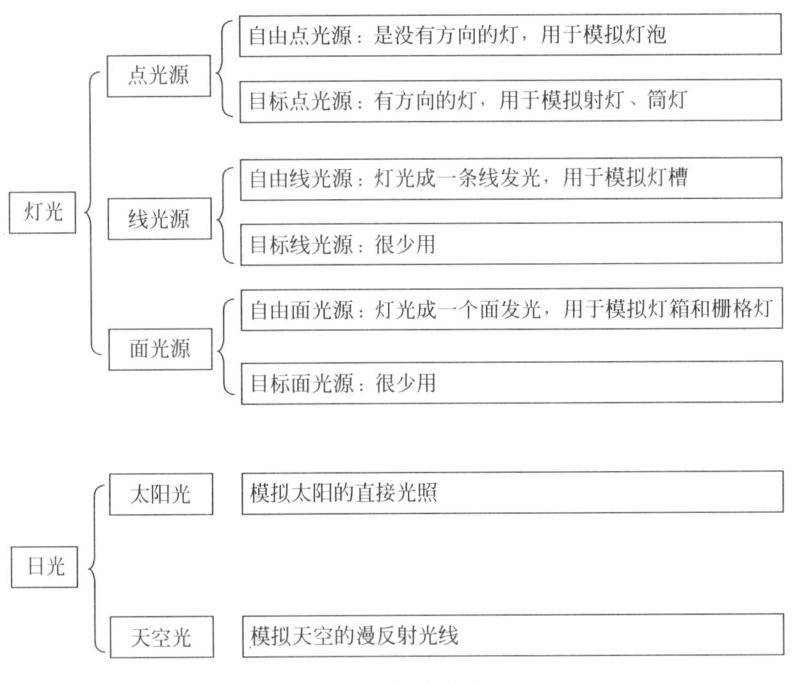

图 8.1　灯光分类

1. 真实光

真实光也叫光度学，是模拟现实灯光传递的一种灯，表示灯光的单位是 CD，一个 100 瓦的灯泡在没有加任何灯罩的情况下等于 139CD。

2. 光域网

定义：指定光域网文件来描述灯光亮度的分布情况。光域网是一种关于光源亮度分布的三维表现形式，存储于 IES 文件当中，这种文件通常可以从灯光的制造厂商那里获得。

光能传递参数如图 8.2 所示。

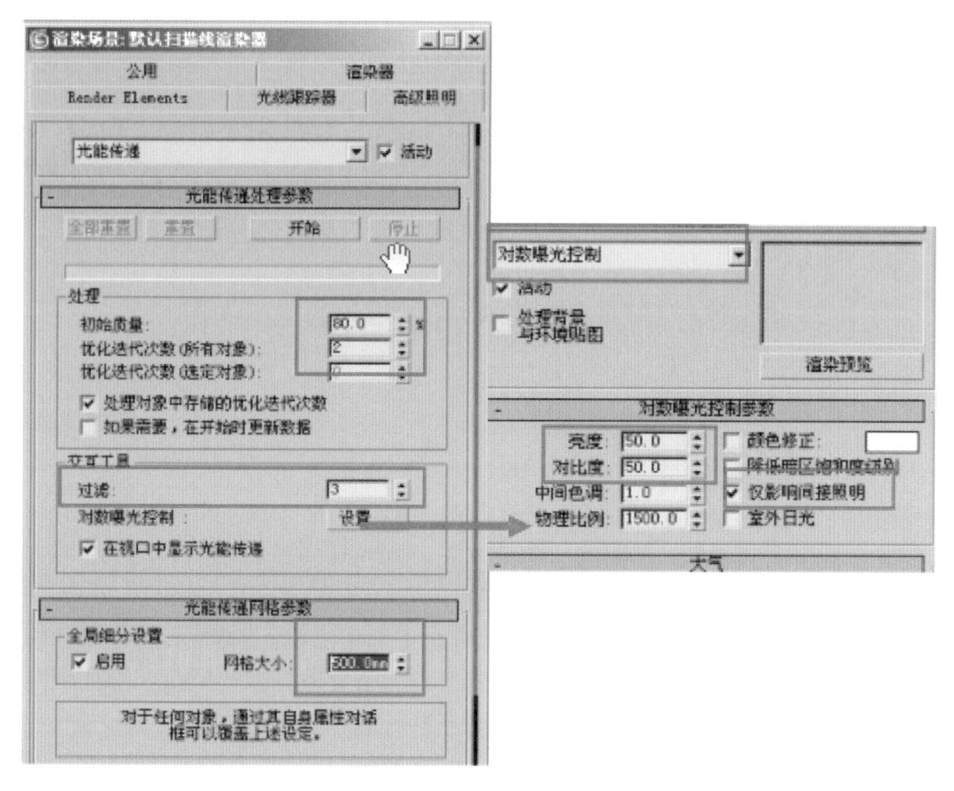

图 8.2　光能传递参数

下面分别列出参数的意义。

(1) 全部重置：重置光能传递的照明结果和几何体面的细分结果(即网格细分大小更改后，一定要单击【全部重置】按钮，否则网格细分大小不改变)。

(2) 重置：重置光能传递的照明结果。

(3) 开始：开始光能传递运算。

(4) 停止：停止光能传递运算。

(5) 初始质量：用来设置光能传递的精度，数值越大能量分布越均匀，结果也越细腻。

(6) 优化迭代次数(所有对象)：设置场景中全部对象光能传递结果的细化迭代次数，进行细化后可以减少模型面之间的光能分布差异，提高光能传递的品质。(一般设置为 2)

(7) 过滤：可以匀化照明级别，消除相邻三角面的噪波，使用该项设置会损失图像的细节，所以数值不宜过大。(一般设置为 3)

(8) 全局细分设置：用于设置网格细分的尺寸，以便将场景中的对象进行网格细分，细分越精细，照明的结果就越准确，渲染效果也越好，但是细分太细，又容易产生斑点，所以最折中的办法是，细分 300～500mm。

曝光控制：单击【设置】按钮后，进入曝光控制面板，请务必要选择【对数曝光控制】方式。

(1) 亮度：用于调整画面的亮度。

(2) 对比度：用于设置画面的对比度。

(3) 仅影响间接照明：勾选该复选框，曝光控制仅影响间接照明的区域，渲染效果会清晰一点，材质贴图的眼色也不容易失真；但是在直接照明区域就很容易产生曝光过度的效果，所以要控制好灯光的强度和位置。

3. 用 Photoshop 做后期处理

把 3ds Max 的渲染窗口大小设置为 1024×768 或其他像素大小，渲染出图后，保存成位图格式（一般是 TIFF 格式），用 Photoshop 进行后期处理。

8.3 各种类型的灯光及参数设置

8.3.1 灯光参数的意义

在创建面板/创建灯光面板中，可以创建如下所示的灯光。

Target Spot light：目标式聚光灯，创建方式与创建摄像机的方式非常类似。目标聚光灯除了有个起始点以外还有个目标点。起始点表明灯光所在位置，而目标点则指向希望得到照明的物体。用来模拟的典型例证是手电筒、灯罩为锥形的台灯、舞台的追光灯、军队的探照灯、从窗外投入室内的光线等照明效果可以在正交视图（即二维视图如顶视图等）中分别移动起始点与目标点的位置来得到理想的效果。起始点与目标点的连线应该指向希望得到该灯光照明的物体。检查照明效果的一个好办法就是把当前视图转化为灯光视图（对除了泛光灯之外的灯光都很实用）。办法是右击当前视窗的标记，在弹出菜单中选择 Views 命令，找到想要的灯光名称即可。一旦当前视图变成灯光视图，则视窗导航系统的图标也相应变成可以调整灯光的图标，如旋转灯光、平移灯光等，这对我们检查灯光照明效果有很大的作用。灯光调整好了可以再切换回原来的视图。

Free Spot light：自由式聚光灯，与目标式聚光灯不同的是，自由式聚光灯没有目标物体。它依靠自身的旋转来照亮空间或物体。其他属性与目标式聚光灯完全相同。如果要使灯光沿着路径运动（甚至在运动中倾斜），或依靠其他物体带动它的运动，则应使用自由式聚光灯而不是目标式聚光灯。通常可以连接到摄像机来始终照亮摄像机视野中的物体（如漫游动画），如果要模拟矿工头盔的顶灯，用自由式聚光灯更方便，只要把顶灯连接到头盔，就可以方便地模拟头灯随着头部运动的照明效果。调整自由式聚光灯的最重要手段是移动与旋转，如果沿着路径运动，往往更需要用旋转的手段调整灯光的照明方向。

Target Direct：目标式平行光，起始点代表灯光的位置，而目标点指向所需照亮的物体，同聚光灯不同，平行光中的光线是平行的而不是呈圆锥形发散的，可以模拟日光或其他平行光。

Free Direct：自由式平行光，用于漫游动画或连接到其他物体，可用移动与旋转的手段调整灯光的位置和照明方向。

Omni：泛光灯，属于点状光源，向四面八方投射光线，而没有明确的目标。泛光灯的应用非常广泛，如果要照亮更多的物体，应把灯光位置调得更远。由于泛光灯擅长凸现主题，所以通常作为补光来模拟环境光的漫反射效果。

Name And Color：名字与颜色卷展栏，可以把灯光默认的名称改成容易辨认的名称，如泛光灯默认名为 Omni01 等。如果该灯是用来模拟烛光照明的，则可以把它改名为“烛光”，否则灯光一旦建得多了，就难以分辨，从而带来麻烦，降低工作效率，强烈建议大家养成给 3ds Max 中的物体改名称的好习惯。颜色跟其他物体不一样，既不代表灯光的光色（如发红光的灯的颜色并不在此调整），也不表示视窗中灯光图标的颜色。

General Parameters：普通参数卷展栏，在此卷展栏中可以设置灯光的颜色、亮度、类型等参数，各种灯光的设置比较雷同。

Type Of Lights Parameters：（某种）灯光参数卷展栏，所有的灯光都具备投影的属性，除了泛光灯外，都有高亮区与衰减区的设置等选项。

Attenuation Parameters：灯光衰减效果卷展栏，自然界中的光线都是随距离衰减的，但是在 3ds Max 中，默认的情况下可以照亮无限远的地方，为了模拟更现实的效果，在这个卷展栏中，提供了灯光随距离衰减的选项。

Shadow Parameters：阴影参数卷展栏，提供两种阴影参数设置以供选择（贴图方式的阴影与光线追踪方式的阴影），另外还有灯光在大气环境中的阴影设置选项。

Shadow Map Parameters：阴影贴图参数卷展栏，提供各种质量的阴影贴图参数以满足不同的需要。在灯光创建以后，将有个新的卷展栏出现：Atmosopheres & Effects（大气环境与特效）。其实是创建一些环境特效（如体光、眩光）的快捷方式。

由于 3ds Max 中，5 种类型的灯光有着基本相同的参数设置，在此就以目标聚光灯为例，来研究 3ds Max 中灯光物体的属性。

Type：改变灯光类型，利用此项的下拉菜单就可以把灯光从一种类型转化为另外任意一种类型，例如可以把目标聚光灯转化为自由式聚光灯。所要注意的就是只有在修改面板才会出现此选项。利用它把目标式的灯光转化为自由式灯光或泛光灯比较方便。如果要把泛光灯转化为其他类型的灯光，由于转化后还需要设置定向灯光的起始点和目标点，不如把原来的灯光删除掉重建方便。

On：这是个复选框，用于灯光的开关。不要认为关闭灯光与删除灯光是等效的，如果场景中只有这盏灯光，删除这盏灯光以后默认的灯光将重新起作用而照亮场景；但是如果关闭灯光，则场景中除了自发光物体，所有的物体因没有光线照射而变得不可见。它的最大用处在于可以临时关闭某个灯光来观察效果。在室内装潢效果图制作中，往往会打开很多数量的灯，其中如果有光照不和谐的地方则可以方便地利用临时关闭某盏灯光的办法，排查到底是哪盏灯光出现问题从而做出修正。

Cast Shadows：这是个复选框，决定灯光是否投影。并不是所有的灯光都必须投影，只有主光才会设置投影的属性。有趣的是，3ds Max 中灯光在默认情况是投影的，因此尽管灯光在楼房的 5 层，却可以照亮楼房的最底层，一旦某灯光具有投影与衰减的特性，它的属性就更接近自然光。

Multiplier：倍增器，可以改变灯光的正常属性（强度亮度）。不过它具有“负光效应”。如果把它设置为负值，就可以把灯光色变成它的相反色（例如白色光变成黑色光），在室内效果图中有时会利用负值的倍增器来吸光，例如人为地把某个区域（如某个墙角）变暗。倍增器的默认值为 1，除非有特殊要求否则不要随意更改。有时人们也会动态地改变倍增器的值（例如使用 Noise 动画控制器使倍增器的值在 −2～2 范围中随机变换）从而来模拟闪电瞬间照亮室外等特殊效果。

Exclude：排除设置，可以指定哪些物体受选中的灯光影响，包括照明(Illumination)与投影(Shadow Casting)两个方面。单击该按钮就会弹出排除/包含(Include)对话框，利用排除(排除对某些物体影响)或包含(指定只对某些物体产生影响)功能可以达到特殊的目的。

Light Cone：在视窗中显示聚光灯的圆锥形图标。

Show Cone：显示锥形框，这是个复选框，用来显示/关闭视窗中的圆锥形图标。其实如果聚光灯已经被选中，则勾选此复选框没有意义，只有在灯光没有被选中的时候才能看到结果。如果要在灯光没选中的情况下看清聚光灯的光照范围，可以勾选此复选框。

Overshoot：超越界限，这也是个复选框，如果勾选，则聚光灯像泛光灯一样向四面八方投射光线，但是这跟泛光灯还是有点区别的，那就是只有在灯光圆锥形衰减范围内的物体才能投下阴影，这个属性在制作建筑效果图时特别有用。一盏聚光灯就可以照亮大部分场景，从而减少场景中的灯光数量，简便工作任务并加快渲染。

Hotspot：聚光区(高亮区)，可以调整圆锥形高亮区的半径夹角的大小，默认值为43度。

Falloff：衰减区，衰减区外灯光将不起作用(除非勾选 Overshoot 复选框)，是聚光灯照射范围的极限。衰减区与聚光区之间，灯光的亮度呈线性递减，聚光区与衰减区的距离(其实是角度)越大，则灯光的衰减效果越柔和，反之则显得很生硬。值得注意的是衰减区的角度在默认情况下仅比高亮区大两度，因此显得比较生硬。

Circle/Rectangle：用来调整聚光灯投影面的形状，选择 Circle 选项则投影面是圆形的，选择 Rectangle 选项则投影面为矩形。

ASP：位图长宽比，当投影平面选择矩形时，可以用它来调整矩形的长宽比例，如把默认的正方形变成16：9的电影屏幕的比例。

Bitmap Fit：位图适配，用一张位图的长宽比例来决定聚光灯投影面的长宽比例，可以是个静态的位图，也可以是个动画。

Projector Map：投影位图，只有对于产生阴影的灯光勾选此复选框才有意义，可以选择一张位图或一个动画作为投影画面，其实该功能相当于把聚光灯变成一架投影机，有时利用它可以达到意想不到的效果，因此不可轻视。如果是模拟阴影(例如阳光穿过树的枝叶中的缝隙在地面形成的阴影或窗户栅栏的投影)，由于阴影一般都是黑色的，所以最好选黑白位图作为投影图片。投影效果如出现锯齿现象，则应该提供图片的分辨率。在室内效果图中，也可以利用这个投影功能把墙壁有的地方变得亮点，有的地方变得暗点，从而增强现实感。

8.3.2 实例：建筑日光的表现

图8.3所示是没有添加灯光的效果图，图8.4所示是添加了日光后的效果图，下面介绍如何布光能够达到这样的效果。

分析：和室内布光相类似，首先从环境灯开始，此外收集各种想用于场景光照的参考图片。如果想用 Daylight，从右边投射并照射到整栋楼层的偏黄的日光(Sunlight)，场景右边的部分将产生蓝色的阴影，黄蓝颜色(对比)将使图片出彩。因此我们运用室内创建环境光，不使用 VR 渲染设定对话框里的环境 GI。

图 8.3　未添加灯光的效果图

图 8.4　添加灯光后的效果图

制作步骤如下。

(1) 在标准基本体中用球形创建一个半球，模拟天空，如图 8.5 所示。

将带有天空贴图的 VR 发光材质赋予半球中，UVW 贴图坐标最好用圆柱形，这种方法的好处是它可以产生更自然的环境灯光并且产生类似于真实天空的明暗区域。当使用 VR 发光材质中的贴图时，它将贴图上的明暗区域反射在物体上从而产生更生动的图像。

这种方法看起来像 HDRI 方式，但更容易创建和调节，因为使用者可以在视图里移动、

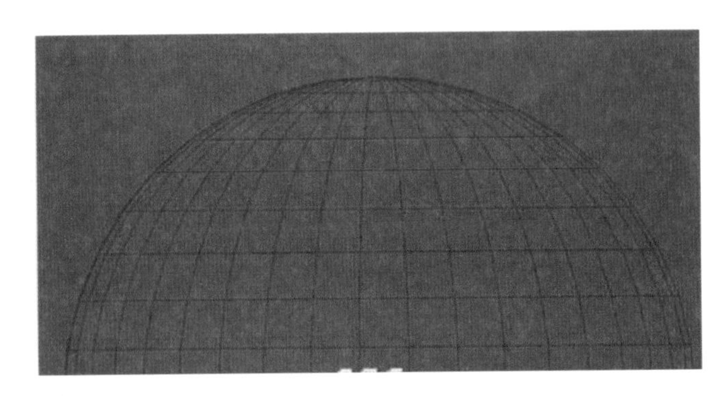

图 8.5　制作半球模拟天空

旋转甚至缩放图片来调试物体的灯光和反射。而对于 HDRI 方式，使用者得调节视图中的背景并且调整一些参数以得到正确的效果。

(2) 材质选择 Standard_19，参数设置如图 8.6 所示，目前先将 Brightness 值保持为 1。

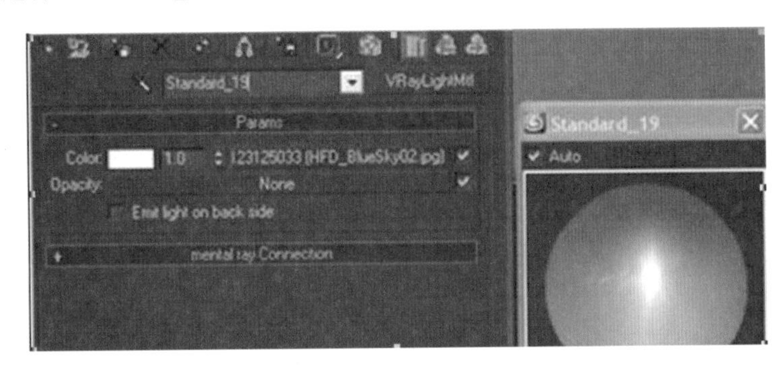

图 8.6　选择材质并设置参数

渲染测试一下最终的效果，为了快速预览图像，可以用一个很低的参数设定，即颜色映射为指数曝光，发光贴图也设置为低，灯光缓存细分为 200，采样尺寸为 0.02。最终的效果如图 8.7 所示。

图 8.7　测试效果

(3) 这次看起来很暗，但能看到一些好的环境灯光的效果。因为要制作一个晴天效果，需要将发光值从1增加到6，参数设置如图8.8所示。

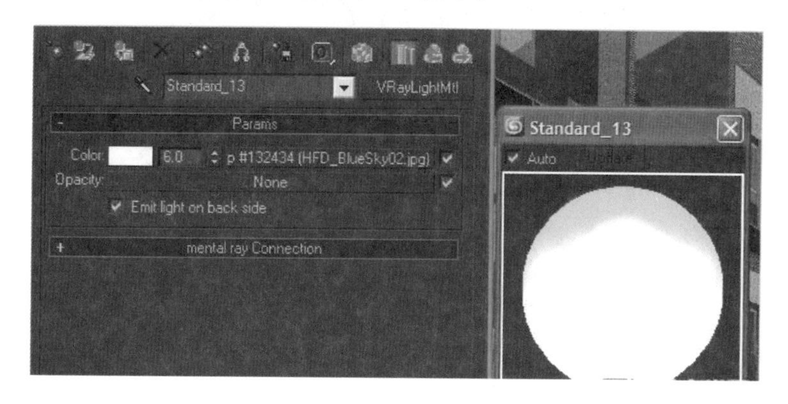

图8.8　增加发光值

最终得到的效果如图8.9所示。

图8.9　增加发光值后的效果图

这次看起来好多了，得到了预期的蓝色阴影，由于非常低的GI设定，渲染质量看起来非常糟糕，但是我们在得到正确的灯光效果后将设定一个高的参数，这种方法能节省大量时间。

(4) 现在，当得到正确的环境效果后，加些Sunlight，再次使用VrayLight球形光带暖黄的颜色来模拟太阳，灯光半径越大，阴影越柔和，参数设置如图8.10所示。

(5) 增加些设施与花草树木以增加场景中的细节。最终效果如图8.11所示。

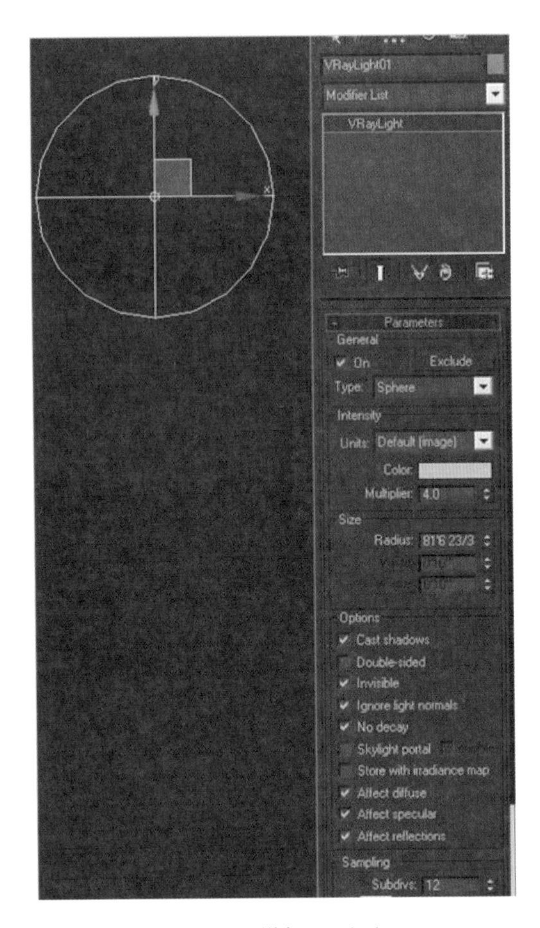

图 8.10　增加 Sunlight

图 8.11　最终效果图

8.4 设置灯光的方法

在 3ds Max 中，灯光的设置可以说是至关重要的，它直接关系到作品最后的效果，同时也是个难点，下面介绍灯光设置的方法。

主灯光可以放置在场景中的任何地方，但实际应用中有几个经常放置主灯光的位置，而每个位置都有其渲染物体的独特方式。

1. Front（前向）照明

在摄像机旁边设置主灯光会得到前向照明的效果，实际的灯光位置可能比摄像机的位置要高些并偏向一些。前向照明产生的是平面形图像和扁平的阴影，由于灯光均匀照射在物体并离摄像机很近，所以得到的是个二维图形，前向照明会最小化对象的纹理和体积，使用前向照明需要进行灯光建模。

2. Back（后向）照明

将主灯光放置在对象的后方或正方，产生的强烈的高亮会勾勒出对象的轮廓。Back 照明产生的对比度能创建出物体的体积和深度，在视觉将前景从背景中分离出来，同时经过背后照明的对象有个大的、黑色的阴影区域，区域中又有个小的、强烈的高亮，强烈的背光有时用于产生精神的表现效果，对物体发生过滤和漫射网，从而使物体周围的明亮效果更强，这种技术因为其对形态的提取而常用来产生神秘和戏剧性的效果。

3. Side（侧向）照明

侧向照明是将主灯光沿对象侧面成 90 度放置，包括左侧放置和右侧放置，侧向照明强调的是对象的纹理和对象的形态。在侧向照明中，对象的某侧被完全照射，而另一侧处于黑暗中。侧向照明属于高对比度的硬照明，最适合于宽脸或圆脸，因为光线使脸的宽度变小并不显示脸的圆形轮廓，主要用于产生内心的表现和影响。侧向照明也会导致相应变形，因为脸部不是严格对称的。

4. Rembrandt 照明

Rembrandt 照明是将主灯光放置在摄像机的侧面，让主灯光照射物体，也叫 3/4 照明、1/4 照明或 45 度照明。在 Rembrandt 照明中，主灯光的位置通常位于人物的侧上方 45 度的位置，并按一定的角度对着物体，因此又叫高侧位照明。当主灯光位于侧上方时 Rembrandt 照明模拟的是早上或下午后期的太阳位置，主灯光的这种位置是绘画和摄影中常用的典型位置，被照射后的物体呈三维形状并可以完全显现轮廓。

5. Broad（加宽）照明

加宽照明是 Rembrandt 照明的变体，其变化包括位置的变化和照射出比 3/4 脸部更宽的区域，主灯光以和摄像机同样的方向照射物体。加宽照明通常用于窄脸形拉长和加宽，而不适合于圆脸和宽脸，因为灯光的这种位置使脸部扩大。

6. Short（短缩）照明

短缩照明是和 Broad 照明相对的照明方法，在这种照明中，主灯光的位置是从较远处照射 3/4 脸部区域的侧面，因为照射的是脸部的一个狭窄的区域，所以叫 Short 照明，因为短缩照明通过宽的侧面添加阴影，使脸部看起来尖瘦，所以短缩照明更适合于圆脸或宽脸型。

7. Top(顶部)照明

在顶部照明中,主灯光位于对象的上方,也可以放置在侧上方,但是光的方向要通过顶部。顶部照明类似于中午的太阳,会在对象形成深度阴影,同时被照射的侧面很光滑,它不能用于圆脸对象,因为顶部照明会使对象的脸部加宽。

8. Under 或 Down(下部)照明

将主灯光放置在对象的下方,下部照明一般向上指向物体以照明物体的下部区域,产生一种奇异的、神秘的、隐恶的感觉。

9. Kicker 照明

Kicker 照明有两种主灯光放置位置,一种位于物体的上方,一种位于物体的后面。当这两个主灯光照到物体的侧面时,物体的脸部处于阴影之中,然后该阴影区域再被反射光照亮。Kicker 照明用于创建物体的高度轮廓。

10. Rim 照明

Rim 照明设置主灯光于物体的后面并稍稍偏离物体一段距离以创建一种光线轻拂物体表面的特殊效果,主灯光来自物体的后面,创建的是一个显示物体轮廓的亮边,同时相对地处于阴影之中。Rim 照明通常将灯光放置在和物体相同的高度,并设置其具有更强的亮度,Rim 照明用于强调对象的形状和轮廓的场合。

3ds Max 场景照明总论:灯光是 3ds Max 中模拟自然光照效果最重要的手段,称得上是 3ds Max 场景的灵魂。但是,复杂的灯光设置、多变的运用效果,是让许多新手极为困扰的大难题,如何得到令人满意的照明效果使很多朋友感到头痛不已而又无可奈何。本教程的主要目的是带领大家深入了解 3ds Max 中的灯光设置,彻底解除各位朋友的困惑,从而创造出更真实、更满意的 3ds Max 场景。

8.5 3ds Max 场景照明

8.5.1 3ds Max 灯光工作原理

要想深入了解 3ds Max 的照明技术,就必须先了解 3ds Max 中灯光的工作原理。在 3ds Max 中,为了提高渲染速度,灯光是带有辐射性质的,这是因为带有光能传递的灯光计算速度很慢,没感受过的人想想光线追踪材质的运算速度就会明白。也就是说,3ds Max 中的灯光工作原理与自然界的灯光是有所不同的,如果要模拟自然界的光反射(如水面反光效果)、漫反射、辐射光能传递、透光效果等特殊属性,就必须运用多种手段(不仅仅运用灯光手段,还可能是材质,如光线追踪材质等)进行模拟。有人抱怨 KINITEX 公司为什么不使用类似。软件模拟类似自然的照明系统,原因并不在于 KINITEX 公司没有掌握这门技术,而是 3ds Max 的主要任务是面向动画制作。大家都知道,LIGHTSCAPE 中的灯光运算速度很慢,渲染一张图片往往需要很长时间(因此这个软件定位于照片级静态图渲染制作)。在动画制作中,1 秒钟的动画就需要渲染 20 多张图片(NTSC 式的为 30 帧/秒,PAL 式的为 25 帧/秒,电影为 24 帧/秒,如果要保持流畅的动感则至少需要 15 帧/秒),1 分钟就要渲染 1000 多张图片,那么用户的等待将是无穷无尽的,好在 3ds Max 有很多第三方开发的外挂插件。在灯光方面比较优秀的插件有 RADIOSITYMENTAL RAY(大型灯光效果特殊明暗器高质量渲染插件)等,可供用户选择,不过运算速度有点差强人意。当然,如果只渲染一张静态图片而不是制作动画(如建筑效果图等),为了取得更好的效果和更方便的照明设置,等待一个小时也是可以的。3ds Max 中的灯光最大优势在于运算速度,照明质量其实是不错的,只要设置得当,同样可以产生真实、令人信服的照明效果。

在 3ds Max 中,并不是所有的发光效果都是由灯光完成的,对于光源来说,也可能是经由材质视频后处理的特效,甚至是大气环境来模拟。萤火虫尾部的发光效果,用自发光材质来模拟恐怕是最为恰当的,火箭发射时尾部的火焰效果用大气环境中的燃烧装置来制作效果也是错的,而要模拟夜晚的霓虹灯特效,利用视频后处理中的发光(Glow)特技来制作则是个好主意。不过灯光作为在 3ds Max 三维场景中穿梭的使者,是 3ds Max 表现照明效果最为重要的手段。灯光作为 3ds Max 中一种特殊的对象,模拟的往往不是自然光源或人造光源的本身,而是它们的光照效果。在渲染时,3ds Max 中的灯光作为一种特殊的物体,本身是不可见的,可见的是光照效果,如果场景内没有一盏灯光(包括隐含的灯光),那么所有的物体都是不可见的。不过 3ds Max 场景中存在着两盏默认的灯光,虽然一般情况下在场景中是不可见的,但是仍然担负着照亮场景的作用,一旦场景中建立了新的光源,默认的灯光将自动关闭。如果这时候场景中的灯光位置、亮度等太不理想,还赶不上默认灯光的效果。如果场景内所有灯光都被删除,默认的灯光又会被自动打开。默认的两盏灯光有一盏位于场景的左方,另外一盏则位于场景的右方。

8.5.2 3ds Max 的 5 种基本灯光

在 3ds Max 中有 5 种基本类型的灯光,分别是泛光灯(Omni)、目标聚光灯(Target Spotlight)、自由聚光灯(Free Spotlight)、目标平行光(Target Direct)和自由平行光(Free Direct)。另外在创建面板中的系统(System),还有日光(Sunlight)照明系统,它其实是平行光的变种,一般在制作室外建筑效果图时模拟日光。其实还有一种环境光(在【渲染/环境设置】对话框中可以设置)。环境光没有方向也没有光源,一般用来模拟光线的漫反射现象。环境光不宜亮度过大,否则会冲淡场景,造成对比度下降而使场景黯然失色。有经验的人一般先把环境灯光亮度值设为 0,在设置好其他灯光之后再进行精细调整,往往能取得较好的照明效果。3ds Max 中的灯光默认情况下并不进行投影,但是可以根据需要设定成投影或投影阴影的质量强度,甚至颜色都是可调整的。如果要正确表示透明或半透明物体的阴影,应使用光线追踪(Raytrace)阴影方式。在投影的情况下,3ds MAX 中的灯光是具有穿透性的,楼房 5 层的灯光尽管有楼板阻隔也可以照亮一层的地板。非常有趣的是,如果把灯光的倍增器(Multiplier)的值设置成负数,还可以产生吸光或负光的效果,或者某种颜色的补色效果(对白色来说则是黑色),在室内建筑效果图内通常来模拟光线分布均匀的现象,或人为地把亮度大的物体表面照黑,如果动态变化灯光的亮度倍增器的值,甚至还可以模拟闪电瞬间照明效果。3ds Max 中的灯光还有个重要的功能是能够通过排除(Exclude)功能来指定灯光对哪些物体或不对哪些物体施加影响(照明和投影两个方面),从而优化渲染速度或创造特殊效果。

一张好的商业图,首先讲的是时间效率和整体效果,满足了这两个前提,用什么样的软件达到目的,都是殊途同归。最主要的是,在制作一张图的时候,对每一个环节,自己对它的处理手法要胸有成竹,一些可以用 3ds Max 解决,一些可以用 PS 来解决,自己要把握好,这样就可以了。

(1) 明确画面影调关系。

影像色调在图片中有两种含义：一是指图片的基调；二是指景物在图片上的深浅。通常来说，它指的是图片基调。图片的基调通常概括为三种：高调、中间调和低调。

高调图片能给人轻盈、纯洁、优美、明快、清秀、宁静、淡雅和舒畅之类的感觉，常适宜于表现明朗秀丽的风光、浅色的静物、动物等。

低调图片能给人神秘、肃穆、忧郁、含蓄、深沉、稳重、粗豪、倔强之类的感觉。

中间调图片之中，对比强烈的(反差大)往往给人一种生气、力量、兴奋之感；对比平淡的(反差小)，往往给人一种凄凉、压抑、朴素之感。

在制作一张作品的时候，首先要确定内容，然后决定形式。在形式与内容的关系上，起决定作用的是内容而不是形式。这就要求人们在运用色调这一构图因素时，首先要考虑准备制作的对象是否适宜采用高调和或低调。

(2) 明确画面表达主体。

在大多数人的心目中，构图仅仅关系到画面框架区内各种线条、形状以及明暗区域的选择、安排和布置。在彩色图片中，除了以上这些值得关心的问题以外，还需加上色彩的选择以及不同色彩在画面中的位置。因此，用户所获得的最终图像，与其说是某一主体的影像，倒不如说是各种图案和色彩的有机结合。

构图不仅仅是对各种被摄体、线条、形状以及色彩的布置，而且还包括其他所有能影响影像最终效果及感染力的全部要素，例如主体与背景之间的大小关系、景深范围、某些吸引注意力的因素的添加或干扰因素的删除等。

(3) 明确画面视觉落点。

倘若画幅并不是预先决定而是可以予以改变的，那么在影像评估的全部过程中，都应该对通过画幅的转换来改进影像效果的种种可能性保持一种开放的心态。画面上某些干扰性的或不必要的因素的删除(尤其是背景区域)，往往可以通过画幅的转换来实现，这也许正是这一转换过程的主要优点。改变影像的形状，可以去掉多余的空间，使主体在画幅中占据更好的位置，或消除干扰因素，从而使影像的视觉效果获得强化。

(4) 明确光源的主次关系。

(5) 根据画面效果，添加光源，以增加主体物体效果。

画面中有些物体是重点表现对象，在场景中占据主导地位，因此最后打光时应该对其进行细致的处理，即给关键对象的细节进行局部布光。

8.5.3 实例：室内布光流程

最终布光的效果如图 8.12 所示。

(1) 检查 3ds Max 模型是否规范。

模型最好符合这样的原则：除了窗口，其他几个面保持为封闭面。

检查模型这一步看似可有可无，但是这里想强调的一点是，用户不会只是面对自己建的模型，碰上渲染别人的模型的机会很多。而在看模型规范的过程中就已经开始在进行光影效果的分析了。小场景需要如此，碰上大场景更是需要如此。希望初学的朋友们能养成这么一个好的习惯。最初的模型如图 8.13 所示。

图 8.12　室内布光制作效果图

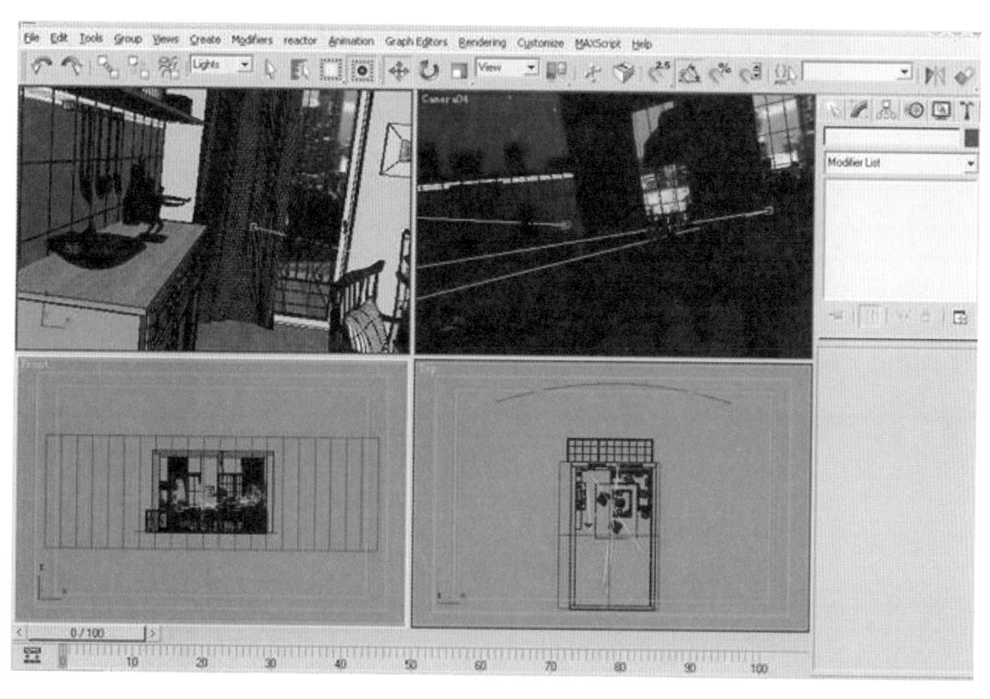

图 8.13　制作初始模型

(2) 将 3ds Max 的渲染器转成 VR 渲染器，进入测试步骤。其基本参数设置如图 8.14 所示。

(3) 布置主光源，把主光源定为餐桌上的吊灯，效果如图 8.15 所示。

分析：很多人在看到模型有窗口，有阳台，就下意识地把主光定为室外光，从而一开始就在阳台处打一个 VR 面光。如果是制作白天效果，这是正确的做法。但如果是制作晚上效果呢？这是一个用餐空间，它的功能决定了空间的光线效果必须是明亮的。也就是说，其

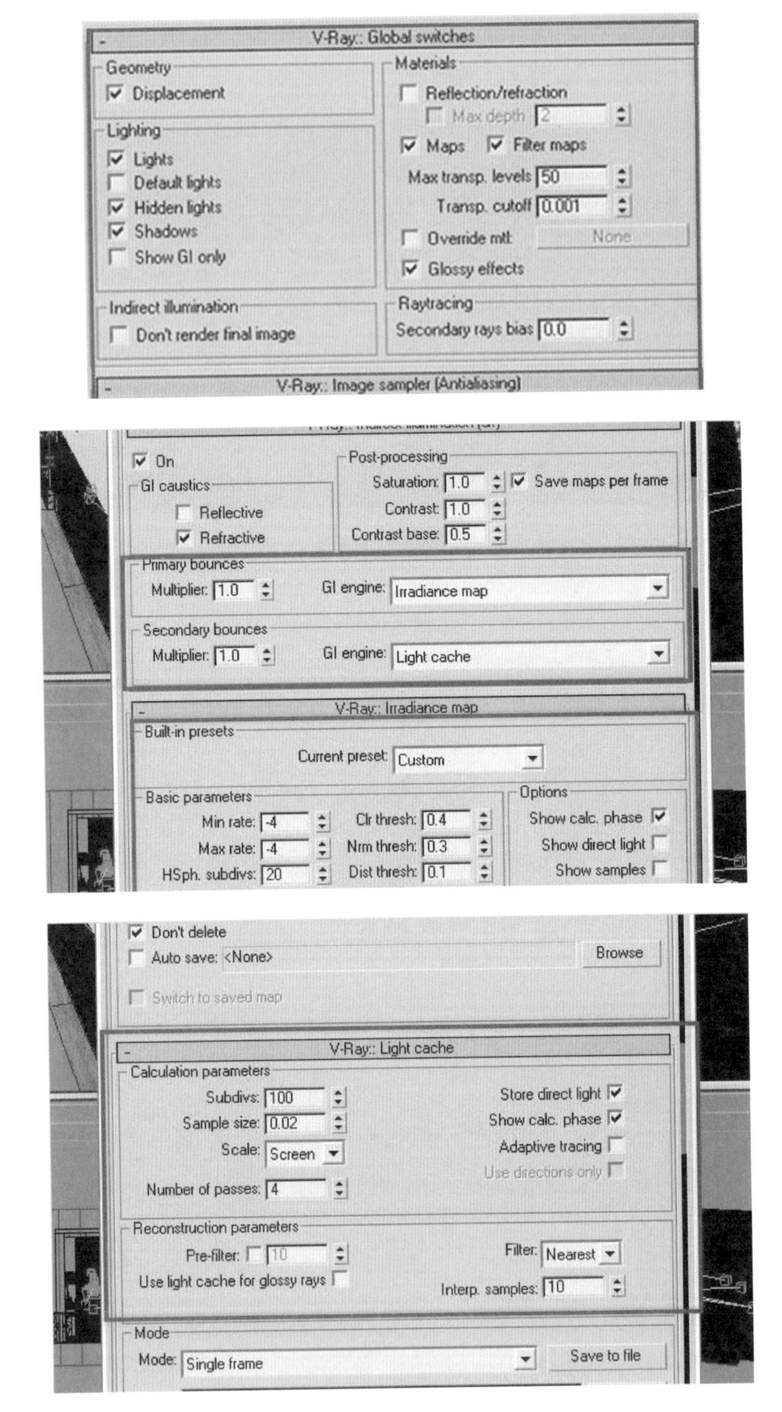

图 8.14　VR 渲染器的参数设置

室内光的照明度必须能满足家居空间的功能使用。而在一个家里面，卧室、主卧、卫生间或是相连的书房等属于私密空间，其灯光效果的设计可以个性化些，气氛的表达可以更强烈些。但是在公共空间区域，应尽可能保持比较中性的效果，不宜太过于标新立异。

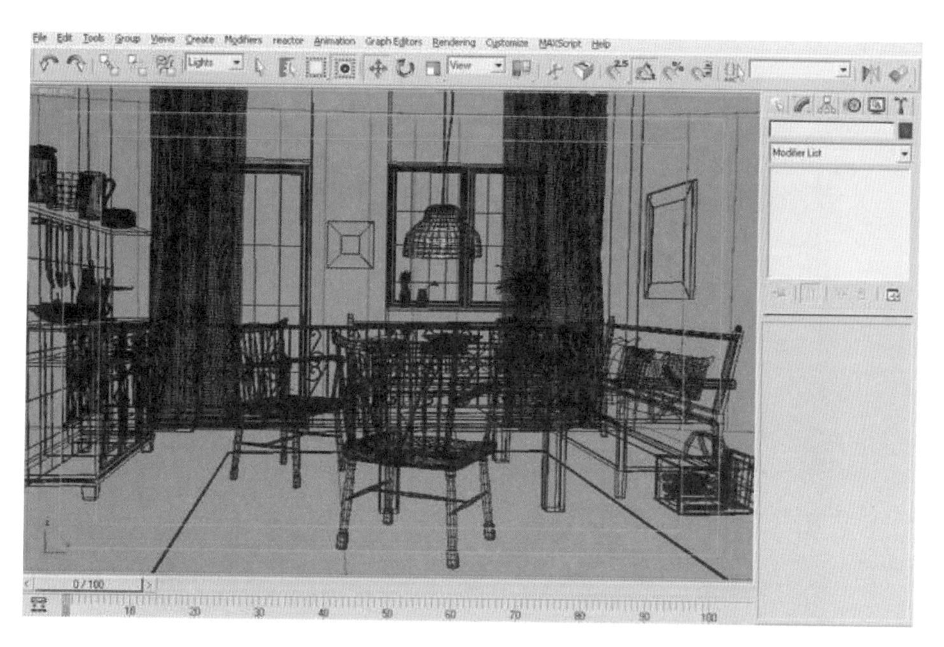

图 8.15　设置主光源后的效果图

主光源如何定，需要根据表现主体和最终视觉落点来确认，也就是说要根据画面的构图来定。那么这里的表现主体和视觉落点是餐桌组合，因为它是最能象征空间使用功能的标志性符号。

图 8.16 所示是局部放大的图片。

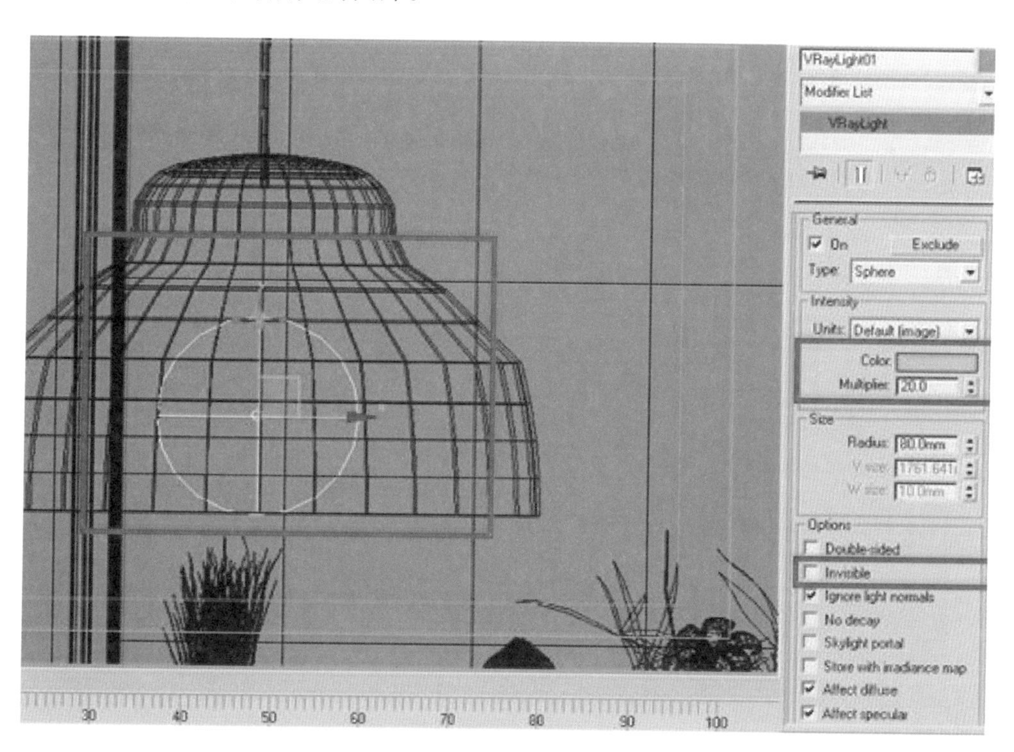

图 8.16　局部放大的效果图

(4) 渲染查看最终的效果如图 8.17 所示。

图 8.17　渲染查看最终效果图

分析：整个场景比较暗，不是我们所期望的效果，虽然现在看来室内很暗，但是整个空间的一个基本的光影感觉已经出来了，其亮部和暗部的关系是正确的。而 VR 软件的照明特点，在后面陆续增加其他光源后，光线的反弹更多，室内的亮度也会相应提高。

(5) 布置辅助光源。根据所设计的灯位布置目标点光源，给合适的光域网。需要明确辅助光线是为了点缀而布置的，是场景中的配角，如图 8.18 所示。

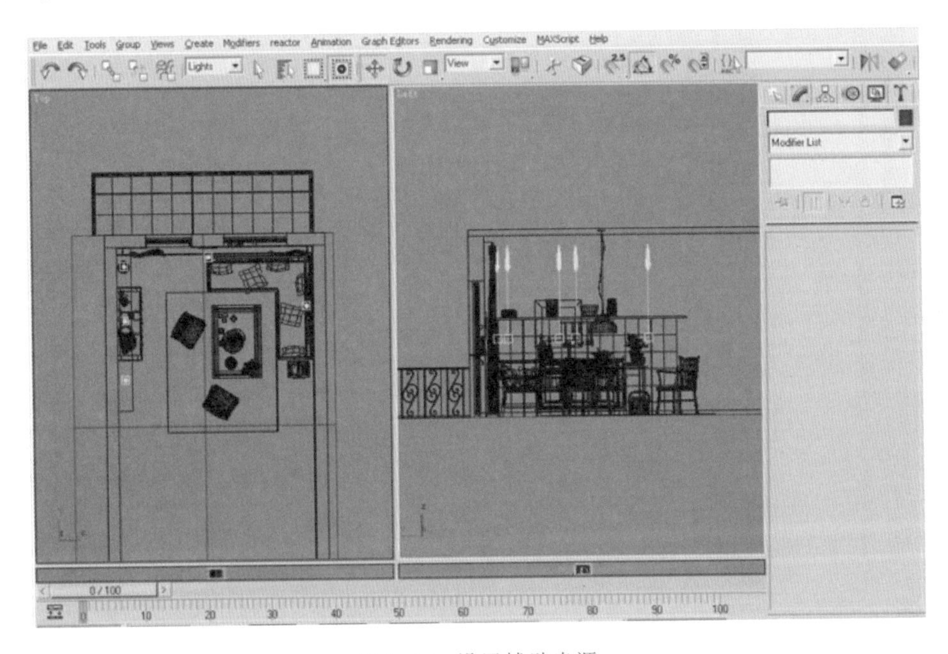

图 8.18　设置辅助光源

(6) 这是灯光的色彩和强度,参数设置如图 8.19 所示。

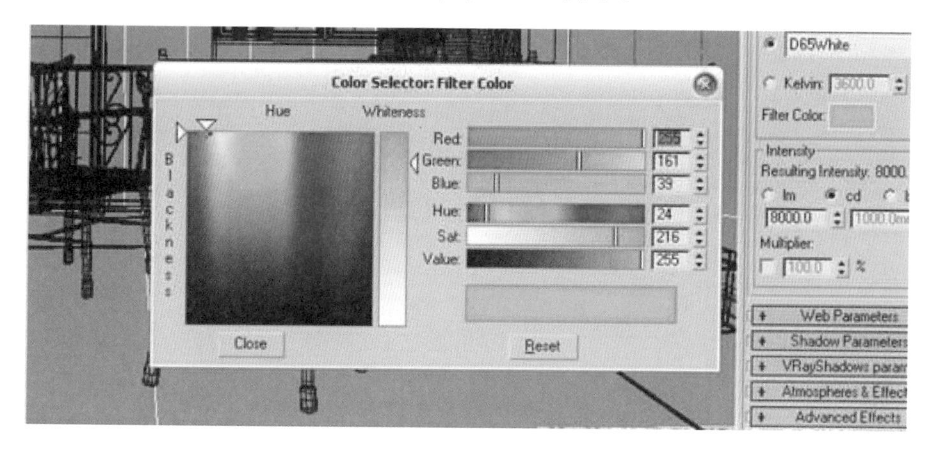

图 8.19 设置灯光的色彩和强度

(7) 加了筒灯光源后,场景中反弹的光线增加,总体亮度得到了提高。但同时也随之发现,先前所定的主光源,在画图上照射到的那一面区域看上去显得很黯淡。所以,需要提高主光源的亮度。在这个场景中,把上面的球形光的强度提高到 45,图 8.20 所示的灯光关系才是合适的。

图 8.20 提高球形光的强度

(8) 添加背景环境光线,如图 8.21 所示。

非全封闭的空间,肯定会受到环境的影响,不同的时间,有不同的照明光线。但作为一张效果图表现,在很多情况下大可不必为了追求所谓的相片真实而非得去做成一张相片。一切艺术都是来源于生活,但好的艺术又高于生活。

背景光与画面中的主体之间有一种亮度关系,它可以通过明暗对比来突出主体。把亮的主体放在暗的背景上,主体就会很突出。夜晚中的环境光是蓝中带着淡淡的紫色的光。从外面放一个 VR 面光,照向室内。

(9) 把门和窗口的玻璃模型先隐藏,然后渲染看看效果,如图 8.22 所示,参数设置如图 8.23 所示。

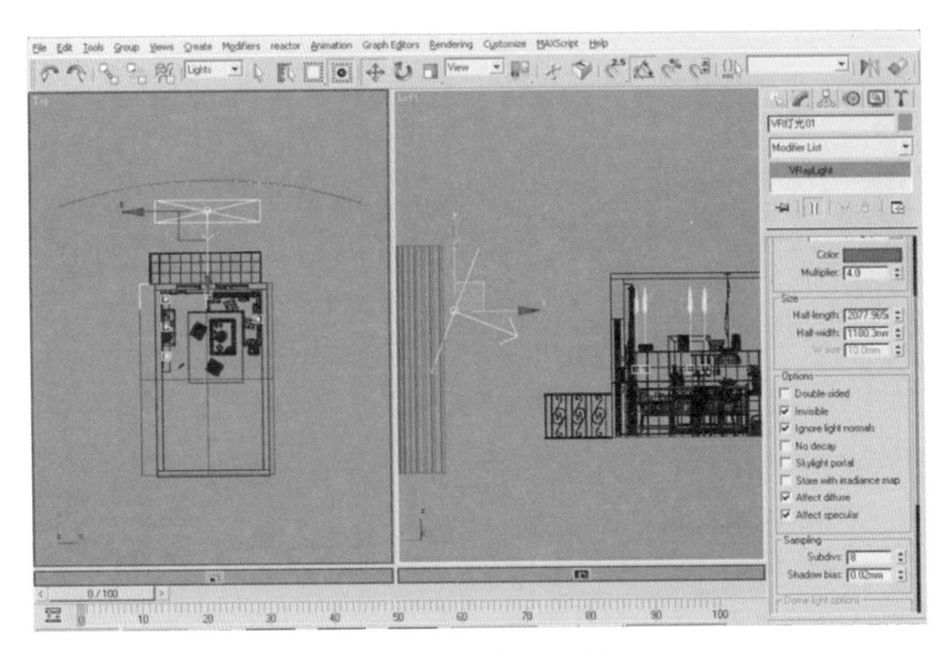

图 8.21　添加背景环境光线

图 8.22　隐藏门和窗口玻璃模型后的渲染效果

这是打开了材质反射属性后渲染的结果。可以看到，因为材质属性的关系，室外的蓝色环境光其实已经影响到了室内。应用光线的色彩变化和强度变化丰富画面的层次和效果。

(10) 渲染显示的效果如图 8.24 所示。

月光效果光源的添加，使场景的远近距离拉得更丰富了，也使室外的背景光线显得不那么单薄。那么场景中显得很暗怎么办？很简单，只要把 VR 面板里面的暗部倍增的数值提高就行了，修改后的效果如图 8.25 所示。

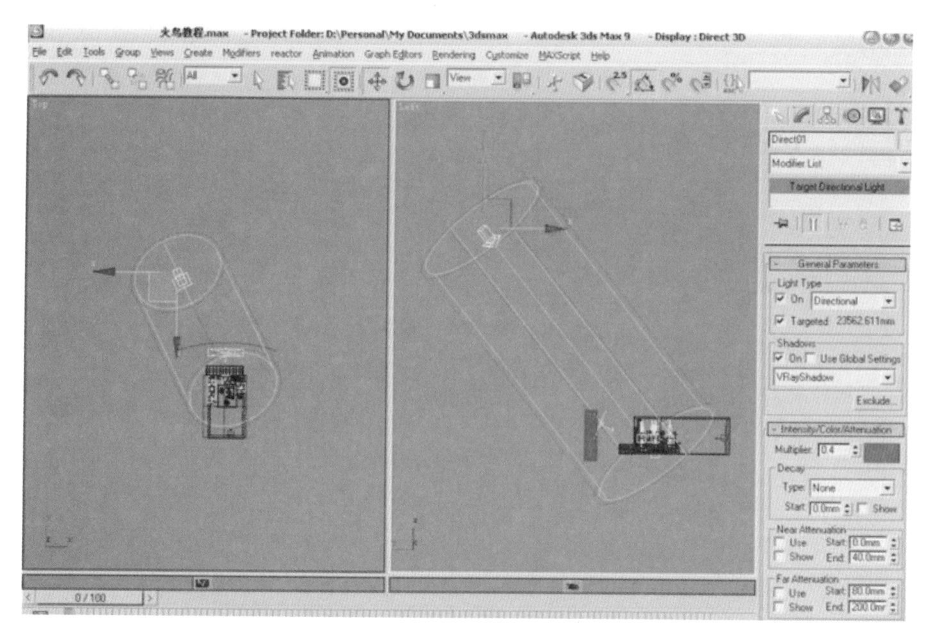

图 8.23　参数设置

图 8.24　渲染显示效果

图 8.25　提高暗部倍增的数值

第 9 章　VRay渲染

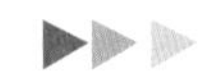

9.1　VRay 的安装和操作流程

VRay 是由 Chaos Group 和 Asgvis 公司出品，在中国由曼恒公司负责推广的一款高质量渲染软件。VRay 是目前业界最受欢迎的渲染引擎。基于 VRay 内核开发的有 VRay for 3ds Max、Maya、Sketchup、Rhino 等诸多版本，它为不同领域的优秀 3D 建模软件提供了高质量的图片和动画渲染，方便使用者渲染各种图片。VRay 是目前在室内外效果图制作领域中最为流行的渲染器，以插件的形式安装在 3ds Max 中。

安装过程：下载 VRay 软件的安装包，安装界面如图 9.1 所示。

图 9.1　VRay 安装界面

一步步单击【下一步】按钮，所有步骤取默认值即可完成 VRay 软件的安装，注意不同的 3ds Max 版本的 VRay 不同。

9.2　VRay 的简介

VRay 是由著名的 3ds Max 的插件提供商 Chaos Group 推出的一款较小、但功能却十分强大的渲染器插件。VRay 是目前最优秀的渲染插件之一，尤其在室内外效果图制作中，VRay 几乎可以称得上是速度最快、渲染效果极好的渲染软件精品。随着 VRay 的不断升级和完善，在越来越多的效果图实例中向人们证实了自己强大的功能。

VRay 主要用于渲染一些特殊的效果，如次表面散射、光迹追踪、焦散、全局照明等。可用于建筑设计、灯光设计、展示设计、动画渲染等多个领域。

VRay 渲染器有 Basic Package 和 Advanced Package 两种包装形式。Basic Package 具有适当的功能和较低的价格，适合学生和业余艺术家使用；Advanced Package 包含有几种特殊功能，适用于专业人员使用。它的优点主要有以下几个。

(1) 材质效果与光影效果表现真实。

(2) 操作简便，参数可控性强，可根据需要控制渲染速度与质量。

(3) 适用范围广，广泛应用于室内设计、建筑设计、工业造型设计及动画表现等领域。

效果图的表现流程：建模—材质—灯光—渲染—后期 PS 处理。

注意事项：

(1) 材质要真实准确；

(2) 灯光要符合客观规律，打灯光的顺序由主到次(阳光—人工主光—人工装饰光—补光)，并且调整渲染测试好一种灯再打其他的灯；

(3) 渲染出图的参数要以满足实际需要为准，最终渲染效果明暗对比、色彩对比不要太强，这样方便后期 PS 处理，如图 9.2 和图 9.3 所示。

图 9.2 全局照明效果图

图 9.3 光线跟踪效果图

9.3 VRay的工作流程

VRay的工作流程如下所示。

(1) 创建或者打开一个场景。

(2) 指定VRay渲染器。

(3) 设置材质。

(4) 把渲染器选项卡设置成测试阶段的参数。

① 修改图像的采样器。

② 勾选GI复选框,将【首次反射】调整为Irradiance map模式(发光贴图模式),调整min rate(最小采样)和Max rate(最大采样)分别为-6,-5,同时【二次反射】调整为QMC或light cache(灯光缓冲)模式,降低细分。

(5) 根据场景布置相应的灯光。

① 开始布光时,从天光开始,然后逐步增加灯光,大体顺序为天光—阳光—人工装饰光—补光。

② 如环境灯光明暗不理想,可适当调整天光强度,或提高曝光方式中的dark multiplier(变暗倍增值),直至合适为止。

③ 打开反射、折射,调整主要材质。

(6) 根据实际情况再次调整场景的灯光和材质。

(7) 渲染并保存光子文件。

① 设置保存光子文件。

② 调整Irradiance map(光贴图模式),min rate(最小采样)和max rate(最大采样)分别为-5,-1或者-5,-2或者更高,同时把准蒙特卡洛算法或灯光缓冲模式的细分值调高,正式跑小图,保存光子文件。

(8) 正式渲染。

① 调高抗锯齿级别。

② 设置出图的尺寸。

③ 调用光子文件渲染出大图。

9.4 VRay渲染设置常用参数

VRay渲染器参数非常多,常用参数的设置说明如下。

全局开关:对光影、材质等进行全局设置。

灯光:控制是否启用光照效果。

隐藏灯光:控制隐藏的灯光是否产生光照效果。

阴影:控制场景是否产生阴影。

反射/折射:控制是否启用材质的反射与折射效果。

贴图:控制是否渲染显示贴图效果,不勾选则会显示材质的漫反射通道颜色。

替代材质:可以用一个材质替代当前所有场景模型材质,一般用来制作白膜效果,以此来检查模型是否严谨或用来测试太阳光照方向。

光泽效果：控制是否启用当前场景材质的反射或折射模糊效果。

二次光线偏移：避免重面的模型渲染时产生黑斑，一般设置为0.001。

不渲染最终图像：控制是否渲染最终图像，光子图运行时会用到。

图像采样器(抗锯齿)：控制渲染图像的精细程度及渲染速度。

固定：渲染测试阶段常用的图像采样器类型，渲染速度较快但效果不理想。

细分：值越大效果越好，但渲染速度会越慢，一般采用默认值即可。

自适应DMC：渲染出大图阶段常用的图像采样器类型，渲染效果与渲染速度较为理想。

最小细分/最大细分：值越大效果越好，但是渲染速度会越慢，一般采用默认值。

自适应细分：总体效果较好，渲染速度较快，但是容易丢失细节。(场景细节不多时，渲染出大图阶段优选。)

最小采样比/最大采样比：值越大效果越好，但是渲染速度会越慢，一般用默认值。

抗锯齿过滤器：Catmull-Rom(可以使渲染图像边缘增强，从而产生较为清晰的效果)。测试阶段可以取消勾选，这样可以提高渲染的速度。

环境：替代3ds Max环境，用来模拟VRay天光。

全局照明环境(天光)覆盖：勾选后，3ds Max天光将不会产生作用，可以调整天光颜色及倍增值，值越大光照越强。可以用贴图来替代颜色，此时倍增器将不起作用。

反射/折射环境覆盖：勾选后，场景反射/折射环境将由它同时进行控制。

折射环境覆盖：勾选后，场景折射环境将由它进行控制，原【反射/折射环境覆盖】里的折射将不起作用。

颜色映射：主要用来控制场景的曝光方式。

VRay线性倍增：靠近光源的部分效果比较亮，明暗对比比较强，适合表现光线充足的场景效果(如日晕)。

VRay指数：能降低靠近光源部分的曝光效果，同时图像的饱和度会降低，明暗对比相对较弱，适合表现阴天、夜景等效果。

暗倍增：可以调整暗部亮度，值越大暗部越亮。

亮倍增：可以调整亮部亮度，值越大亮部越亮。

伽玛值：可以调整图像整体亮度。

间接照明(全局照明)：使场景产生间接照明效果，如果没有开启将只有直接照明效果而没有光线反弹的间接照明效果。

开启：间接照明开关。

首次反弹：即直接照明的反弹，倍增值越大首次反弹越强，场景越亮。

二次反弹：即直接照明的反弹，倍增值越大二次反弹越强，场景越亮。

全局光引擎：一般选用“发光贴图”与“灯光缓存”的组合，效果较为理想。

发光贴图：控制发光贴图计算的效果。

最小采样比：控制场景中大面积平坦部分的采样，值越大效果越好，但对渲染速度有较大影响，不宜设置过高。

最大采样比：控制场景中物体边缘、阴影等细节部分的采样，值越大效果越好，但对渲染速度有较大影响，不宜设置过高。

半球细分：模拟光线的数量，值越大效果越好，但是对渲染速度有较大的影响，不宜设置过高。

插值采样值：对样本进行模糊处理，可用来处理黑斑问题，一般用默认值即可。

显示计算过程：

显示直接照明：在预计算时显示直接光照位置。

灯光缓存细分：值越大，样本总数越多，渲染效果越好，同时渲染速度越慢。

DMC采样器：控制整体的渲染质量，对渲染速度影响较大。

自适应数量：控制整体的渲染品质，值越小，效果越好，但是对渲染速度有较大的影响，一般采用默认值即可。

噪波阈值：值越小，杂点越少，效果越好，但是对渲染速度有较大的影响。

最少采样：值越大效果越好，但是对渲染速度有较大的影响。

系统：控制渲染显示与渲染速度。

预设：可以保存当前渲染参数，方便以后调用。

9.5 VRayMtl材质

9.5.1 VRayMtl材质参数说明

VRayMtl材质是VRay渲染系统的专用材质，使用这个材质能在场景中得到更好的和正确的照明（能量分布），使渲染更快，控制反射和折射的参数更方便。在VRayMtl里使用者能够应用不同的纹理贴图，更好地控制反射和折射，添加Bump（凹凸贴图）和Displacement（位移贴图），促使直接GI（Direct GI）计算，对于材质的着色方式可以选择BRDF（毕奥定向反射分配函数）。详细参数如图9.4所示。

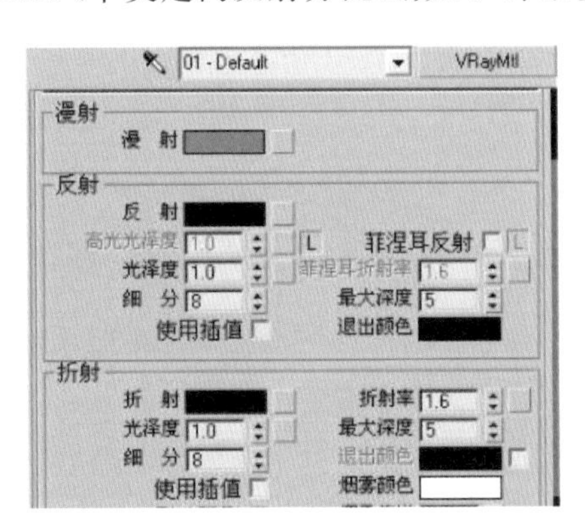

图9.4 VRayMtl材质参数设置

Diffuse（漫射）：材质的漫反射颜色。使用者能够在纹理贴图部分（Texture Map）的反射贴图通道凹槽里使用一个贴图替换这个倍增器的值。

Reflect（反射）：一个反射倍增器（通过颜色来控制反射、折射的值）。使用者能够在纹理贴图部分的反射贴图通道凹槽里使用一个贴图替换这个倍增器的值。

Glossiness（光泽度）：这个值表示材质的光泽度大小。值为0.0意味着得到非常模糊的反射效果；值为1.0，将关掉光泽度（VRay将产生非常明显的完全反射）。注意，打开光泽度将增加渲染时间。

Fresnel Reflection（菲涅尔反射）：当这个选项启用时，反射将具有真实世界的玻璃反射。这意味着当角度在光线和表面法线直接角度值接近0时，反射将衰减（当光线几乎平行于表面时，反射可见性最大；当光线垂直于表面时，几乎没有反射发生）。

Max Depth（最大深度）：光线跟踪贴图的最大深度，光线跟踪更大的深度时贴图将返回黑色(左边的黑块)。

Use Interpolation(使用插值):当勾选该复选框时,VRay 能够使用一种类似于发光贴图的缓存方式来加速模糊折射的计算速度。

Exit Color(退出颜色):当光线在场景中的反射次数达到定义的最大深度值以后,就会停止反射,此时该颜色将被返回,更不会继续追踪远处的光线。

Glossiness(光泽度):这个值表示材质的光泽度大小。值为 0.0 意味着得到非常模糊的折射效果。值为 1.0,将关掉光泽度(VRay 将产生非常明显的弯曲折射)。

Subdivs(细分):控制光线的数量,作出有光泽的折射估算。当光泽度值为 1.0 时,这个细分值会失去作用(VRay 不会发射光线去估算光泽度)。

IOR(折射率):这个值确定材质的折射率,设置适当的值能制作出很好的折射效果,例水为 1.33,钻石为 2.4,玻璃为 1.66 等。

Max Depth(最大深度):用来控制反射最多次数。

Fog Color(雾的颜色):VRay 允许用雾来填充折射的物体,这是雾的颜色。

Fog Multiplier(雾的倍增器):雾的颜色倍增器,较小的值产生更透明的雾。

Affect Shadows(影响阴影):用于控制物体产生透明阴影,透明阴影的颜色取决于折射颜色和雾颜色,仅支持 VRay 灯光和 VAry 灯光阴影类型。

Affect Alpha(影响 Alpha):勾选后会影响 Alpha 通道效果。

各种常用材质的调整如下。

(1) 亮光木材:漫射,贴图;反射,35 度灰;高光,0.8。

亚光木材:漫射,贴图;反射,35 度灰;高光,0.8;光泽(模糊),0.85。

(2) 镜面不锈钢:漫射,黑色;反射,255 灰。

亚面不锈钢:漫射,黑色;反射,200 灰;光泽(模糊),0.8。

拉丝不锈钢:漫射,黑色;反射,衰减贴图(黑色部分贴图);光泽(模糊),0.8。

(3) 陶器:漫射,白色;反射,255;菲涅耳。

(4) 亚面石材:漫射,贴图;反射,100 灰;高光,0.5;光泽(模糊),0.85;凹凸贴图。

(5) 抛光砖:漫射,平铺贴图;反射,255;高光,0.8;光泽(模糊),0.98;菲涅耳。

普通地砖:漫射,平铺贴图;反射,255;高光,0.8;光泽(模糊),0.9;菲涅耳。

(6) 木地板:漫射,平铺贴图;反射,70;高光,0.8;光泽(模糊),0.9;凹凸贴图。

(7) 清玻璃:漫射,灰色;反射,255;高光,255;光泽(模糊),0.9;折射率,1.5。

(8) 磨砂玻璃:漫射,灰色;反射,255;高光,0.8;光泽(模糊),0.9;折射率,1.5。

(9) 普通布料:漫射,贴图;凹凸贴图。

(10) 水材质:漫射,白色;反射,255;折射率,1.33;烟雾颜色,浅青色;凹凸贴图,澡波。

(11) 纱窗:漫射,白色;反射,灰白贴图;折射率,1;接收 GI,2。

9.5.2 实例——制作室内客厅真实地毯效果

本实例主要采用 VRayMtl(VRay 材质)、“凹凸”通道和“VRay 置换模式”来制作室内客厅真实的地毯效果。

(1) 启动 3ds Max 软件,打开室内客厅 3D 模型文件,如图 9.5 所示。

图 9.5 室内客厅 3D 模型

(2) 按 M 键快速打开【材质编辑器】窗口,选择一个空白材质球,将材质命名为“地毯”,单击 Standard 按钮,在弹出的【材质/贴图浏览器】对话框中选择 VRayMtl(VRay 材质)选项,单击【确定】按钮,如图 9.6 所示。

图 9.6 选择 VRay 材质

(3) 在【基本参数】卷展栏下单击【漫反射】右侧的■按钮,在打开的【材质/贴图浏览器】对话框中选择【位图】选项,单击【确定】按钮,如图 9.7 所示。

(4) 在弹出的【选择位图图像文件】对话框中选择【地毯 A.jpg】贴图,单击【打开】按钮,如图 9.8 所示。

(5) 单击【转到父对象】按钮,返回上一级;在【贴图】卷展栏下的【漫反射】颜色后的长按钮上按住鼠标左键并拖动实例复制贴图到【凹凸】通道上,设置【凹凸】数量为 100,如图 9.9 所示。

(6) 选择 3ds Max 2013 场景中的地毯,单击【将材质指定给选定对象】按钮,将材质

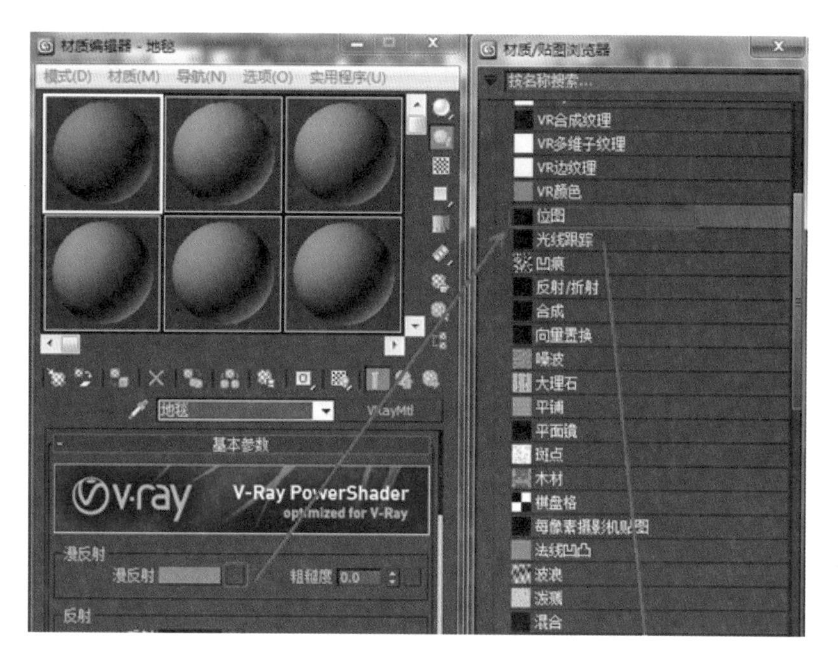

图 9.7　选择【位图】选项

图 9.8　打开地毯位图图像文件

赋予地毯；进入修改命令面板，在【修改器列表】下选择【VRay 置换模式】修改器，设置参数，单击【纹理贴图】下的 None 按钮，在弹出的【材质/贴图浏览器】对话框中选择【位图】选项，单击【确定】按钮，如图 9.10 所示。

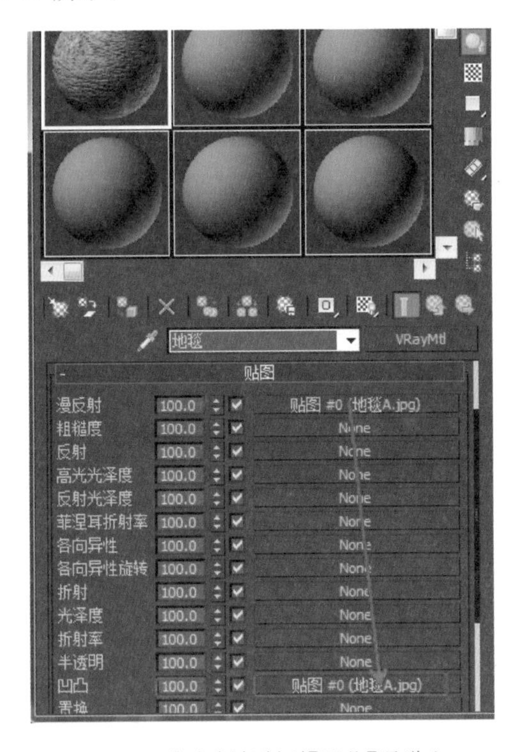

图 9.9　将实例复制到【凹凸】通道上

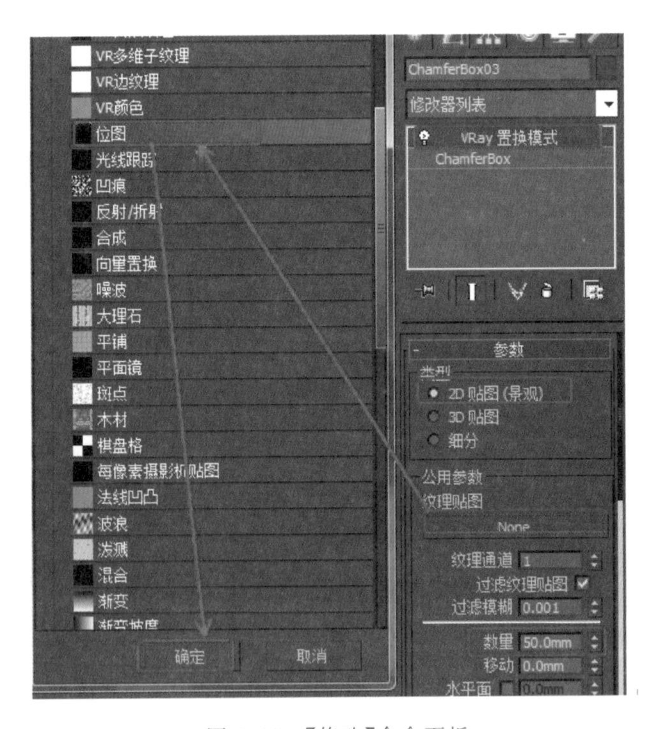

图 9.10　【修改】命令面板

(7) 在弹出的【选择位图图像文件】对话框中选择【地毯 B. jpg】贴图，单击【打开】按钮，如图 9.11 所示。

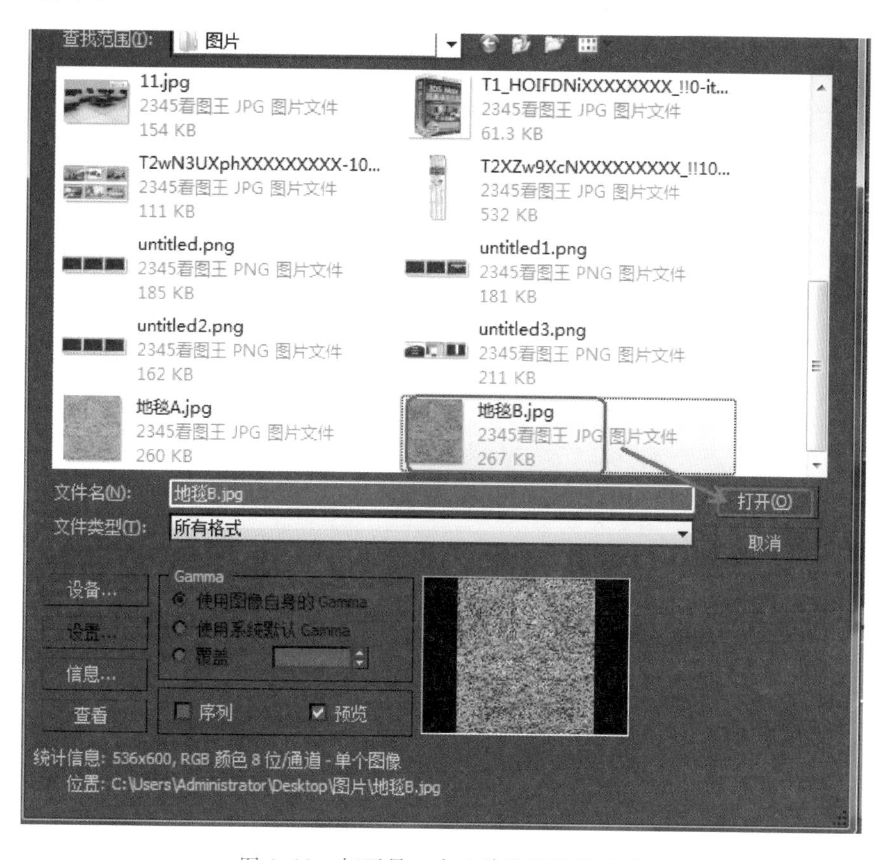

图 9.11　打开另一个地毯位图图像文件

(8) 按 Shift＋Q 键，快速渲染视图，3ds Max 2013 得到室内客厅地毯材质效果如图 9.12 所示。

图 9.12　室内客厅地毯效果图

9.6 VRay 灯光照明技术

1. VRay 灯光

开——打开或关闭 VRay 灯光。

排除——排除灯光照射的对象。

图 9.13 所示是 VRay 灯光的参数。

每一个参数选项的说明如下。

【类型】

平面——当这种类型的光源被选中时，VRay 光源具有平面的形状。

球体——当这种类型的光源被选中时，VRay 光源是球形的。

穹形——当这种类型的光源被选中时，VRay 光源是穹顶状的，可模拟天空的效果。

图 9.13　VRay 灯光参数

颜色——控制由 VRay 光源发出的光线的颜色。

倍增器：控制 VRay 光源的强度。

尺寸：

半长——光源的 U 向尺寸(如果选择球形光源，该尺寸为球体的半径)。

半宽——光源的 V 向尺寸(当选择球形光源时，该选项无效)。

W 尺寸——光源的 W 向尺寸(当选择球形光源时，该选项无效)。

双面——当 VRay 灯光为平面光源时，该选项控制光线是否从面光源的两个面发射出来(当选择球面光源时，该选项无效)。

不可见——该设定控制 VRay 光源体的形状是否在最终渲染场景中显示出来。当该选项启用时，发光体不可见；当该选项关闭时，VRay 光源体会以当前光线的颜色渲染出来。

忽略灯光法线——当一个被追踪的光线照射到光源上时，该选项可控制 VRay 计算发光的方法。对于模拟真实世界的光线，该选项应当关闭，但是当该选项启用时，渲染的结果更加平滑。

不衰减——当该选项启用时，VRay 所产生的光将不会随距离的增加而衰减。否则，光线将随着距离的增加而衰减(这是真实世界灯光的衰减方式)。

存储发光贴图——当该选项启用并且全局照明设定为 Irradiance Map 时，VRay 将再次计算 VrayLight 的效果并且将其存储到光照贴图中。其结果是光照贴图的计算会变得更慢，但是渲染时间会减少，用户还可以将光照贴图保存下来供以后再次使用。

影响漫射——控制灯光是否影响物体的漫反射，一般是启用的。

影响镜面——控制灯光是否影响物体的镜面反射，一般是启用的。

细分——该值控制 VRay 用于计算照明的采样点的数量，值越大，阴影越细腻，渲染时间越长。

阴影偏移——控制阴影的偏移值。

2. VRay 阴影

VRay 支持面阴影，在使用 VRay 透明折射贴图时，VRay 阴影是必须使用的，同时用 VRay 阴影产生的模糊阴影的计算速度要比其他类型的阴影速度快。

透明阴影——当物体的阴影是由一个透明物体产生的时候，该选项十分有用。当启用该选项时，VRay 会忽略 3ds Max 的物体阴影参数(颜色、密度、贴图)，此时透明物体的阴影颜色是正确的。取消该复选框后，VRay 将考虑灯光中物体参数的设置，但是来自透明物体的阴影颜色也将变成单色，图 9.14 所示是 VRay 阴影的参数。

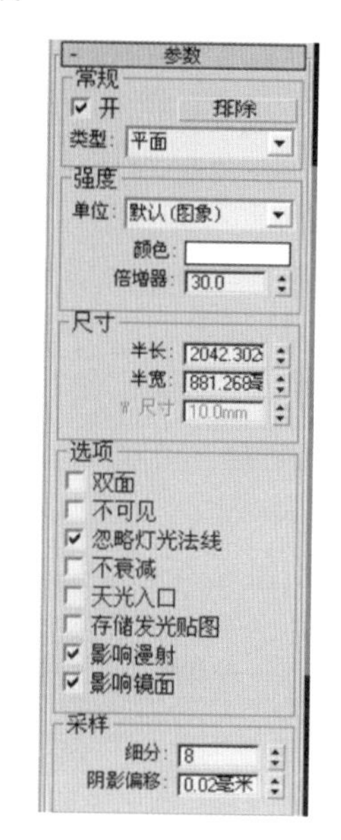

图 9.14 【VRay 阴影参数】卷展栏

参数说明如下。

光滑表面阴影——勾选后，VRay 将在低面数的多边形表面产生更平滑的阴影。

偏移——某一给定点的光线追踪阴影。

区域阴影——打开或关闭面阴影。

立方体——VRay 计算阴影时，假定光线是由一个立方体发出的。

球体——VRay 计算阴影时，假定光线是由一个球体发出的。

U 尺寸——当计算面阴影时，光源的 U 尺寸。

V 尺寸——当计算面阴影时，光源的 V 尺寸。(如果选择球形光源，该选项无效。)

W 尺寸——当计算面阴影时，光源的 W 尺寸。(如果选择球形光源，该选项无效。)

细分——该值用于控制 VRay 在计算某一点的阴影时采样点的数量。

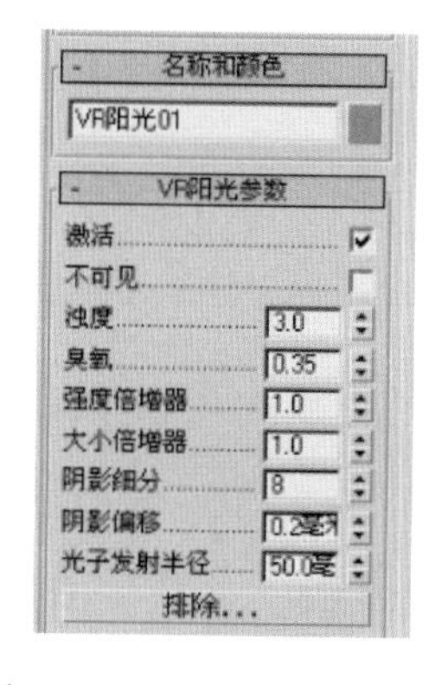

图 9.15 VRay 阳光的参数

3. VRay 阳光

VRay 阳光的参数如图 9.15 所示。

参数的说明如下。

激活——阳光的开关。

浊度——设置空气的浑浊度，值越大，空气越不透明，光线会越暗，色调会越暖；早晨和黄昏的浑浊度较大，中午浑浊度较低；有效值为 2～20。

臭氧——设置臭氧层的稀薄程度，值越小，臭氧层越稀薄，到达地面的光能越多，光的漫射效果越强，有效值为 0～1。

强度倍增器——设置阳光的强度，如果使用 VRay 物理摄像机，值一般为 1 左右；如果使用 3ds Max 自带的摄像机，值一般为 0.002～0.005。

大小倍增器——设置太阳的尺寸，值越大，太阳的阴影越模糊。

阴影细分——设置阴影的细致程度。

阴影偏移——设置阴影的偏移距离。

9.7 VRay材质和贴图技术

1. VRay包裹材质

VRay包裹材质主要用于控制材质的全局光照、焦散和不可见，也就是说，通过VRay包裹材质可以将标准材质转换为VRay渲染器支持的材质类型。若一个材质在场景中过于亮或色溢太多，嵌套这个材质，就可以控制产生/接受GI的数值。它经常用于控制有自发光的材质和饱和度过高的材质，参数设置如图9.16所示。

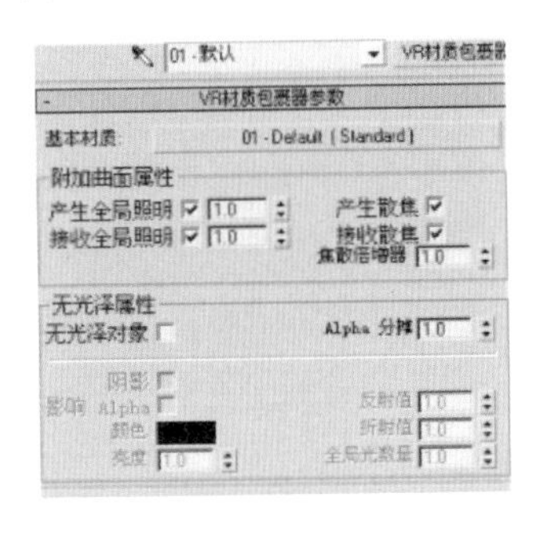

图9.16 【VRay材质包裹器参数】卷展栏

基本材质——用于设置嵌套的材质。

产生全局照明——设置产生全局光及其强度。

接收全局照明——设置接收全局光及其强度。

产生散焦——设置材质是否产生焦散效果。

接收散焦——设置材质是否接收焦散效果。

焦散倍增器——设置产生或接收焦散效果的强度。

无光泽对象——设置物体表面为具有阴影属性的材质，使得该物体在渲染时候不可见，但该物体仍出现在反射/折射中，并且仍然能产生间接照明。

Alpha分摊——设置物体在Alpha通道中显示的强度。当数值为1时，表示物体在Alpha通道中正常显示；当数值为0时，表示物体在Alpha通道中完全不显示。

阴影——用于控制遮罩物体是否接收直接光照产生的阴影效果。

影响Alpha——设置直接光照是否影响遮罩物体的Alpha通道。

颜色——用于控制被包裹材质的物体接收的阴影颜色。

亮度——用于控制遮罩物体接收阴影的强度。

反射值——用于控制遮罩物体的反射程度。

折射值——用于控制遮罩物体的折射程度。

全局光数量——用于控制遮罩物体接收间接照明的程度。

2. VRay灯光材质

VRay灯光材质是一种自发光的材质，通过设置不同的倍增值可以在场景中产生不同的明暗效果。它可以用来制作自发光的物件，例如灯带、电视机屏幕、灯箱等，只要是发光的物体都可以制作，其参数如图9.17所示。

颜色——用于设置自发光材质的颜色，如果有贴图，则以贴图的颜色为准，此时该项无效。

倍增——用于设置自发光材质的亮度，相当于灯光的倍增器。

双面——用于设置材质是否是两面都产生自发光。

不透明度——用于指定将贴图作为自发光源。

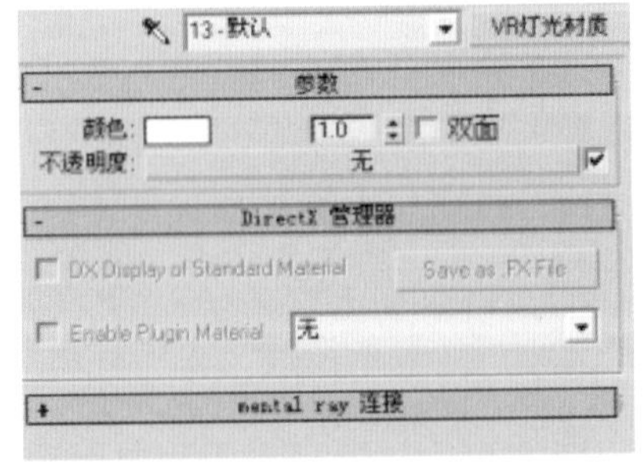

图9.17 VRay灯光材质的参数

3. VRay 双面材质

VRay 双面材质用于表现两面不一样的材质贴图效果,可以设置其双面相互渗透的透明度。这个材质非常简单易用,参数设置如图 9.18 所示。

正面材质——用于设置物体前面的材质为某种材质类型。

背面材质——用于设置物体背面的材质为某种材质类型。

半透明——设置两种以上材质的混合度。当颜色为黑色时,会完全显示背面材质的漫反射颜色,也可以利用贴图通道来进行控制。

4. VRay 快速 3S 材质

3S 材质是众多专业级渲染器中的高级材质,3S 材质是 SSS 材质的另一个说法,而 SSS 材质是 Sub-Surface-Scattering 的简写,是指光线因在物体内部的色散而呈现的半透明效果。下面用一个直观的例子来说明它的效果:在黑暗的环境下,把手电筒的光线对准手掌,这时,手掌呈现半透明状,手掌内部的血管隐约可见,这就是 3S 材质。通常用这种材质来表现蜡烛、玉器和皮肤等半透明的材质,3S 材质的参数如图 9.19 所示。

图 9.18　VRay 双面材质的参数

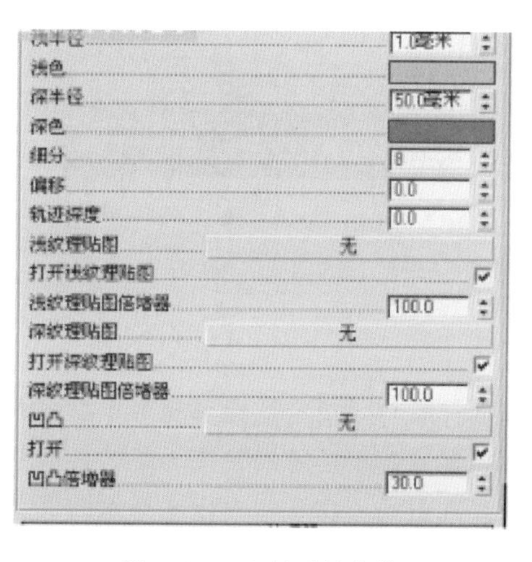

图 9.19　3S 材质的参数

各参数的意义如下。

浅半径——设置 3S 材质不透明区域的范围。

浅色——设置 3S 材质不透明区域的颜色。

深半径——设置 3S 材质半透明区域的范围。

深色——设置 3S 材质半透明区域的颜色。

细分——设置 3S 材质的采样数量,数值越高,3S 效果越平滑。

偏移——设置浅色区域和深色区域的混合程度。数值为正时,向浅色偏移;数值为负时,向深色偏移。

轨迹深度——设置光线穿过 3S 材质的能力。

浅纹理——为材质的浅部制定纹理贴图。

深纹理贴图——为材质的深部制定纹理贴图。

凹凸——为凹凸贴图通道指定纹理贴图。

5. VRay 替代材质

VRay 参数如图 9.20 所示。

基本材质——指定被替代的基本材质。

全局光材质——通过 None(无)按钮指定一个材质,被指定的材质将替代【基本材质】参与到全局照明中。

反射材质——指定一个材质,被指定的材质将作为基本材质的反射对象。

折射材质——指定一个材质,被指定的材质将作为基本材质的折射对象。

6. VRay 混合材质

混合材质的参数如图 9.21 所示。

图 9.20　Ray 替代材质的参数

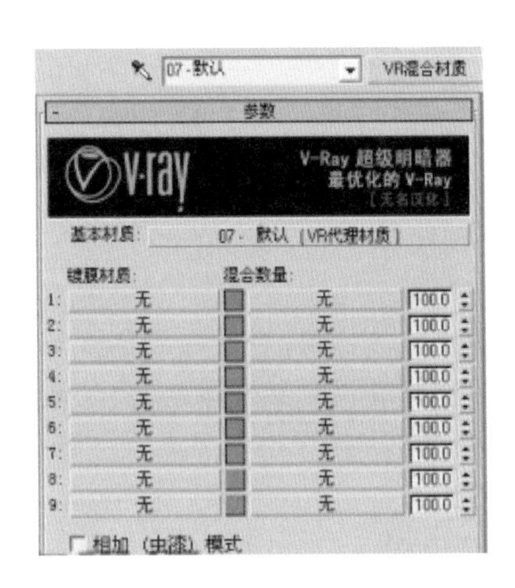

图 9.21　VRay 混合材质的参数

基本材质——指定被混合的基本材质。

镀膜材质——指定混合在一起的其他材质。

混合数量——设置两种以上材质的混合度。

当颜色为黑色时,会完全显示【基础材质】的漫反射颜色;当颜色为白色时,会完全显示【镀膜材质】的漫反射颜色,也可以利用贴图通道来进行控制。

7. VRayHDRI 贴图

HDRI 是 High Dynamic Range Image(高动态范围贴图)的简写,它是一种特殊的图形文件格式,它的每一个像素除了含有普通的 RGB 信息以外,还包含有该点的实际亮度信息,所以它在作为环境贴图的同时,还能照亮场景,为真实再现场景所处的环境奠定基础。其参数如图 9.22 所示。

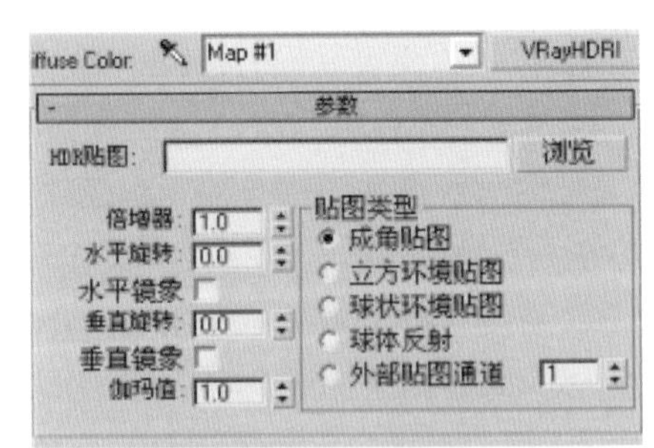

图 9.22　VRayHDRI 贴图的参数

各参数的意义如下。

HDR 贴图——单击后面的【浏览】按钮选取贴图的路径。

倍增器——用于设置 HDRI 贴图的倍增强度。

水平旋转——控制贴图的水平方向的旋转。

水平镜像——将贴图沿着水平方向镜像。

垂直旋转——控制贴图的垂直方向的旋转。

垂直镜像——将贴图沿着垂直方向镜像。

伽玛值——设置 HDRI 贴图的伽玛值。

贴图类型——选择贴图的坐标方式。

8. VRayMap

VRayMap 的主要作用就是在 3ds Max 标准材质或者第三方材质中增加反射/折射。其用法类似于 3ds Max 中的光线追踪类型的贴图，因为在 VRay 中不支持这种贴图类型，需要的时候，以 VRayMap 代替，其参数如图 9.23 所示。

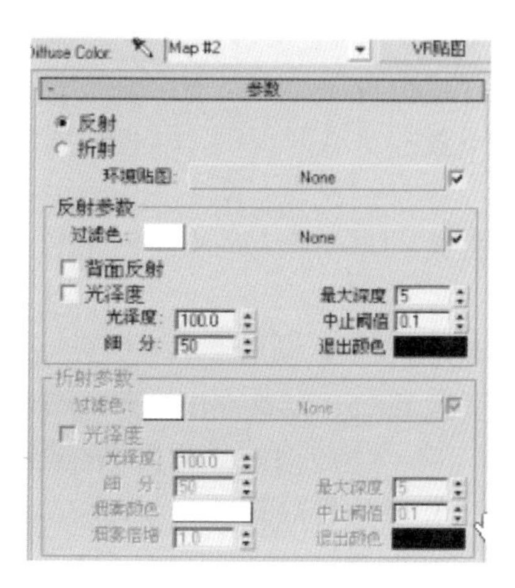

图 9.23　VRayMap 的参数

参数的意义如下。

反射——开启贴图的反射功能，同时将折射的功能关闭。

折射——开启贴图的折射功能，同时将反射的功能关闭。

过滤色——使用颜色来设置贴图的反射强度，颜色越接近白色，贴图的反射越强烈。

背面反射——开启后强制 VRay 渲染器追踪物体背面的光线。

光泽度——设置反射模糊的程度，数值越低，模糊效果越强烈。

细分——设置反射的采样数，采样越高，模糊效果越平滑。

最大深度——设置光线的最大反弹次数。

中止阈值——当光线的能量低于该参数时，停止光线的追踪。

退出颜色——设置当光线在场景中的反射达到最大深度后的颜色。

9. VRay 边纹理贴图

VRay 边纹理参数的设置如图 9.24 所示。

参数说明如下。

颜色——设置线框的颜色。

隐藏边——开启该选项后，可以渲染隐藏的边。

厚度——边框精细的设置

世界单位——使用世界单位设置线框的宽度。

像素——使用像素的单位设置线框的宽度。

10. VRay 位图过滤贴图

VRay 位图过滤贴图的参数如图 9.25 所示。

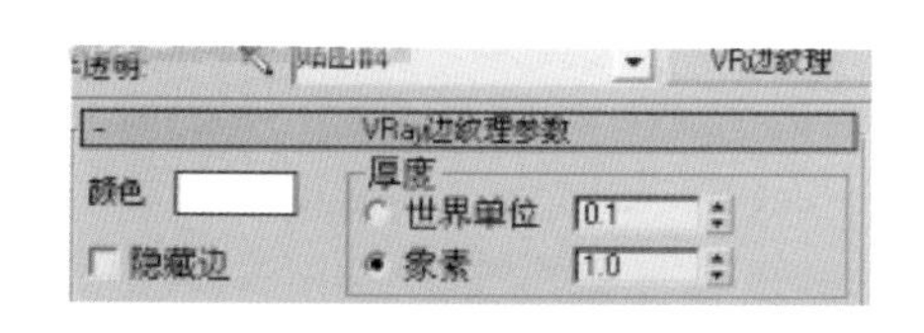

图 9.24　VRay 边纹理贴图的参数

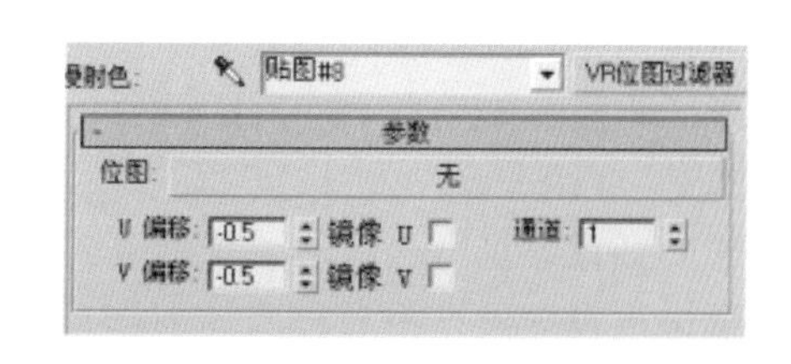

图 9.25　VRay 位图过滤贴图的参数

参数的意义如下。

U 偏移——沿着 U 偏移一定值的位图。

V 偏移——沿着 V 偏移一定值的位图。

镜像 U——沿着 U 向镜像的位图。

镜像 V——沿着 V 向镜像的位图。

通道——指定贴图的贴图通道。

11. VRay 颜色贴图

VRay 颜色的参数如图 9.26 所示。

参数说明如下。

红——设置 VRay 颜色贴图的红色通道。

绿——设置 VRay 颜色贴图的绿色通道。

蓝——设置 VRay 颜色贴图的蓝色通道。

RGB 倍增器——设置 VRay 颜色的整体参数。

alpha——设置 VRay 颜色贴图的通道数。

颜色——设置 VRay 颜色贴图的具体颜色。

12. VRay 合成纹理贴图

VRay 合成纹理贴图的参数如图 9.27 所示。

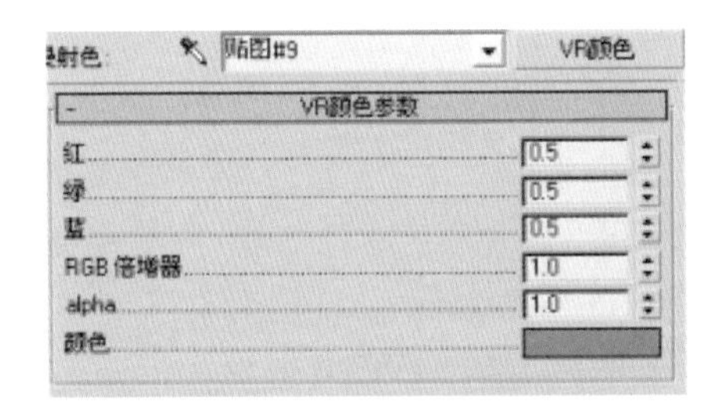

图 9.26　VRay 颜色的参数

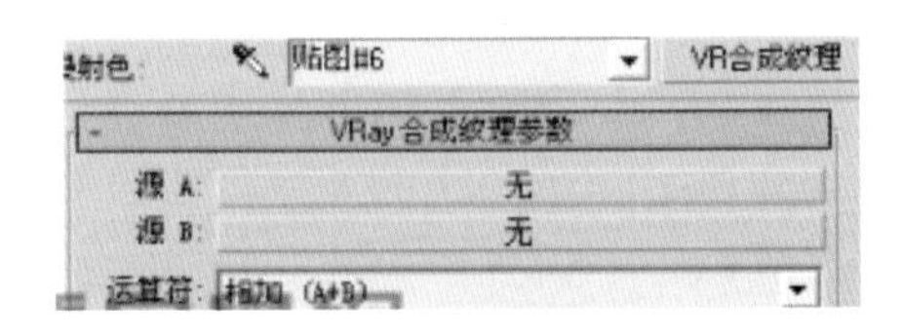

图 9.27　VRay 合成纹理贴图的参数

参数说明如下。

源 A——单击 None(无)按钮指定一张贴图,该贴图将与 Source B(源 B)通道中指定的贴图进行混合处理。

运算符——选择两张贴图的混合方式。

13. VRay 污垢贴图

VRay 灰尘贴图的参数如图 9.28 所示。

参数说明如下。

半径——设置投影的范围大小。

阻挡颜色——设置投影区域的颜色。

无阻挡颜色——类似于漫反射颜色,设置阴影区域以外的颜色。

分布——设置投影的扩散程度。

衰减——设置投影边缘的衰减程度。

细分——设置投影污垢材质的采样数量。

偏移——分别设置投影在三个轴向上偏移的距离。

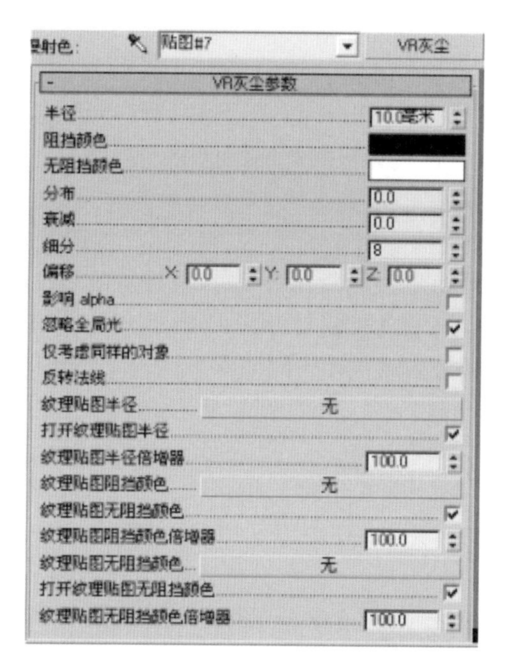

图 9.28　VRay 灰尘贴图的参数

影响 alpha——开启后在 alpha 通道中会显示阴影区域。

忽略全局光——开启后会忽略渲染设置对话框中的全局光设置。

仅考虑同样的对象——开启后只在模型自身产生投影。

反转法线——翻转投影的方向。

9.8　VRay 产品展示渲染

9.8.1　打灯技巧

打灯有一套经典的三点光照法，下面讲解三种灯光的使用方法。

1. 主光

灯具架在摄影机正后方约 30 角度或 45 角度的位置，向主体正面打光。主光是强调主体事物的照明光，也是决定光源方向的主要光线，因此主光通常会用较强的光线来照射主体。同时，必须注意造成的阴影，光线越强越锐利，造成的阴影越明显，亮度对比反差就越大。

大部分的摄影用灯具都可以微调灯光的焦距，把光打聚光些或散光些，相应的阴影也会发生变化。如果要得到非常柔和的光线效果，可以在灯前加上“柔光片”。

2. 副光

副光又称补光，灯具架在相对于主灯位置的另一方，与摄影机约呈 30 度角或 45 度角，向主体正面略侧面打光，主要是把主光在另一侧面造成的阴影修掉，让部分黑暗的区域稍微明亮，增加主光与阴影间的中间色调，使画面看起来更生动，更有层次感和立体感。大部分补光会比主光打得柔和些，以免抢了主光的角色。对于某些刻意制造阴影效果的场合，补光会故意打得柔和些，甚至就不打补光了。

3. 背光

背光或称“反光”和“轮廓光”，灯具架设在主体后侧，并且可以避开摄影机拍到的地方，用以勾勒出主体的轮廓，让主体和背景间产生空间感和立体感。也有灯具架在主体顶端的上方，以便打出“发光”，或在下方，以打出“脸光”（如果主体是人的话）。

这套理论简单说来就是：决定明暗的关系一盏灯，增加细节层次一盏灯，区分背景将物体提出来一盏灯。但这只是相当基本的方法，根据拍摄目的和拍摄对象的不同，需要针对性的布光方案。作为一项很有用的技能或者说基本素质，产品摄影应该为工业设计师掌握，在设计教育中也应该占有一席之地。

9.8.2 各种物体渲染的方法

(1) 透明性物体：这类物体适宜使用比较干净的场景，应该尽量避免杂乱的环境。一般使用透视光来表现其质感和形状，还可以使用反光板来体现表面的光洁晶莹，如图 9.29 所示是酒杯渲染后的图片。

图 9.29 酒杯渲染后的效果图

(2) 反射性物体：这类物体多为金属制品，表面光滑，适宜用散射光（利用硫酸纸的散射作用获得）来表现其效果。由于会映射周围的物体，拍摄时应该尽量避开周围的杂乱环境，因此一般使用硫酸纸将拍摄对象与周围环境隔离开，如图 9.30 所示是电镀金属渲染后的效果。

光盘的电镀表面具有高反射率，拍摄时，通过黑白卡纸的对比映射，可以很好地表现物体的质感。白色卡纸的运用可以有效地提升材质感觉和画面情趣。需要注意的是，为了表现物体的转折关系，物体的边缘映射的环境应该是中性的颜色。

(3) 吸收性物体：吸收性物体可以分为表面光滑和表面粗糙两类。这类物体的反射光线很少，也不产生映射现象，如木制品、纺织品等。这类物体的布光和场景设置的自由度是最大的，不过仍然可以进行一些归纳：表面光滑的物体由于具有光泽，适宜利用散射光拍摄；而对于表面粗糙的物体，为了表现质感，通常利用直射光或是方向性较强的散射光来拍摄，图 9.31 所示是礼物渲染后的图片。

图 9.30 电镀金属渲染后的效果图

图 9.31 礼物渲染后的效果图

9.8.3 测试

1. 测试阶段的设置

(1) 全局开关面板：关闭 3D 默认的灯光，关闭【反射/折射】和【光滑效果】选项。

(2) 图像采样器：选择【固定比率】选项，值为 1。

(3) 关闭【抗锯齿过滤器】选项。

(4) 首次光照引擎——发光贴图：预设【非常低】，模型细分值为 30，插补采样值为 10。

(5) 二次光照引擎——灯光缓冲：细分值为 100。

(6) RQMC 采样器：适应数量为 0.95，澡波阈值为 0.5，最小采样值为 8，全局细分倍增器值为 0.1。

(7) 灯光和材质的细分值都降低 5～8。

2. 出图阶段设置

(1) 全局开关面板：启用【反射/折射】和【光滑效果】选项。

(2) 图像采样器：选择【自适应准蒙特卡洛】选项。

(3) 启用【抗锯齿过滤器】选项，选择 Mitchell-Netravali 选项。

(4) 首次光照引擎——发光贴图：预设【中】，模型细分值为 50，插补采样值为 30。

(5) 二次光照引擎——灯光缓冲：细分值为 1200。

(6) RQMC 采样器：适应数量为 0.8，澡波阈值为 0.005，最小采样值为 15，全局细分倍增器值为 2。

(7) 灯光和材质的细分值可增加 20～50。

9.9 VRay 的物体和特效

9.9.1 VRay 物理相机

VRay 物理相机和 3ds Max 本身自带的相机相比，它能模拟真实成像，能更轻松地调节透视关系，单靠相机就能控制曝光，另外还有许多非常不错的其他特殊功能和效果。

相机的几个重要参数如图 9.32 所示。

参数说明如下。

缩放因数：这项参数决定了最终图像的近或远，但它并不需要推近或拉远摄像机。

焦距比数：(光圈系数)光圈系数和光圈相对口径成反比，一般都控制在 8 以内，系数越小，口径越大，光通亮越大，主体更亮更清晰；光圈系数和景深成正比，系数越大景深越大。

渐晕：类似于真实相机的镜头渐晕(图片的四周较暗，中间较亮)。

白平衡：就是无论环境的光线对白色的影响如何变化都以这个白色定义为白色。

快门速度：实际速度是快门速度的倒数，所以数字越大越快。快门速度越小实际速度越慢，通过光线更多，主体更亮更清晰。快门速度和运动模糊成反比，值越小越模糊。

胶片速度 ISO：胶片的速度也称为感光系数，根据摄像的经验，白天 ISO 都控制在

100～200，晚上控制在300～400。对于场景，3ds Max自带的相机不可能实现照明，但VRay的物理相机可以，也就是当把参数设好后，如果觉得整体太亮或太暗就不用动灯光了，只要动摄像机就行了。

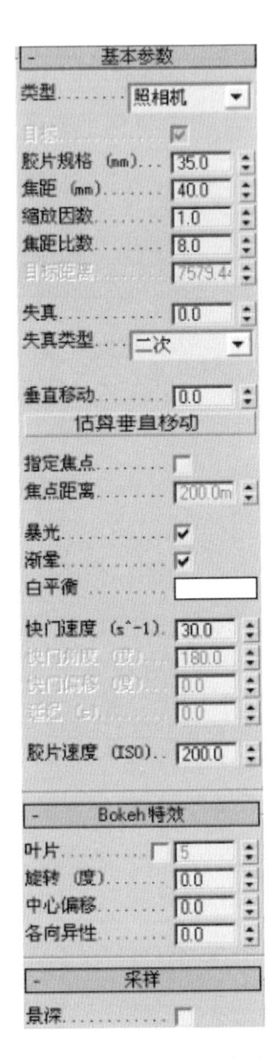

图9.32　VRay物理相机的参数

9.9.2　照相机基本知识

1. 照相机的基本结构

每一台相机都具有几个主要机件：镜头、光圈和快门等。

镜头：汇聚摄入光线，结成清晰影像，使光线感光成像。

光圈：调节光孔大小，控制通光量强度，同快门配合使感光片感光。光圈相当于人眼的“瞳孔”。光圈多安置在镜头里面，由若干极薄的钢片组成可调节大小的进光孔。它与快门互相配合，可以调节曝光量。当快门不变时，光孔越大，通光量越大，其曝光量越多；光孔越小，通光量越小，其曝光量越少。

快门：控制时间长短，调节通光量强度，同光圈配合使感光片感光。

光圈系数：(f--number)光圈又称“相对口径”，f-number代表光圈数，它的大小用光圈系数(F系数，focal)表示，公式为：F系数＝镜头焦距：相对口径。所以，对于相同焦距的镜头来说，光孔越大，F系数的数字越小；光孔越小，F系数的数字越大。常见的F系数有1.4，2，2.8，4，5.6，8，11，16，22。这是摄影中最为通用的。其实在1.4之下的还有1.2，1.0等，22之上的还有32，45，64等。

2. 光圈的作用

(1) 控制通光的大小。光线强时，缩小光圈；光线弱时，开大光圈。它同快门配合调节进光量的强度，使感光片感光。

(2) 控制景深的大小。光圈的大小会影响到景深的变化。在拍摄过程中，当把光圈开到很大时，拍出来的照片主体非常清晰、突出，背景全都是模糊的，这就是光圈对景深的作用。光圈越大，景深越小；光圈越小，景深越大。

快门(Shutter)：快门与光圈一样是照相机的重要装置，每次拍摄照片是通过按动快门按钮来完成的。它与光圈互相配合，可以调节曝光量。当光圈不变时，快门开启时间越长，其曝光量越多；开启的时间越短，其曝光量越少。

各级快门速度(Shutter Speed)：快门速度的单位是“秒”，常见的数值有：1、2、4、8、15、30、60、125、250、500、1000、2000。以上每个数字均表示实际快门速度的倒数，即为1秒，1/2秒，1/4秒，1/8秒，1/15秒，1/30秒……1/2000秒等，选择数字越大，快门速度越快。

3. 快门的作用

(1) 控制曝光时间长短。光线强时，提高速度；光线弱时，降低速度。它同光圈配合调节通光量的强度，使感光片感光。

(2) 控制影像的清晰度。快门速度的高低，直接影响影像的清晰度。面对相同的运动物体，选用相对高速的快门可以清晰结像，选用不同的低速快门可以控制影像达到不同的虚化效果。

感光度(ISO)：又称“片速”，指该感光片对光线的敏感程度。这是感光片最重要的性能和指标，是准确曝光的主要依据之一，一般大众化感光片为 100 和 200，适用于各类摄影。

9.9.3 VRay 摄像机面板

VRay 摄像机面板设置如图 9.33 所示。

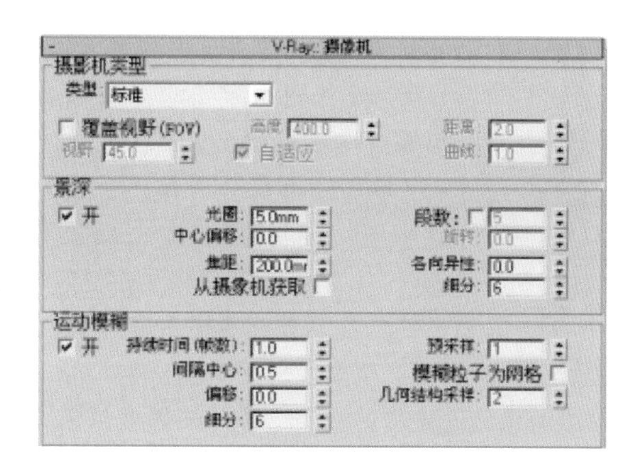

图 9.33 VRay 摄像机的面板参数

参数说明如下

光圈——主要用于控制摄像机的光圈大小，光圈小，景深效果也小，如果光圈变大，图像的模糊程度将加深。

中心偏移——主要用于控制模糊中心的位置，当该值为 0 时，物体边界可以均匀向两边模糊；当该值设置为正数时，模糊中心的位置偏向物体内部；当该值设置为负数时，模糊中心的位置偏向物体外部。

焦距——主要用来控制焦点到所关注物体的距离，远离视点的物体将被模糊。

从摄像机获取——默认为禁用，当启用该选项时，焦距自动采用摄像机的焦距。

段数——默认为禁用，当启用该选项时，可以设置多边形的边数来模拟多边形的光圈模糊。如果不勾选，将以圆形的光圈进行模糊。

细分——该选项决定用于景深的采样点的数量，数值越大，效果越好，随之渲染时间也会增加。

9.9.4 VRay 散焦效果

VRay 散焦效果的参数如图 9.34 所示。

参数说明如下。

倍增器——倍增器控制着焦散的强度，它是所有灯光来源产生焦散的通用设置。如果

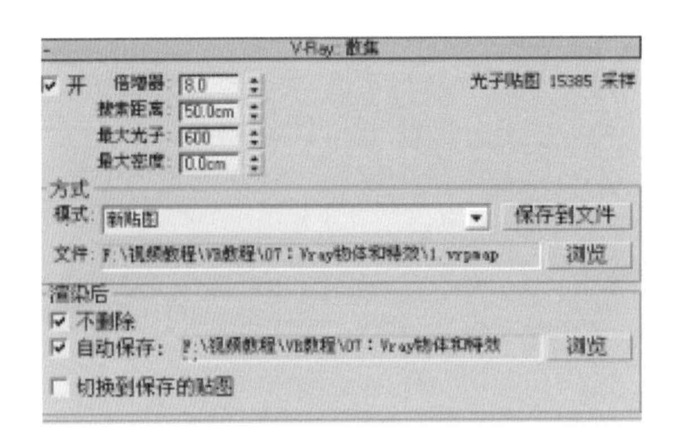

图 9.34　VRay 散焦效果的参数

想用不同的倍增器来控制不同的灯光来源,应该使用自身的灯光设置。注意:这个倍增器值是在自身灯光设置中倍增器的值的基础上来进行累加的。

搜索距离——当 VRay 追踪一个撞击物体表面上的某个光子时,会自动搜索位于周围区域同一个平面的其他光子。该搜索区域实际上是一个以光子撞击点为中心的圆,该圆的半径限于搜索距离值,较小的数值会渲染出斑状焦散,较大的数值会渲染出模糊的焦散效果。

最大光子——当 VRay 跟踪一个撞击在物体面上的光子时,它同时计算其周围区域的光子数量,然后取这些光子对该区域所产生照明的平均值。如果光子的数量超过了默认值,焦散效果会比较模糊,低于默认值的光子的数量会导致焦散效果消失。

最大密度——用于控制光子的最大密集程度,默认值为 0,较少的密度值会使焦散效果看起来显得比较锐利。

9.9.5　3ds Max 相机渲染设置实例

最终的相机渲染效果如图 9.35 所示。

图 9.35　最终的照相机渲染效果图

(1) 设置相机的平面位置和视点位置,如图 9.36 所示。

想象自己是个摄影师,在虚拟空间中寻找一个相机放置的平面位置和相机的照射位置。

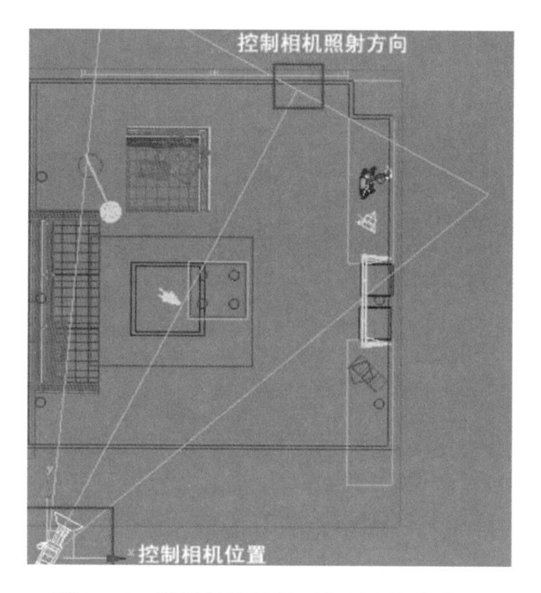

图 9.36　设置相机的平面位置和视点位置

（2）设定相机以及视点高度，如图 9.37 所示。

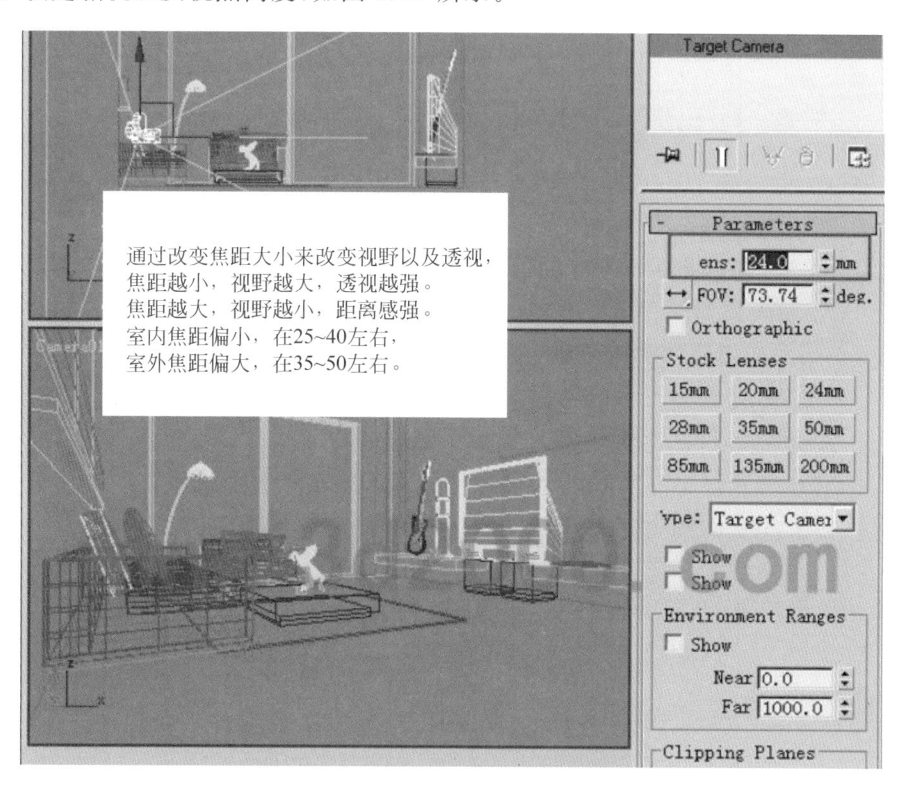

图 9.37　设置相机以及视点高度

（3）适当调节相机位置、视点位置和焦距大小，将其调整到最合适的位置，如图 9.38 所示。

图 9.38　将相机调整到合适的位置

参数设置如图 9.39 所示。

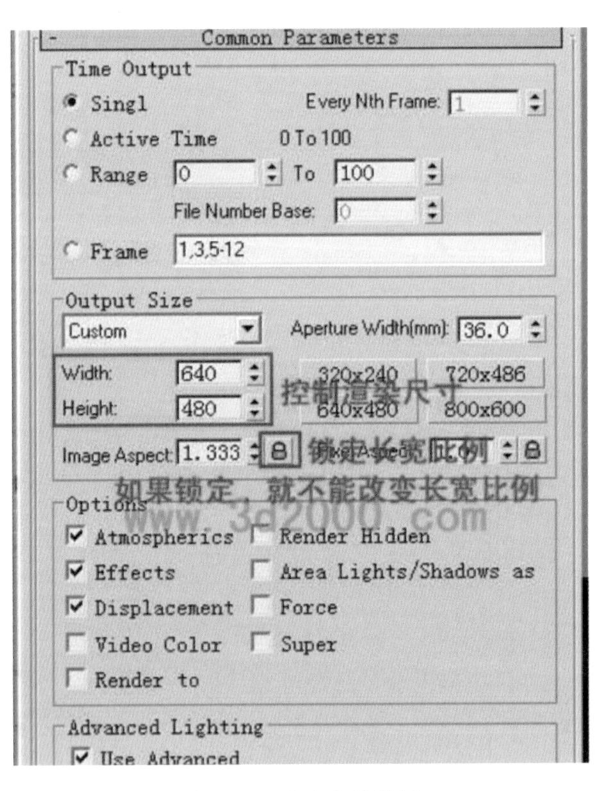

图 9.39　基本参数设置

得到的效果如图 9.35 所示。

9.9.6 创建目标摄影机图实例

一幅好的效果图需要好的观察角度，让人一目了然，因此调节摄影机是进行工作的基础。灯光的主要目的是对场景产生照明，烘托场景气氛和产生视觉冲击。产生照明是由灯光的亮度决定的；烘托气氛是由灯光的颜色、衰减和阴影决定的；产生视觉冲击是结合前面的建模和材质并配合灯光摄影机的运用来实现的。

3ds Max 摄影机虽然只是模拟的效果，但通常是一个场景中必不可少的组成部分，一个场景最后完成的静帧和动态图像都要在摄影机视图中表现。“目标”摄影机用于观察目标点附近的场景内容，与自由摄影机相比，它更容易定位。

(1) 启动 3ds Max 软件，打开一幢房屋的 3D 模型，如图 9.40 所示。

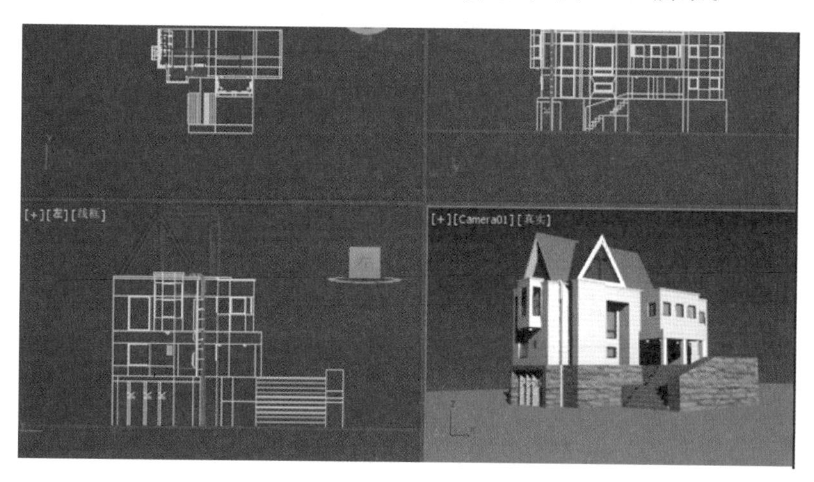

图 9.40　房屋的 3D 模型

(2) 单击【创建】|【摄影机】|【目标】按钮，在 3ds Max 2013 的顶视图中单击并拖动鼠标创建摄影机，如图 9.41 所示。

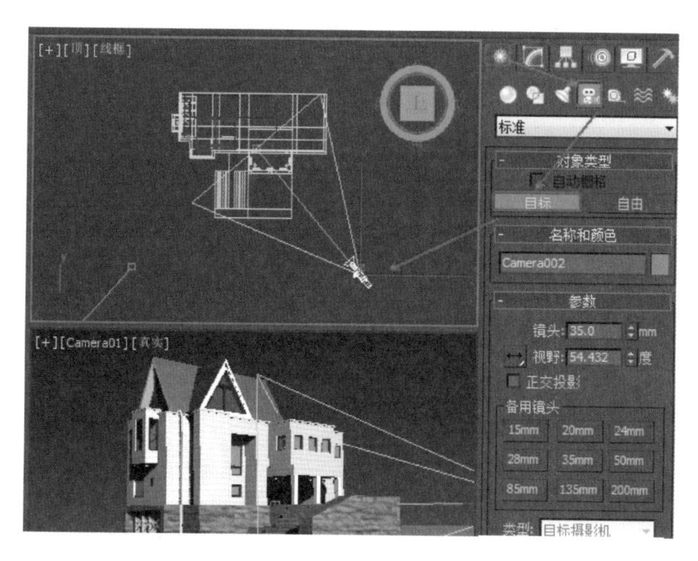

图 9.41　创建摄影机

(3) 激活透视图,按 C 键切换到摄影机视图,如图 9.42 所示。

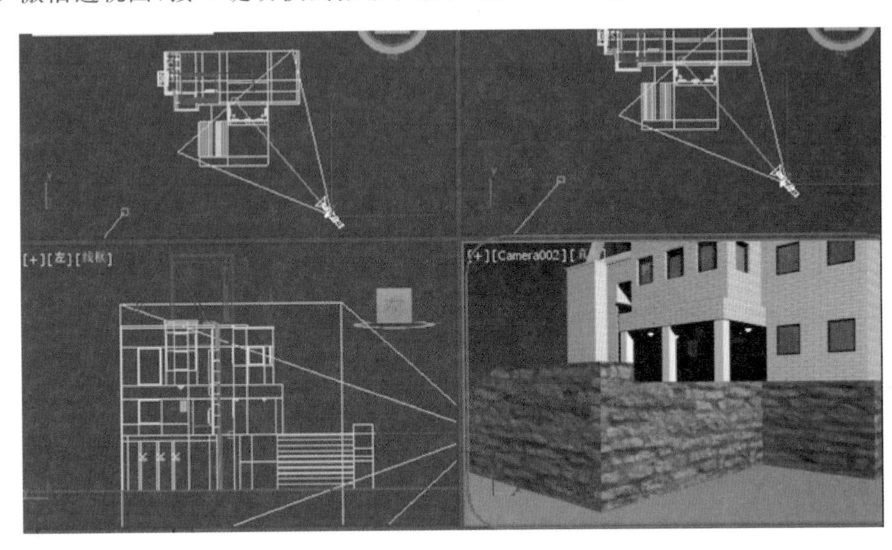

图 9.42 切换视图为摄影机视图

(4) 在顶视图和前视图中调整摄影机的位置,使摄影机视图中显示完整的 3D 房子模型,如图 9.43 所示。

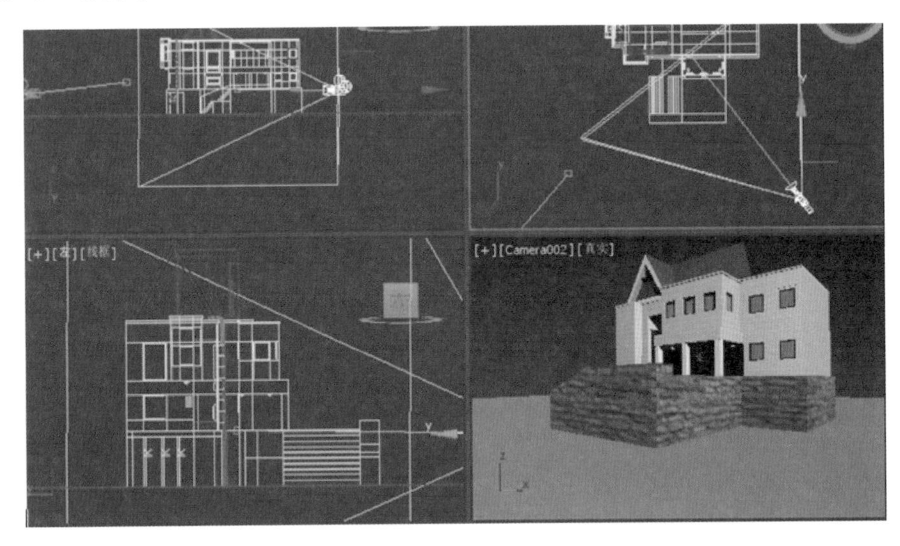

图 9.43 在摄影机视图中显示完整的 3D 模型

第 10 章　3ds Max魅力动画

10.1　动画的概念和分类

动画的概念不同于一般意义上的动画片，它是一种综合艺术，是集合了绘画、漫画、电影、数字媒体、摄影、音乐、文学等众多艺术门类于一身的艺术表现形式。动画最早发源于19世纪的英国，兴盛于美国，中国动画起源于20世纪20年代。动画是一门年轻的艺术，它是唯一一门有确定诞生日期的艺术，1892年埃米尔·雷诺首次在巴黎著名的葛莱凡蜡像馆向观众放映光学影戏，标志着动画的正式诞生，同时埃米尔·雷诺也被誉为“动画之父”。动画艺术经过了100多年的发展，已经有了较为完善的理论体系和产业体系，并以其独特的艺术魅力深受人们的喜爱。

动画技术较规范的定义是采用逐帧拍摄对象并连续播放而形成运动的影像技术。不论拍摄对象是什么，只要它的拍摄方式采用的是逐帧方式，观看时连续播放形成了活动影像，那么它就是动画。简单意义的动画定义：会动的画面即可称为动画。

动画是工业社会人类寻求精神解脱的产物，它主要包括两类。

(1) 传统手绘动画：《白雪公主》、《猫和老鼠》、《睡美人》等。

(2) 计算机动画主要包括二维动画和三维动画。常见的计算机二维动画包括Flash动画；已经发行的计算机三维动画包括《冰河世纪》、《阿凡达》、《玩具总动员》等。计算机影视动画包括《加勒比海盗》、《变形金刚》等。

10.2　二维动画的制作

1. 二维动画的特点

传统的二维动画是由水彩颜料画到赛璐璐片上，再由摄影机逐张拍摄记录而连贯起来的画面。随着计算机时代的来临，二维动画得以升华，可将事先手工制作的原动画逐帧输入到计算机中，由计算机帮助完成绘线上色的工作，并且由计算机控制完成记录工作。

2. 制作步骤

动画制作是一个非常烦琐而吃重的工作，分工极为细致，通常分为前期制作、中期制作、后期制作等。其中前期制作包括企划、作品设定、资金募集等；中期制作包括分镜、原画、中间画、动画、上色、背景作画、摄影、配音、录音等；后期制作包括剪接、特效、字幕、合成、试映等。

如今的动画制作由于计算机的加入变得简单了，所以网上有好多人用Flash制作一些短小的动画。而对于不同的人，动画的创作过程和方法可能有所不同，但其基本规律是一致的。传统动画的制作过程可以分为总体规划、设计制作、具体创作和拍摄制作 4 个阶段，每一阶段又有若干步骤。

1）总体设计阶段

（1）剧本。任何影片生产的第一步都是创作剧本，但动画片的剧本与真人表演的故事片剧本有很大不同。一般影片中的对话，对演员的表演是很重要的，而在动画影片中则应尽可能避免复杂的对话。在这里最重要的是用画面表现视觉动作，最好的动画效果是通过滑稽的动作取得的，其中没有对话，而是由视觉动作激发人们的想象。

（2）故事板。根据剧本，导演要绘制出类似连环画的故事草图（分镜头绘图剧本），将剧本描述的动作表现出来。故事板由若干片段组成，每一片段由系列场景组成，一个场景一般被限定在某一地点和某一组人物内，而场景又可以分为一系列被视为图片单位的镜头，由此构造出一部动画片的整体结构。故事板在绘制各个分镜头的同时，对其内容的动作、道具的时间、摄影指示、画面连接等都要有相应的说明。一般 30 分钟的动画剧本，若设置 400 个左右的分镜头，将要绘制约有 800 幅图画的图画剧本，即故事板。

（3）摄制表。这是导演编制的整个影片制作的进度规划表，以指导动画创作各方人员统一协调地工作。

2）设计制作阶段

（1）设计。设计工作是在故事板的基础上，确定背景、前景及道具的形式和形状，完成场景环境和背景图的设计和制作。另外，还要对人物或其他角色进行造型设计，并绘制出每个造型的几个不同角度的标准画，以供其他动画人员参考。

（2）音响。在动画制作时，因为动作必须与音乐匹配，所以音响录音不得不在动画制作之前进行。录音完成后，编辑人员还要把记录的声音精确地分解到每一幅画面位置上，即第几秒（或第几幅画面）开始说话，说话持续多久等。最后要把全部音响历程（即音轨）分解到每一幅画面位置与声音对应的条表上，供动画人员参考。

3）具体创作阶段

（1）原画创作。原画创作是由动画设计师绘制出动画的一些关键画面的过程。通常一个设计师只负责一个固定的人物或其他角色。

（2）中间插画制作。中间插画是指两个重要位置或框架图之间的图画，一般就是两张原画之间的一幅画。助理动画师制作一幅中间画，其余美术人员再内插绘制角色动作的连接画。在各原画之间内插的连续动作的画，要符合指定的动作时间，使之能表现得更加接近自然动作。

4）拍摄制作阶段

这个阶段是动画制作的重要组成部分，任何画面上的细节都将在此阶段制作出来，可以说它是决定动画质量的关键步骤之一（另一个就是内容的设计，即剧本）。

以下分别介绍二维动画和三维动画在这一阶段制作的具体分工或步骤。二维动画制作的一般流程如图 10.1 所示。

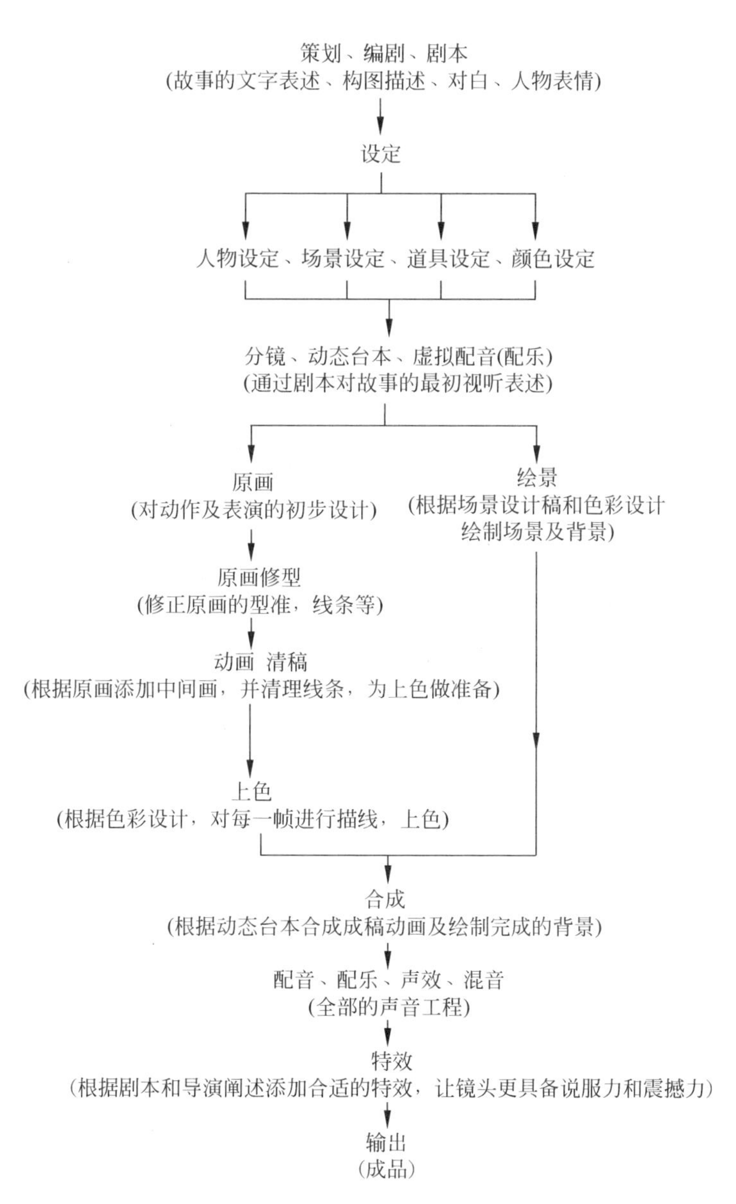

图 10.1　二维动画制作的一般流程

10.3　三维动画制作的发展

三维动画从产生到如今,可以分为三个阶段。

1995—2000 年是第一阶段,此阶段是三维动画的起步以及初步发展时期(1995 年皮克斯的《玩具总动员》标志着动画进入三维时代)。在这一阶段,皮克斯/迪士尼是三维动画影片市场上的主要玩家,图 10.2 所示是《海底总动员》的宣传海报。

2001—2003 年为第二阶段,此阶段是三维动画的迅猛发展时期,在这一阶段,有《怪物史瑞克》、《海底总动员》、《鲨鱼黑帮》等三维动画。

从2004年开始,三维动画影片步入其发展的第三阶段——全盛时期。出现的三维动画片包括:《极地快车》、《冰河世纪2》、《怪物史瑞克3》等。

图10.3所示是《怪物史瑞克》的宣传海报,相对于实拍广告,三维动画广告有如下特点。

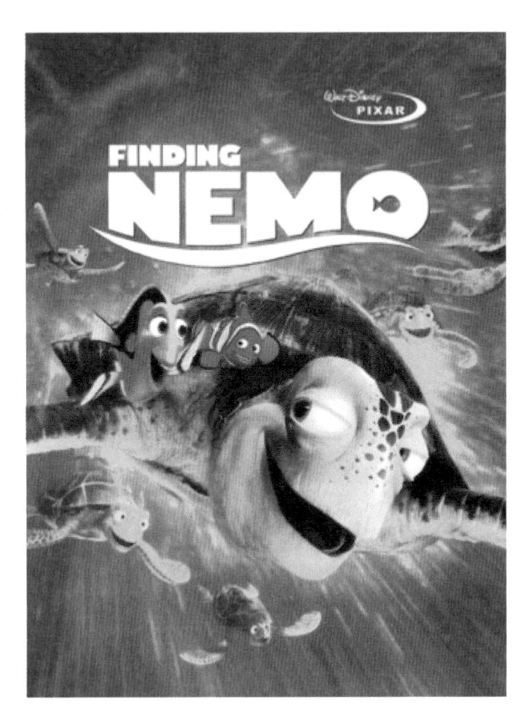

图10.2 《海底总动员》的宣传海报

图10.3 《怪物史瑞克》的宣传海报

(1) 能够完成实拍不能完成的镜头。

(2) 制作不受天气、季节等因素影响的画面。

(3) 对制作人员的技术要求较高。

(4) 可修改性较强,质量要求更易受到控制,实拍成本过高的镜头可通过三维动画实现以降低成本。

(5) 实拍有危险性的镜头可通过三维动画完成以消除危险。

(6) 无法重现的镜头可通过三维动画来模拟完成。

(7) 能够对所表现的产品起到美化作用。

(8) 制作周期相对较长。

三维动画广告的制作成本与制作的复杂程度和所要求的真实程度成正比,并呈指数增长。三维动画的画面表现力不受摄影设备的物理限制,可以将三维动画虚拟世界中的摄影机看作是理想的电影摄影机,而制作人员相当于导演、摄影师、灯光师、美工、布景等,其最终画面效果的好坏仅取决于制作人员的水平高低、经验多少和艺术修养深浅,以及三维动画软件及硬件的技术局限性。三维动画技术虽然入门门槛较低,但要精通并熟练运用却需多年不懈的努力,同时还要随着软件的发展不断学习新的技术。所有影视广告制作形式中它的技术含量是最高的。由于三维动画技术的复杂性,最优秀的3D设计师也不大可能精通三维动画的所有方面。

三维动画制作是一件艺术和技术紧密结合的工作。在制作过程中，一方面要在技术上充分实现广告创意的要求；另一方面，还要在画面色调、构图、明暗、镜头设计组接、节奏把握等方面进行艺术的再创造。与平面设计相比，三维动画多了时间和空间的概念，它需要借鉴平面设计的一些法则，但更多的是要按照影视艺术的规律来进行创作。

10.4 三维动画的应用领域

随着计算机三维影像技术的不断发展，三维图形技术越来越被人们所看重。三维动画由于比平面图更直观，更能给观赏者以身临其境的感觉，因此适用于展现那些尚未实现或准备实施的项目，使观察者提前领略实施后的精彩结果。

从简单的几何体模型（如一般产品展示、艺术品展示），到复杂的人物模型；从静态、单个的模型展示，到动态、复杂的场景（如房产酒店三维动画、三维漫游、三维虚拟城市，角色动画）展示，所有这一切，都能依靠三维动画强大的技术来实现。

1. 建筑领域

图 10.4 所示是建筑大楼的三维动画景象，3D 技术在建筑领域得到了最广泛的应用，早期的建筑动画因为 3D 技术上的限制和创意制作上的单一，制作出的效果就是简单的跑相机的建筑动画。随着 3D 技术的提升与创作手法的多元化，建筑动画从脚本创作到精良的模型制作、后期的电影剪辑手法、原创音乐音效、情感式的表现方法，制作出的建筑动画综合水准越来越高，建筑动画费用也比以前降低了许多。

图 10.4 建筑大楼的三维动画

2. 规划领域

道路、桥梁、隧道、立交桥、街景、夜景、景点、市政规划、城市规划、城市形象展示、数字化城市、虚拟城市、城市数字化工程、园区规划、场馆建设、机场、车站、公园、广场、报亭、邮局、银行、医院、数字校园建设、学校等动画制作。

3. 动画制作

三维动画从简单的几何体模型，到复杂的人物模型；从单个的模型展示，到复杂的场景如道路、桥梁、隧道、市政、小区等线性工程和场地工程的景观设计中发挥着重要的作用。

4. 园林领域

园林景观动画涉及景区宣传、旅游景点开发、地形地貌表现、国家公园、森林公园、自然文化遗产保护、历史文化遗产记录、园区景观规划、场馆绿化、小区绿化、楼盘景观等动画表现制作。

园林景观 3D 动画是将园林规划建设方案,用 3D 动画表现的一种方案演示方式。其效果真实、立体、生动,是传统效果图所无法比拟的。园林景观动画将传统的规划方案,从纸上或沙盘上演变到了计算机中,真实还原了一个虚拟的园林景观。动画在三维技术制作大量植物模型上有了一定的技术突破和制作方法,使得用 3D 软件制作出的植物更加真实生动,动画在植物种类上也积累了大量的数据资料,使得园林景观植物动画如虎添翼,图 10.5 所示是园林景观效果图。

图 10.5　园林景观效果图

5. 产品演示

三维动画的主要作用就是模拟,通过动画的方式展示想要达到的预期效果。例如在数字城市建设中,其各个领域的情况是不同的,那么如何形象地向参观者介绍数字城市的成果呢? 可制作一个三维动画,通过动画的形式还原现实的情况,从而让参观者更加直观地了解这项技术的应用。

产品动画涉及:工业产品如汽车动画、飞机动画、轮船动画、火车动画、舰艇动画、飞船动画;电子产品如手机动画、医疗器械动画、监测仪器仪表动画、治安防盗设备动画;机械产品动画如机械零部件动画、油田开采设备动画、钻井设备动画、发动机动画;产品生产过程动画如产品生产流程、生产工艺等。

6. 模拟动画

模拟动画制作就是通过动画模拟一切过程,如制作生产过程、交通安全演示(模拟交通事故过程)、煤矿生产安全演示(模拟煤矿事故过程)、能源转换利用过程、水处理过程、水利生产输送过程、电力生产输送过程、矿产金属冶炼过程、化学反应过程、植物生长过程、施工过程等动画制作。

7. 片头动画

如宣传片片头动画、游戏片头动画、电视剧片头动画、电影片头动画、节目片头动画、产品演示片头动画、广告片头动画等。

8. 广告动画

动画广告是广告普遍采用的一种表现方式，动画广告中的一些画面有的是纯动画的，也有的是实拍和动画结合的。在表现一些实拍无法完成的画面效果时，就要用动画来完成或两者结合完成。如广告用的一些动态特效就是采用3D动画完成的，人们所看到的广告，从制作的角度看，几乎都或多或少地用到了动画。致力于三维数字技术在广告动画领域的应用和延伸，使最新的技术和最好的创意在广告中得到应用，则各行各业的广告传播将创造更多价值，数字时代的到来，也将深刻地影响着广告的制作模式和发展趋势。

9. 影视动画

影视三维动画涉及影视特效创意、前期拍摄、影视3D动画、特效后期合成、影视剧特效动画等。随着计算机在影视领域的延伸和制作软件的增加，三维数字影像技术扩展了影视拍摄的局限性，在视觉效果上弥补了拍摄的不足。在一定程度上，计算机制作的费用远比实拍所产生的费用要低得多，同时为剧组因预算费用、外景地天气、季节变化等而节省时间。在这里不得不提的是中国第一家影视动画公司环球数码，它于2000年开始投巨资发展中国影视动画事业，从影视动画人才培训、影片制作、院线播放硬件和发行三大方面发展。由环球数码投资的《魔比斯环》是一部国产全三维数字魔幻电影，是中国三维电影史上投资最大、最重量级的史诗巨片，耗资超过1.3亿人民币，由400多名动画师，历经5年精心打造而成。制作影视特效动画的计算机硬件设备均为3D制作，人员专业有计算机、影视、美术、电影、音乐等。影视三维动画从简单的影视特效到复杂的影视三维场景都能将其表现得淋漓尽致。

10. 角色动画

角色动画涉及：3D游戏角色动画、电影角色动画、广告角色动画和人物动画等。

计算机角色动画制作一般经以下步骤完成。

(1) 根据创意剧本进行分镜头，绘制出画面分镜头运动，为三维制作做铺垫；

(2) 在3D中建立故事的场景、角色和道具的简单模型；

(3) 制作3D简单模型，根据剧本和分镜故事板制作出3D故事板；

(4) 制作角色模型、3D场景、3D道具模型，在三维软件中进行模型的精确制作；

(5) 根据剧本设计对3D模型进行色彩绘制；

(6) 根据故事情节分析，对3D中需要动画的模型(主要为角色)进行动画前的一些动作设置；

(7) 根据分镜故事板的镜头和时间给角色或其他需要活动的对象制作出每个镜头的表演动画；

(8) 对动画场景进行灯光的设定来渲染气氛；

(9) 动画特效设定；

(10) 后期将配音、背景音乐、音效、字幕和动画一一匹配合成，最终完成整部角色动画片制作。

11. 虚拟现实

虚拟现实，英文名为Virtual Reality，简称VR技术，也称灵境技术或人工环境。它主要应用于旅游、房地产、大厦、别墅公寓、写字楼、景点展示、观光游览、酒店饭店、宾馆餐饮、园林景观、公园展览展示、博物馆、地铁、机场、车站、码头等行业项目展示和宣传中。虚拟现实的最大特点是用户可以与虚拟环境进行人机交互，将被动式观看变成更逼真地体验互动式，例如应用在房地产领域的“售楼宝”。

360度实景、虚拟漫游技术已在网上看房、房产建筑动画片、虚拟楼盘电子楼书、虚拟现实演播室、虚拟现实舞台、虚拟场景、虚拟写字楼、虚拟营业厅、虚拟商业空间、三维虚拟选房、虚拟酒店、虚拟现实环境表现等诸多项目中采用。

10.5 三维动画的制作流程

根据实际制作流程，一个完整的影视类三维动画的制作总体上可分为前期制作、动画片段制作与后期合成三个部分。

1. 前期制作

前期制作是指在使用计算机制作前，对动画片进行的规划与设计，主要包括：文学剧本创作、分镜头剧本创作、造型设计和场景设计。

文学剧本，是动画片的基础，要求将文字表述视觉化即剧本所描述的内容可以用画面来表现，不具备视觉特点的描述（如抽象的心理描述等）是禁止的。动画片的文学剧本形式多样，如神话、科幻、民间故事等，要求内容健康、积极向上、思路清晰、逻辑合理。

分镜头剧本，是把文字进一步视觉化的重要一步，是导演根据文学剧本进行的再创作，它体现了导演的创作设想和艺术风格。分镜头剧本的结构为图画＋文字，表达的内容包括镜头的类别和运动、构图和光影、运动方式和时间、音乐与音效等。其中每个图画代表一个镜头，文字用于说明如镜头长度、人物台词及动作等内容。

造型设计，包括人物造型、动物造型、器物造型等设计，设计内容包括角色的外形设计与动作设计。造型设计的要求比较严格，包括标准造型、转面图、结构图、比例图、道具服装分解图等，通过角色的典型动作设计（如几幅带有情绪的角色动作体现角色的性格和典型动作）并且附以文字说明来实现。超越建筑多媒体提示造型可适当夸张，要突出角色特征，运动要合乎规律。

场景设计，是整个动画片中景物和环境的来源，比较严谨的场景设计包括平面图、结构分解图、色彩气氛图等，通常用一幅图来表达。

2. 片段制作

根据前期设计，在计算机中通过相关制作软件制作出动画片段。制作流程为建模、材质、灯光、动画、摄影机控制、渲染等，这是三维动画的制作特色。

建模，是动画师根据前期的造型设计，通过三维建模软件在计算机中绘制出角色模型。这是三维动画中很繁重的一项工作，需要出场的角色和场景中出现的物体都要建模。建模的灵魂是创意，核心是构思，源泉是美术素养。通常使用的软件有3ds Max、AutoCAD、Maya等。建模常见的方式有：多边形建模——把复杂的模型用一个个小三角形或四边形组接在一起表示（放大后不光滑）；样条曲线建模——用几条样条曲线共同定义一个光滑的曲面，特性是平滑过渡性，不会产生陡边或皱纹，因此非常适合有机物体或角色的建模和动画；细分建模——结合多边形建模与样条曲线建模的优点而开发的建模方式。建模不在于精确性，而在于艺术性，如《侏罗纪公园》中的恐龙模型。

材质贴图，材质即材料的质地，就是给模型赋予生动的表面特性，具体体现在物体的颜色、透明度、反光度、自发光及粗糙程度等特性上。贴图是指把二维图片通过软件的计算贴到三维模型上，形成表面细节和结构。对具体的图片要贴到特定的位置，三维软件使用了贴图坐标的概念，一般有平面、柱体和球体等贴图方式，分别对应于不同的需求。模型的材质与贴图要与现实生活中的对象属性相一致。

灯光，目的是最大限度地模拟自然界的光线类型和人工光线类型。三维软件中的灯光一般有泛光灯（如太阳、蜡烛等向四面发射光线的光源）和方向灯（如探照灯、手电筒等有照明方向的光源）。灯光起着照明场景、投射阴影及增添氛围的作用，其设置通常采用三光源设置法：一个主灯，一个补灯和一个背灯。主灯是基本光源，其亮度最高，决定光线的方向，角色的阴影主要由主灯产生。主灯通常放在正面的 3/4 处，即角色正面偏左或偏右 45 度处。补灯的作用是柔和主灯产生的阴影，特别是面部区域，其常放置在靠近摄影机的位置。背灯的作用是加强主体角色及显现其轮廓，使主体角色从背景中突显出来，背景灯通常放置在背面的 3/4 处。

摄影机控制，依照摄影原理在三维动画软件中使用摄影机工具，实现分镜头剧本设计的镜头效果。画面的稳定、流畅是使用摄影机的第一要素。摄影机功能只有情节需要时才使用，而不是任何时候都使用的。摄像机的位置变化也能使画面产生动态效果。

动画，根据分镜头剧本与动作设计，运用已设计的造型在三维动画制作软件中制作出一个个动画片段。动作与画面的变化通过关键帧来实现，设定动画的主要画面为关键帧，关键帧之间的过渡由计算机来完成。三维软件大都将动画信息以动画曲线来表示。动画曲线的横轴是时间（帧），纵轴是动画值，可以从动画曲线上看出动画设置的快慢急缓、上下跳跃，如 3ds Max 的动画曲线编辑器。三维动画的动是一门技术，其中人物说话的口型变化、喜怒哀乐的表情、走路动作等，都要符合自然规律，制作要尽可能细腻、逼真，因此动画师要专门研究各种事物的运动规律。如果需要，可参考声音的变化来制作动画，如根据讲话的声音制作讲话的口型变化，使动作与声音协调。对于人的动作变化，系统提供了骨骼工具，通过蒙皮技术，将模型与骨骼绑定，易产生合乎人的运动规律的动作。

渲染，是指根据场景的设置，赋予物体的材质和贴图、灯光等，由程序绘出一幅完整的画面或一段动画。三维动画必须经过渲染才能输出，造型的最终目的是得到静态或动画效果图，而这些都需要渲染才能完成。渲染是由渲染器完成的，渲染器有线扫描方式（Line-Scan，如 3ds Max 内建的）、光线跟踪方式（Ray-Tracing）以及辐射度渲染方式（Radiosity，如 Lightscape 渲染软件）等，其渲染质量依次递增，但所需时间也相应增加。较好的渲染器有 Softimage 公司的 MetalRay 和皮克斯公司的 RenderMan（Maya 软件也支持 RenderMan 渲染输出）。渲染器通常输出为 AVI 类的视频文件。

3. 后期合成

影视类三维动画的后期合成，主要是将之前所制作的动画片段、声音等素材，按照分镜头剧本的设计，通过非线性编辑软件的编辑，最终生成动画影视文件。

三维动画的制作是以多媒体计算机为工具，综合文学、美工美学、动力学、电影艺术等多学科的过程。实际操作中要求多人合作，大胆创新，不断完善，紧密结合社会现实，反映人们的需求，倡导正义与和谐。

很多人都看过三维动画，那么你知道什么是三维动画的日景和夜景吗？三维动画影片中根据所要表现的时间不同分为日景、黄昏和夜景，一般以日景为主，以夜景为辅。

三维动画影片中的日景主要用来表现建筑、户型、园林景观等；而三维动画影片中的夜景一般用来表现商业业态、部分园林景观，例如有特殊灯光效果的园林、水景、江景盘外围沿江风光带、外围车行线，它可渲染氛围，起到点睛作用。

三维动画制作的一般流程如图10.6所示。

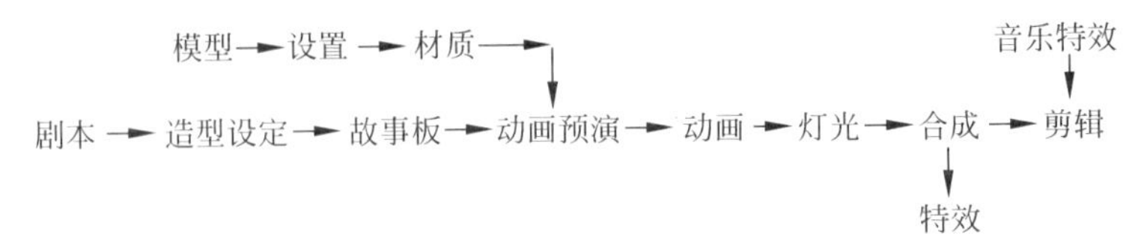

图10.6　三维动画制作的一般流程

10.6　3ds Max动画的十大运动规律

3ds Max的十大运动规律总结如下。

1. 压缩与伸展

当物体受到外力作用时，必然产生形体上的压缩和伸展。动画中运用压扁和拉长的手法，夸大这种形体改变的程度，以加强动作上的张力和弹性，从而表达受力对象的质感和重量，以及角色情绪上的变化，例如，惊讶、喜悦、悲伤等，如图10.7和图10.8所示。

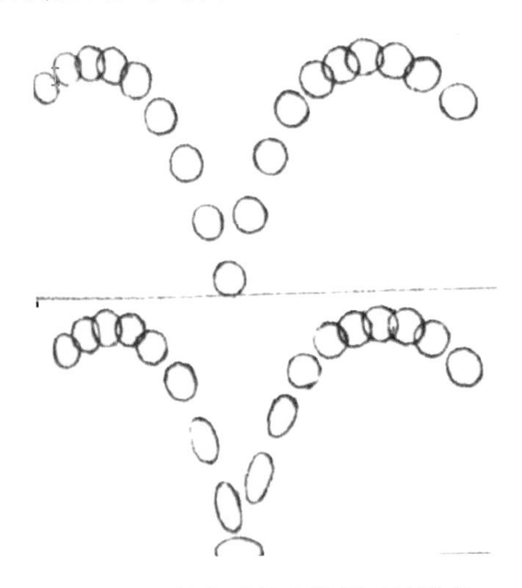

图10.7　物体受外力作用时的形变

图10.8　角色情绪上的变化

使用"压缩与伸展"时应注意的几点。

(1) 压缩和伸长适合表现有弹性的物体,不能使用过度,否则物体就会失去弹性,变得软弱无力。

(2) 在运用压缩和伸长时,虽然物体形状变了,但物体体积和运动方向不变。

(3) 将压缩与伸长运用到动画角色人物上,会产生意想不到的趣味效果。

2. 预期动作

动作一般分为预期动作和主要动作。预期动作是主要动作的准备阶段,它能将主要动作变得更加有力。在动画角色做出预期动作时,观众能够以此推测出其随后将要发生的行为。预期动作的规则是"欲左先右,欲前先后",如图 10.9 所示是准备阶段的动作。

图 10.9 预期动作效果图

3. 夸张

夸张是动画的特质,是动画表现的精髓。夸张不是无限制的,要适度,符合运动的基本规律,图 10.10 所示是夸张的动画表现。

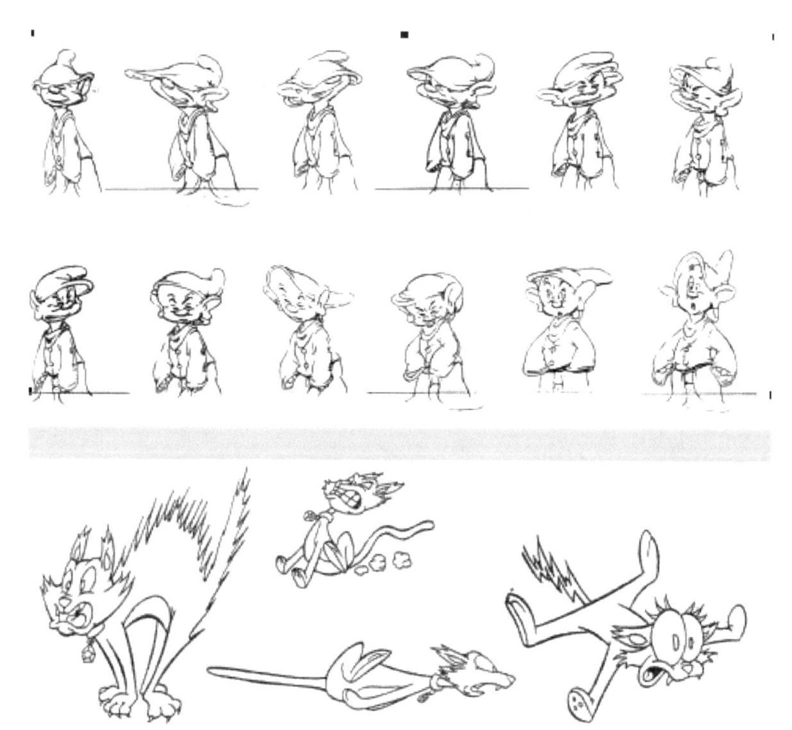

图 10.10 夸张的动画表现

美国 DIC 娱乐公司出品的动画片《Sabrina》中,猫咪全身如倒刺般立起的皮毛,之字形的尾巴,如直线般的身躯等都是夸张的表现。

4. 重点动作和连续动作

动画的绘制有其独特的步骤,重点动作(原画)和连续动作(中间画)需分别绘制。首先把一个动作拆成几个重点动作,绘制成原画。原画间需插入中断动作,即补齐重点动作中间的连续动作，这个补齐中间画的工作叫作中割，图 10.11 所示是连续动作的步骤。

图 10.11　连续动作的绘制

5. 跟随与重叠

跟随和重叠是一种重要的动画表现技法，它使动画角色的各个动作彼此间产生影响、融合重叠。移动中，物体的各个部分不会一直同步移动，有些部分先行移动，有些部分随后跟进，并和先行移动的部分重叠的夸张表演。

跟随和重叠往往和压缩和伸展结合在一起运用，这样能够生动地表现动画角色的情趣和真实感，图 10.12 所示是跟随的动画表演。

6. 慢进与慢出

动作的平滑开始和结束是通过放慢开始和结束动作的速度，加快中间动作的速度来实现的。现实世界中的物体运动，多呈一个抛物线的加速或减速运动，图 10.13 所示是青蛙弹跳的慢动作。

图 10.12　跟随的动画效果图

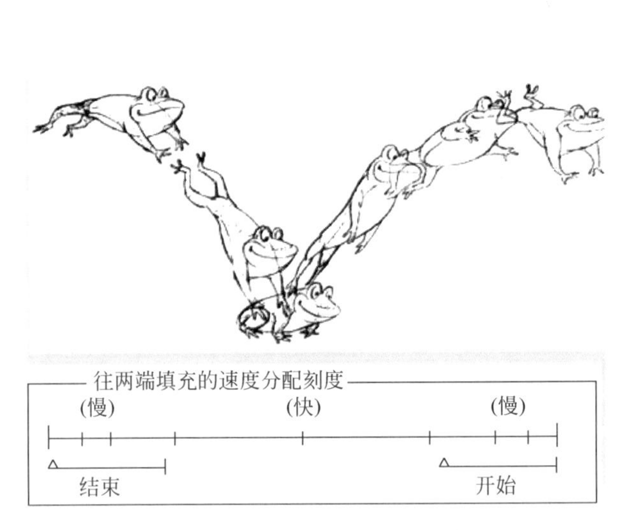

图 10.13　青蛙弹跳的慢动作

7. 圆弧动作

动画中物体的运动轨迹，往往表现为圆滑的曲线形式。因此在绘制中间画时，要以圆滑的曲线设定连接主要画面的动作，避免以锐角的曲线设定动作，否则会出现生硬、不自然的感觉。不同的运动轨迹表达不同的角色特征，例如机械类物体的运动轨迹，往往以直线的形式进行，而具有生命物体的运动轨迹，则呈现圆滑曲线的运动形式，图 10.14 所示是具有生命物体的圆弧运动。

图 10.14　物体的圆弧运动

8. 第二动作

第二动作可理解为主要动作的辅助动作，它能丰富角色人物的情感表达。但第二动作只能以配合性的动作出现，不能过于独立或剧烈，不能喧宾夺主，从而影响主要动作的清晰度。图 10.15 所示是人物情感表达的动作。

图 10.15　人物情感表达的动作

9. 时间的控制与量感

时间控制是动作真实性的灵魂，过长或过短的动作会降低动画的真实性。量感是赋予角色生命力与说服力的关键，动作的节奏会影响量感。图 10.16 所示是时间控制的连贯动作。

图 10.16　时间控制的连贯动作

10. 演出(布局)

动画片中的布局即演员的演出,是通过每一帧的画面对动画角色的性格和情绪进行惟妙惟肖地刻画的。一个情绪往往分拆成多个小动作来表达,每一个小动作都必须表述清楚。图 10.17 所示是鸭子演出的连贯动作。

图 10.17　鸭子演出的连贯动作

10.7　三维动画实例

1. 小球动画的制作

(1) 打开软件,按 Alt+W 键,将透视图最大化,然后在透视图上画一个球体。

(2) 打开【自动关键点】,设置小球的初始状态,如图 10.18 所示。

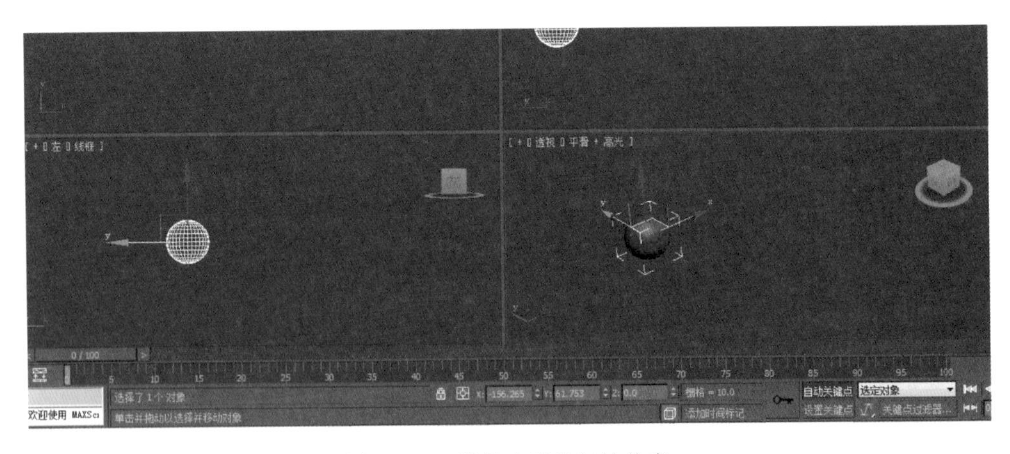

图 10.18　设置小球的初始状态

(3) 将时间滑块滑动到第 20 帧,同时将小球位置移高,作为第 20 帧小球的位置。

(4) 将时间滑块滑动到第 40 帧,同时将小球位置落下,作为第 40 帧小球的位置。

(5) 以此类推,分别在第 60,80,100 帧设置小球的位置,将小球抬高、落下。

(6) 单击【播放动画】按钮,根据刚刚设置的小球在不同位置的位移,小球可以自动弹起落下,形成一幅动画作品,如图 10.19 所示。

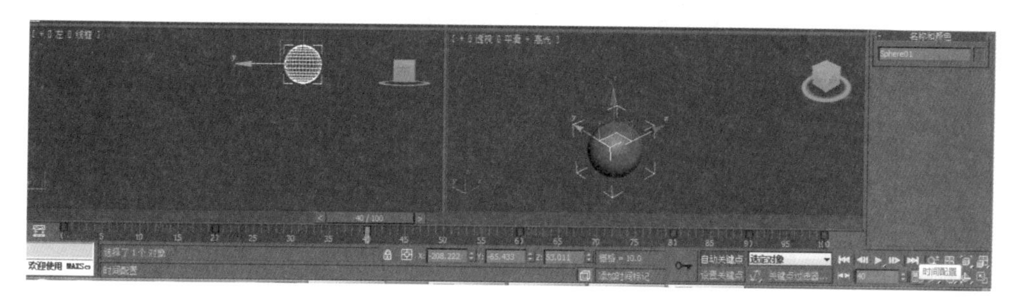

图 10.19 小球动画效果

(7) 单击右下角【时间配置】按钮,在弹出的【时间配置】对话框中,设置小球的时间参数,在【速度】一栏可以设置当前小球运动的速度,1/4x 表示是当前速度的四分之一,如图 10.20 所示。

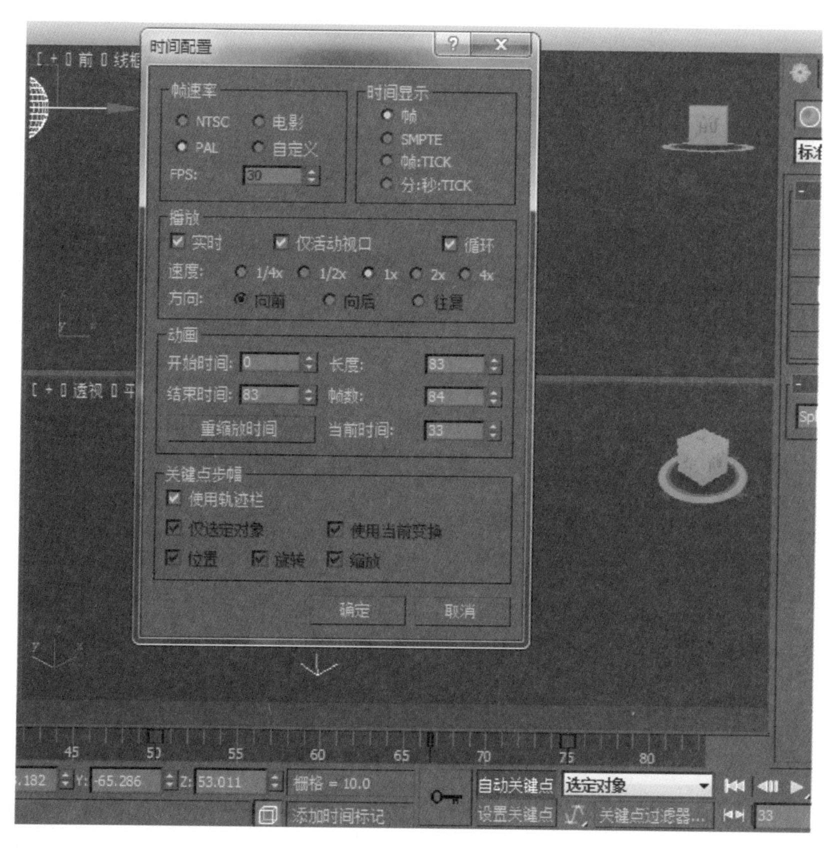

图 10.20 【时间配置】对话框

2. 汽车在场景中沿着指定路径运动的动画

(1) 将已经建模好的汽车在3ds Max软件中打开,如图10.21所示。

图10.21　汽车模型

(2) 选择菜单栏中的【编辑】|【全选】命令,或者按Ctrl+A全选,选择菜单栏中的【组】|【成组】命令,将汽车组合成一个整体。

(3) 在透视图中画一条曲线,作为小车运动的路径,下面要完成的就是小车沿着这条路径运动的动画。

(4) 选择右边工具栏上的【辅助对象】|【虚拟对象】选项,在小车上方画出虚拟对象,单击工具栏上的【选择并链接】按钮,将小车和虚拟对象链接到一起,这样小车和虚拟对象就完全绑定到一起了,如图10.22所示。

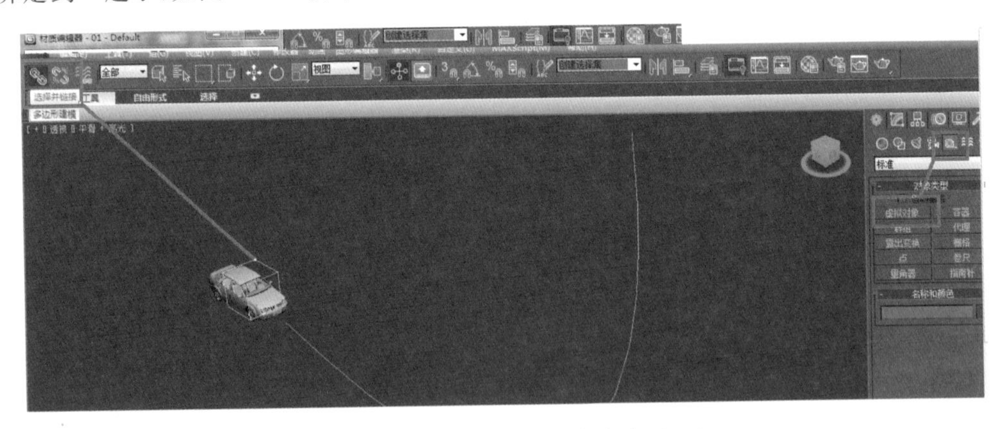

图10.22　将小车和虚拟对象绑定到一起

如果想确定小车和虚拟对象是否链接到一起,选择虚拟对象使其移动,若小车跟着一起走,则说明二者绑定成功。

(5) 选择菜单栏中的【动画】|【约束】|【路径约束】命令,勾选【跟随】复选框,这样小车就可以沿着这个指定的路径(模拟公路)奔跑了,如图10.23所示。

(6) 单击【播放】按钮,小车即可按照指定的路径运动。

图 10.23 勾选【跟随】复选框

3. 漫游场景动画的制作

在实际的动画作品中,一般人们经常看到的是漫游的场景,从场景中某一点出发,漫游整个场景,该动画主要是通过在场景中添加摄像机完成的,因此又称为“摄像机动画”。在透视图中按 C 键(Camera),可将透视图转变为摄影机视图。其中在整个场景的右下角有一个视图的控制区,如图 10.24 所示,漫游的动画就是通过这些命令制作完成的。下面分别讲解每个命令的用法,将光标放在每个图标的上面,可以显示中文的解释。

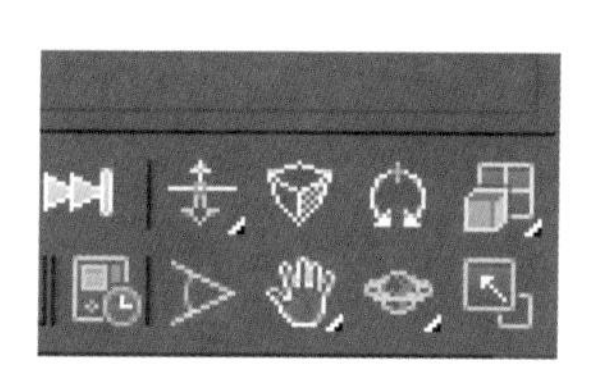

图 10.24 视图控制命令

:推拉摄影机,将场景中的景由远及近或者由近及远地移动。

:侧滚摄影机,可以将场景中的景上下左右移动。

:作用和推拉摄影机类似,都是将场景中的景远近移动。

:环游摄影机,可以在场景中随意地移动。

:平移摄影机,在场景中左右移动。

下面讲解此动画的制作过程。

(1) 打开已经建好的房间效果图,如图 10.25 所示,将透视图放大。

(2) 在场景中新建摄像机。

(3) 按 C 键,将透视图转变为摄影机视图。

(4) 单击【自动关键点】按钮,第 0 帧为房间的初始状态,总共为 30 帧。

(5) 在时间轴的第6帧，房间的初始状态设置完成，将时间滑块移动到第10帧，移动推拉摄影机和环游摄影机，设置第6帧处房间的状态。

(6) 同理，在第10,18,24,30帧处，通过图10.25中的摄影机，分别设置每一帧处房间的状态，这样摄影机动画制作完成。

(7) 单击【播放】按钮，在不同的时间，摄影机的位置不同，从而成为一幅动画作品，如图10.25所示。

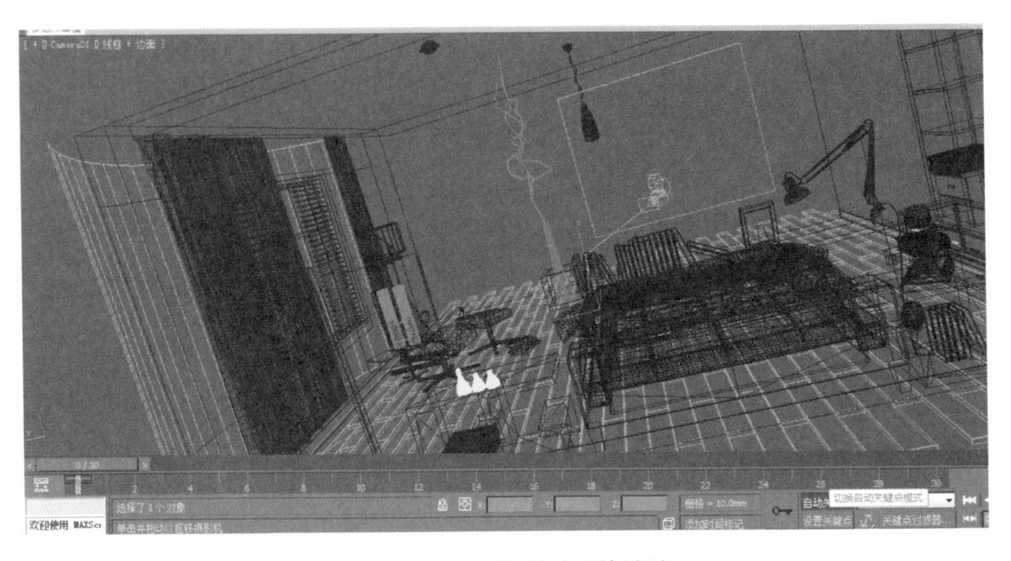

图10.25 漫游场景动画效果图

第 11 章　用Photoshop制作景观效果图

11.1　Photoshop 软件介绍

Photoshop 软件在三维动画制作中用得非常多，是最专业的平面图形制作软件，在效果图制作后期，可以用 Photoshop 软件对最终的效果图进行修饰。

Adobe Photoshop，简称“PS”，是由 Adobe Systems 开发和发行的图像处理软件。

Photoshop 主要处理由像素所构成的数字图像。使用其众多的编辑与绘图工具，可以有效地进行图片编辑工作。PS 有很多功能，在图像、图形、文字、视频、出版等各方面都有涉及。截至 2016 年 1 月，Adobe Photoshop CC2015 为市场最新版本。

Adobe 支持 Windows 操作系统、安卓系统与 Mac OS 系统，Linux 操作系统用户可以通过使用 Wine 来运行 Photoshop。

Photoshop 基本的工具按钮如图 11.1 所示，将光标放在每个按钮上，即可弹出该工具的中文解释。

图 11.1　PS 的基本工具

有关图 11.1 中工具的用法，这里不再赘述，有兴趣的人可以去找有关 PS 的书来看。

Photoshop 常用的快捷键如下。

双击桌面：打开图片。

Alt+Del：打开前景色。

Ctrl+Backspace：打开背景色。

Ctrl+“+”：放大 PS 桌面的图片。

Ctrl+“−”：缩小 PS 桌面的图片。

Ctrl+Shift+I：反选。

Ctrl+T：自由变换。

Shift：选择区域时，加选。

Alt：减选。

11.2　实例：景观效果图的制作

下面要在如图 11.2 所示的最初效果图上，制作出如图 11.3 所示的最终效果图。有人可能会问为什么不在 3ds Max 软件中实现呢？3d Max 软件相对于 PS 软件较复杂，很多二维图像可以在 PS 软件中直接完成。

步骤如下。

(1) 双击 PS 软件的桌面图标，打开图 11.2 所示的图片，首先将绿篱放在楼的前面，绿篱的图片如图 11.4 所示。

图 11.2　最初的效果图

图 11.3　最终的效果图

图 11.4　绿篱效果图

(2) 将图 11.4 抠图，抠出中间部分放到图 11.2 中。用【魔棒工具】选择除了中间部分的绿篱，按 Ctrl+Shift+I 键，反选绿篱，用【移动工具】将绿篱移动到图 11.2 中，得到如图 11.5 所示的图像。

图 11.5　将绿篱添加到原始效果图中

(3) 用【橡皮擦工具】擦除多余的部分，并将绿篱放到楼前的合适位置，按 Ctrl+T 键，将绿篱放到如图 11.6 所示的位置，将此绿篱的图像命名为"绿篱 1"。

图 11.6　将绿篱放到合适的位置

(4) 复制"绿篱 1"图层，将其命名为"绿篱 2"，移动到另一个位置，如图 11.7 所示。

图 11.7　复制并移动"绿篱 2"图层

"绿篱 2"覆盖了车的位置,所以必须把覆盖车部分的绿篱删除掉,这是此题目的关键部分,那么如何删除呢?

(5) 图层可以设置其不透明度,大约将其设置为 25%,使覆盖车部分的绿篱若隐若现即可,如图 11.8 所示。

图 11.8 设置图层的不透明度

(6) 删除覆盖车部分的绿篱,如何删除呢?通过【磁性套索工具】,选择覆盖车部分的绿篱,最终选择的结果如图 11.9 所示。

图 11.9 选择覆盖车部分的绿篱

(7) 按 Del 键,删除所选择区域的绿篱。注意一定要在"绿篱 2"图层上,将不透明度改为 100%,遮住车部分的绿篱就被删除了。

删除后的图片如图 11.10 所示。

图 11.10 删除覆盖车部分的绿篱

仔细看车的后车窗部分，因为其是透明的，所示应该可以看到一点绿色。

(8) 单击【仿制图章工具】按钮，按住 Alt 键，截取绿篱的部分，放开 Alt 键，选择后车窗，刷出如图 11.11 所示的图像。

图 11.11　设置后车窗部分的透明效果

这样正面的绿篱添加完成，下面添加侧面的绿篱。

(9) 复制"绿篱 1"的图层，命名为"绿篱侧面"，按 Ctrl+T 键，将"绿篱侧面"放到合适的位置，如图 11.12 所示。

图 11.12　将"绿篱侧面"图层放到合适位置

(10) 将球形绿桩移动到图 11.12 中，同样，用【魔棒工具】选择白色的区域(注意因为绿桩的绿色颜色不同，所以先选择白色再反选)，如图 11.13 所示。

图 11.13　选择白色的区域

(11) 按Ctrl+Shift+I键反选,用【移动工具】将绿桩移动到图11.12中,按Ctrl+T键,将绿桩放到合适的位置,如图11.14所示。

图11.14 将绿桩移动到合适的位置

(12) 因为绿桩应该在绿篱的后面,所以将"绿篱1"和"绿桩"图层的上下位置调换,如图11.15所示。

图11.15 设置绿桩在绿篱后面的效果

(13) 复制移动"绿桩"图层到合适的位置,得到如图11.16所示的图像,至此绿桩制作完成。

(14) 将大树移动到图11.16中,按Ctrl+T键将其大小和位置设置好,可以给其制作一个阴影,这里不详述。

(15) 对比最终的效果图,复制移动几个"大树"图层到合适的位置,如图11.17所示,将人拖到主图中,如图11.18所示,最终得到与图11.3所示类似的景观效果图。

注意:所有的操作都最好在图像放大时进行。

图 11.16　复制移动“绿桩”图层到合适的位置

图 11.17　在图中添加大树

图 11.18　复制大树并添加人

第 12 章 房间效果图的制作

制作效果图的一般步骤：建模—添加材质、贴图—添加灯光、摄影机—PS 后期处理—制作动画。根据这一流程，可以制作现实场景中的任何室内外的效果图。

根据前面所学的内容，制作一个客厅的效果图，客厅效果图的尺寸如下所示。

墙体：5000mm×5000mm，高度为 3000mm。

窗户：3600mm×2400mm。

柱子：100mm×1000mm，高度为 3000mm。

踢脚线：厚 10mm，高度为 100mm。

灯槽：上层轮廓为 200，挤出 80；

　　　下层轮廓为 500，挤出 80。

画框：1000mm×1800mm，厚 20mm。

画纸：900mm×1500mm，厚 5mm。

电视柜：

　　柜子尺寸为 600mm×600mm，高度为 500mm；

　　电视板尺寸为 3000mm×500mm，厚度为 50mm；

最终的效果如图 12.1 所示。

图 12.1　客厅制作效果图

(1) 选择【自定义】|【单位设置】|【系统单位设置】选项，设置系统单位为毫米，如图 12.2 所示。

(2) 在顶视图中创建一个矩形，长度和宽度都为 5000mm。

(3) 右击该矩形，将其转为可编辑样条线。

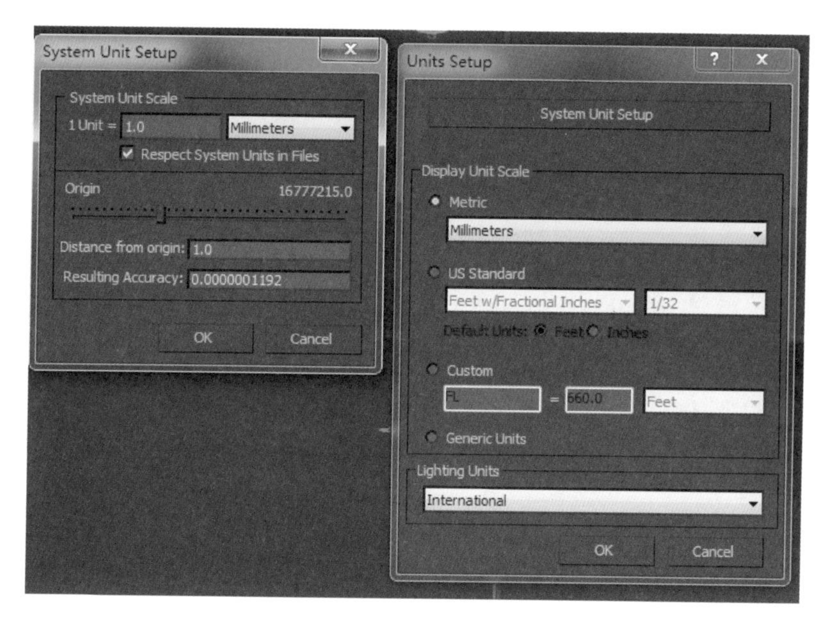

图 12.2　将系统单位设置为毫米

(4) 在菜单栏中选择【修改器】|【网格编辑】|【挤出】命令，在【样条线】级别下，选择【轮廓】命令，轮廓值设置为 240mm，如图 12.3 所示。

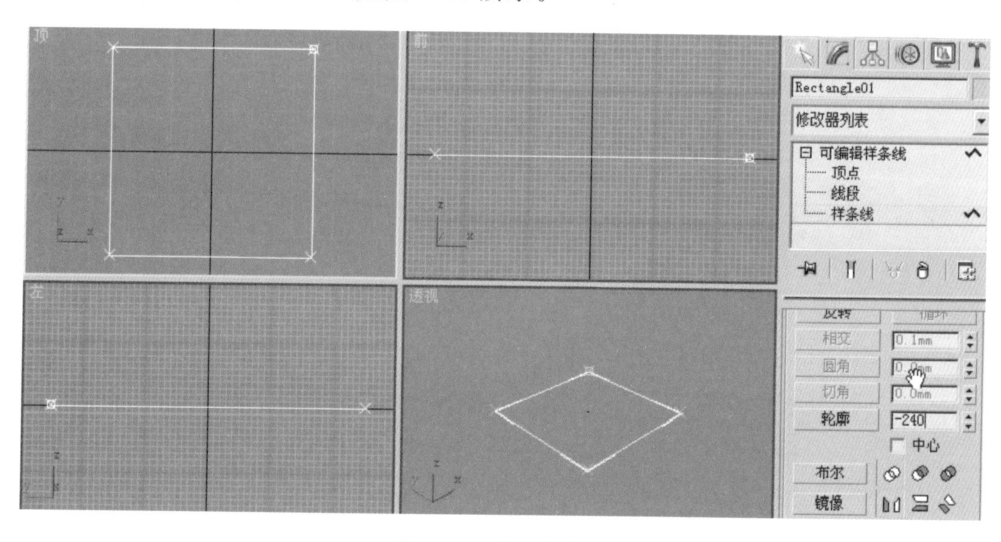

图 12.3　设置轮廓值

(5) 在菜单栏中选择【修改器】|【网格编辑】|【挤出】命令，挤出数量为 3000mm，如图 12.4 所示。

(6) 下面开始制作窗户，在前视图中画一个矩形，矩形的长度为 2400mm，宽度为 3600mm。

(7) 在菜单栏中选择【修改器】|【网格编辑】|【挤出】命令中，将墙体挤出的数量设置为 1000mm，如图 12.5 所示。

(8) 在工具栏选择【捕捉】工具，勾选【顶点】复选框，如图 12.6 所示。

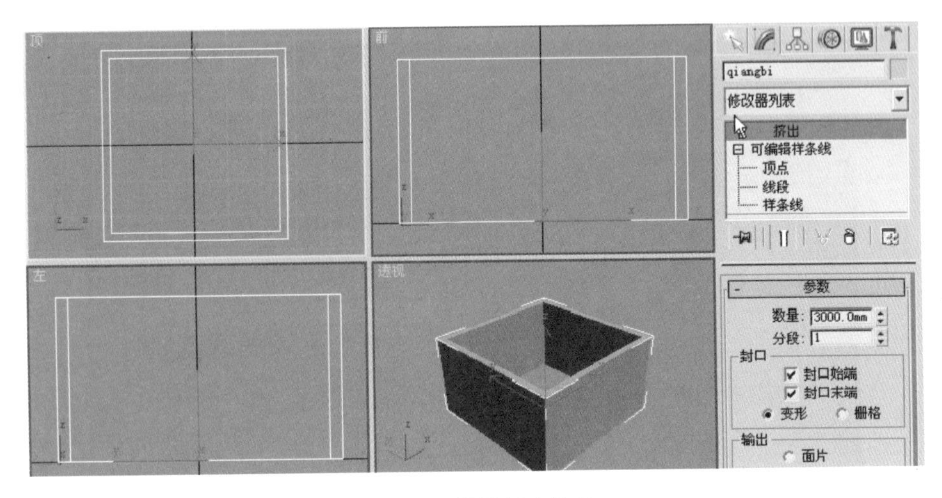

图 12.4　设置挤出数量

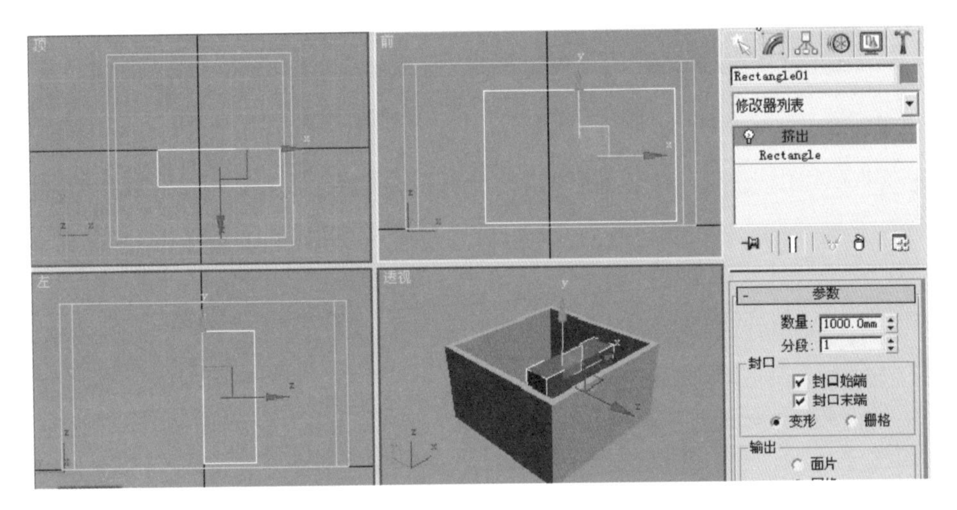

图 12.5　设置窗户的挤出数量

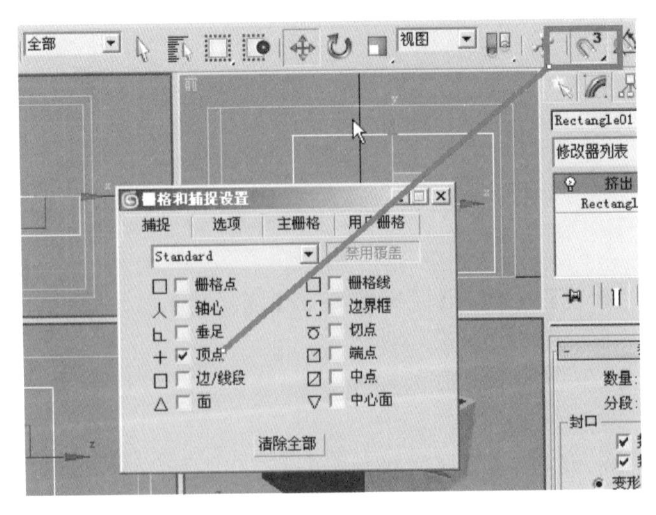

图 12.6　设置顶点捕捉

(9) 将窗户移动到墙体的前方,如图 12.7 所示。

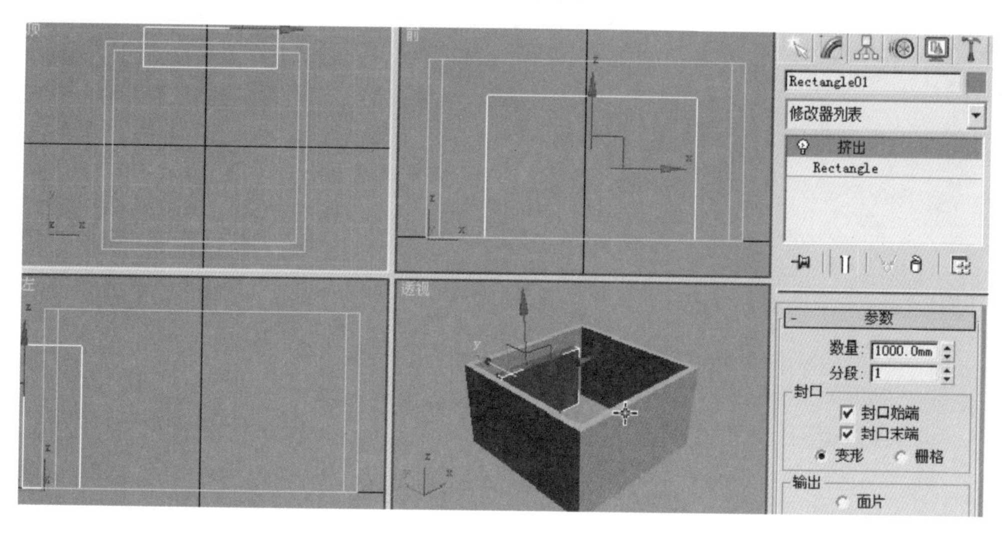

图 12.7 将窗户移到墙体的前方

(10) 单击【复合对象】|【布尔运算】按钮,墙体为 A,选择【差集(A-B)】选项,单击【拾取操作对象 B】按钮,选择门,即可得到如图 12.8 所示的图形。

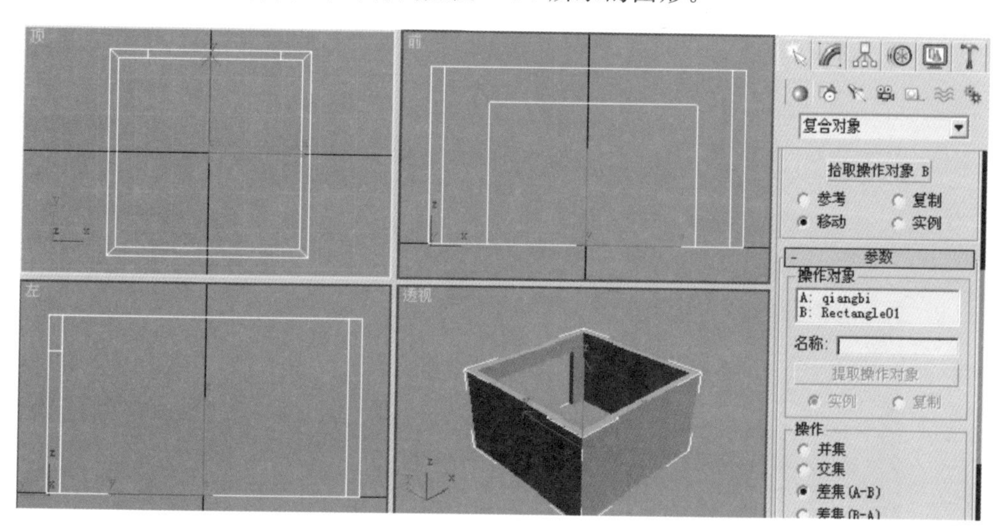

图 12.8 进行布尔运算

下面开始制作天花板,打开顶点捕捉工具,捕捉外墙的顶点,在顶视图中画一个正方形。

(11) 选择菜单栏中的【修改器】|【网格编辑】|【挤出】命令,挤出数量设置为 100mm,将文件命名为"天花板",如图 12.9 所示。

(12) 复制移动另一个天花板,将其命名为"地板"。在前视图中打开【捕捉】工具,将地板放到如图 12.10 所示的合适位置。

至此,一个房子的框架制作完成,如图 12.11 所示。

下面为房子添加灯光和摄像机。

(13) 选择房子的墙壁部分,右击将其转为可编辑网格,在【多边形】级别下,删除墙体的

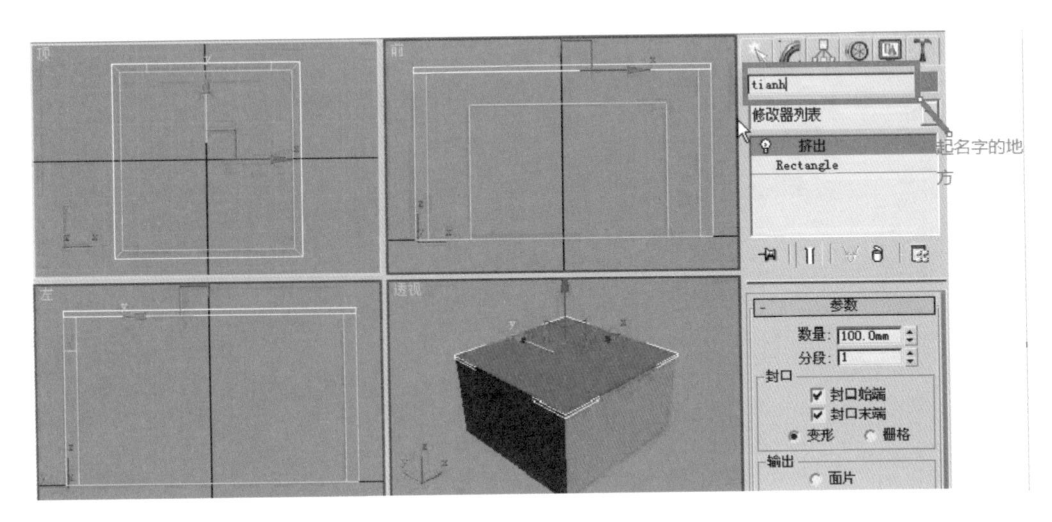

图 12.9　设置天花板的挤出数量

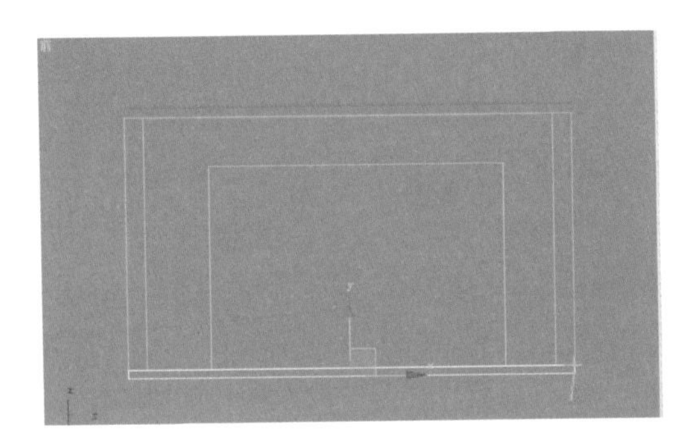

图 12.10　将地板放到合适的位置

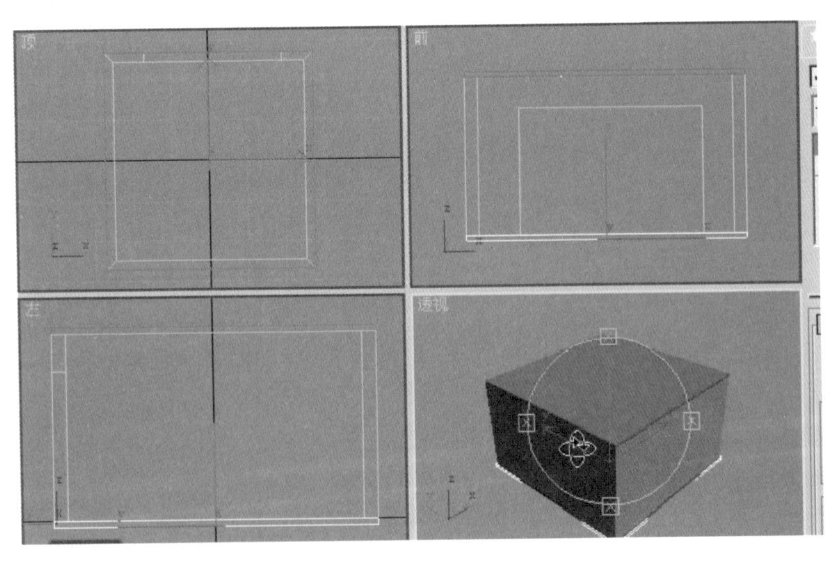

图 12.11　房间的框架

一个面(为了看清楚房子里面的部分),如图 12.12 所示。

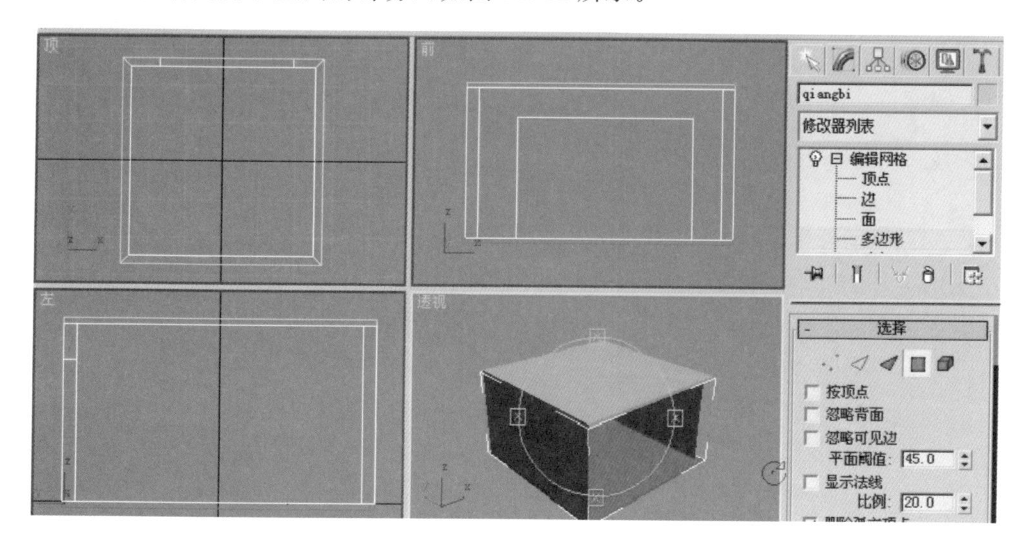

图 12.12　删除墙体的一个面

(14) 在右边的灯光部分,选择【泛光灯】选项,在前视图中添加一个泛光灯,将灯光放在房子的正中央,如图 12.13 所示。

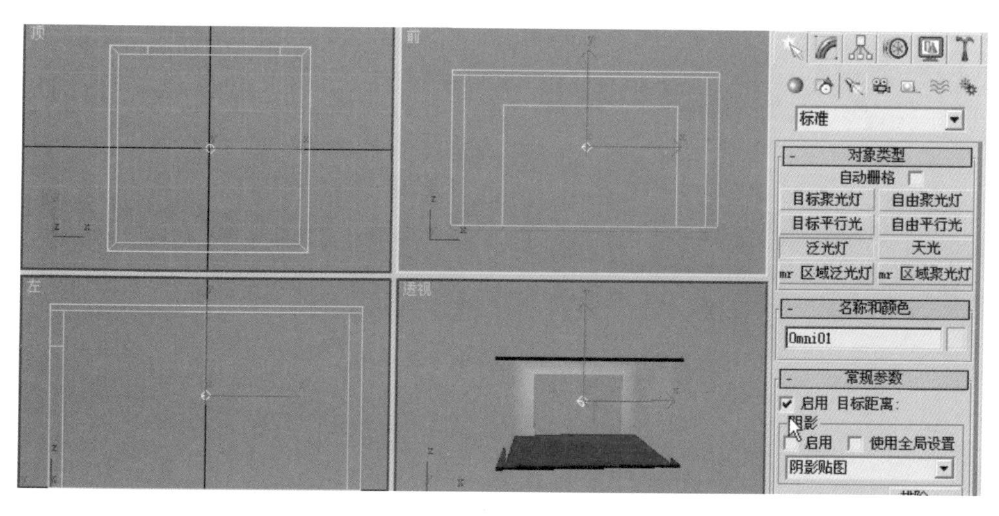

图 12.13　在房子正中央添加一个泛光灯

(15) 添加摄像机,在右边的面板上单击【摄像机】按钮,选择【目标摄像机】选项,放在如图 12.14 所示的位置。

(16) 移动摄像机,将摄像机移动到房子一半的高度,在透视图中按 C 键,将透视图转为摄像机视图,如图 12.15 所示。

(17) 下面开始画图 12.16 中红色区域显示的柱子,大小为 100mm×1000mm×3000mm。

在前视图中画一个矩形,长度为 1000mm,宽度为 100mm,在【修改器】|【网格编辑】|【挤出】命令中,设置其挤出数量为 3000mm,如图 12.16 所示,将其名字改为“柱子”。

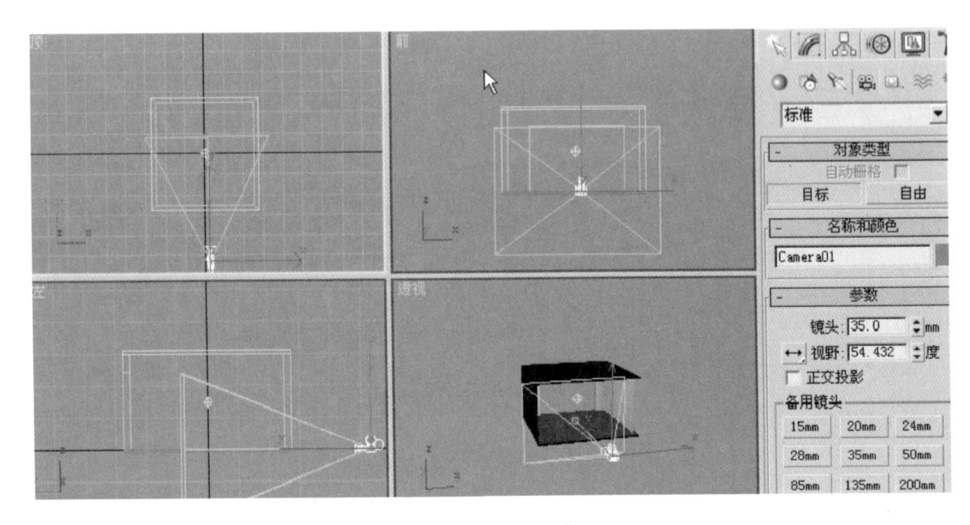

图 12.14　添加摄像机

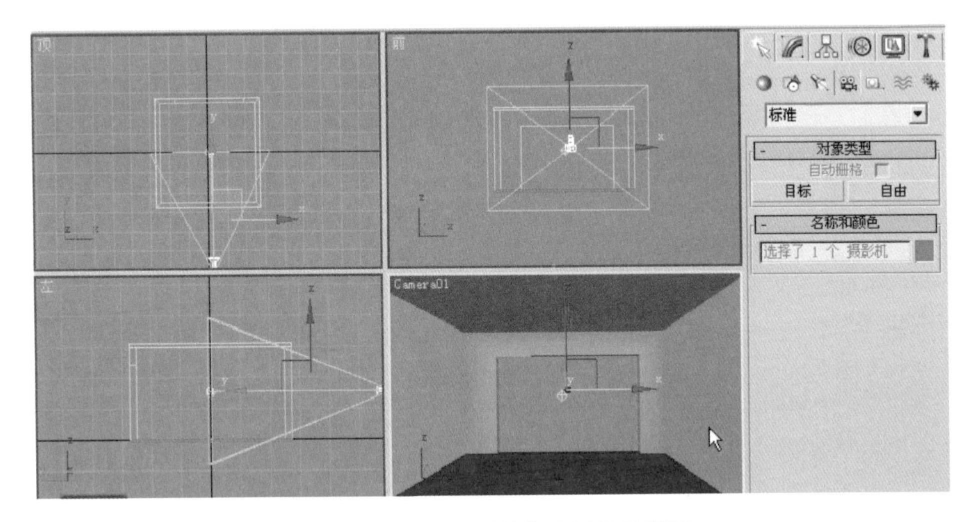

图 12.15　将透视图转化为摄像机视图

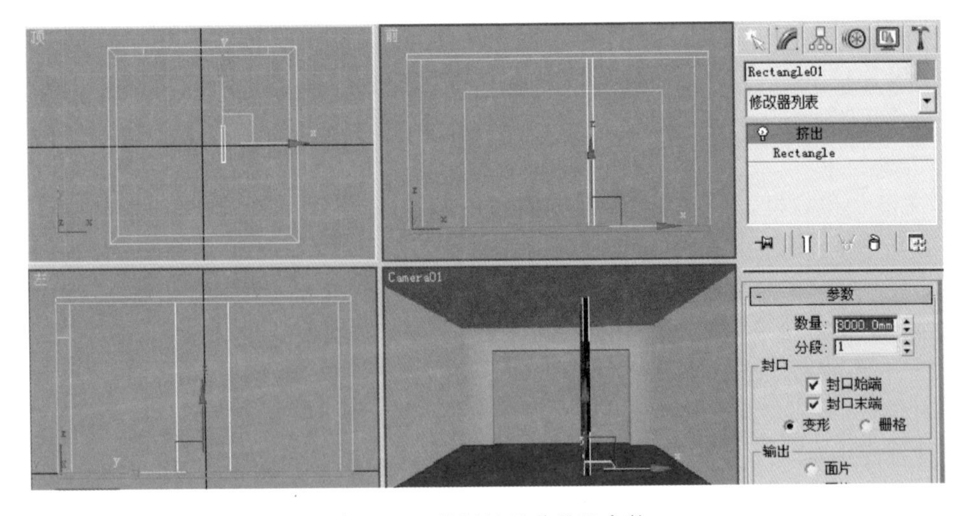

图 12.16　绘制柱子并设置参数

(18) 在顶视图中打开【捕捉】工具，捕捉顶点，将柱子放到合适的位置，如图 12.17 和图 12.18 所示。

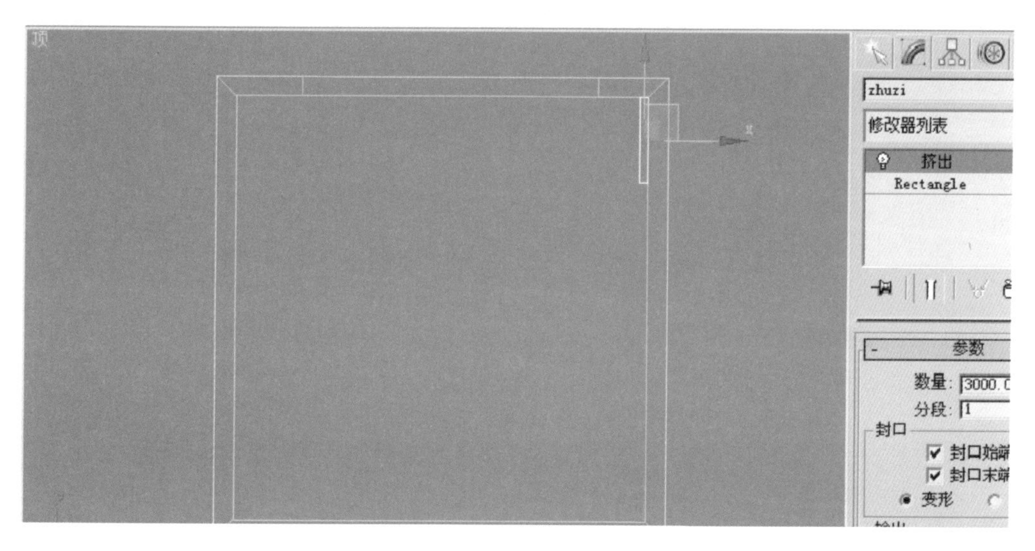

图 12.17　捕捉顶点

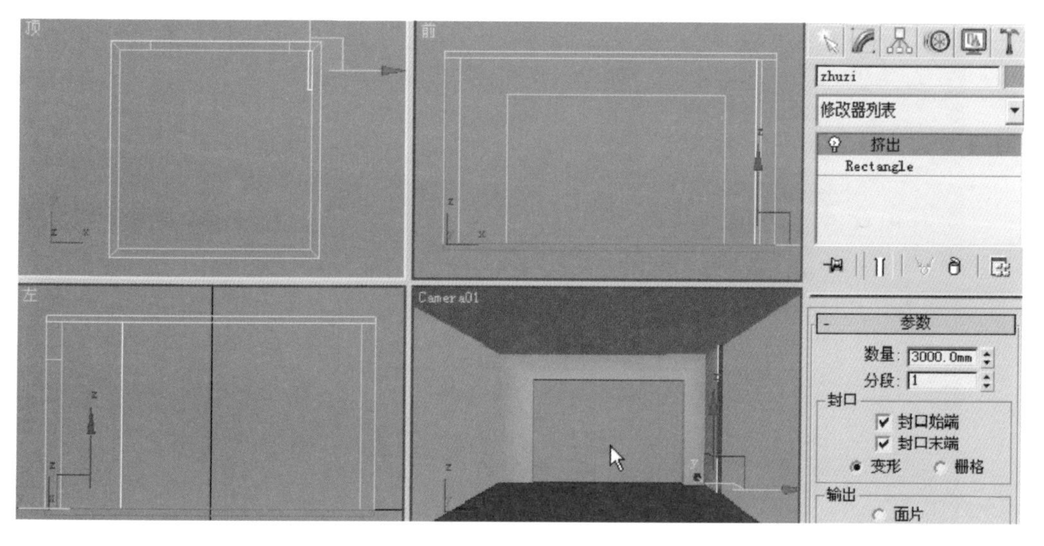

图 12.18　将柱子移到合适的位置

(19) 下面开始制作房子的踢脚线部分，其大小为 10mm×100mm，先制作房子右边的踢脚线。在顶视图中，选择【2.5 维捕捉】工具，用【线】命令画出如图 12.19 所示的直线。

(20) 在【样条线】级别下，选择【轮廓】命令，轮廓值设置为－10，如图 12.20 所示。

(21) 在菜单栏中选择【修改器】|【网格编辑】|【挤出】命令，挤出一个厚度，挤出数量为 100mm，至此，右边的踢脚线已经制作好，如图 12.21 所示。

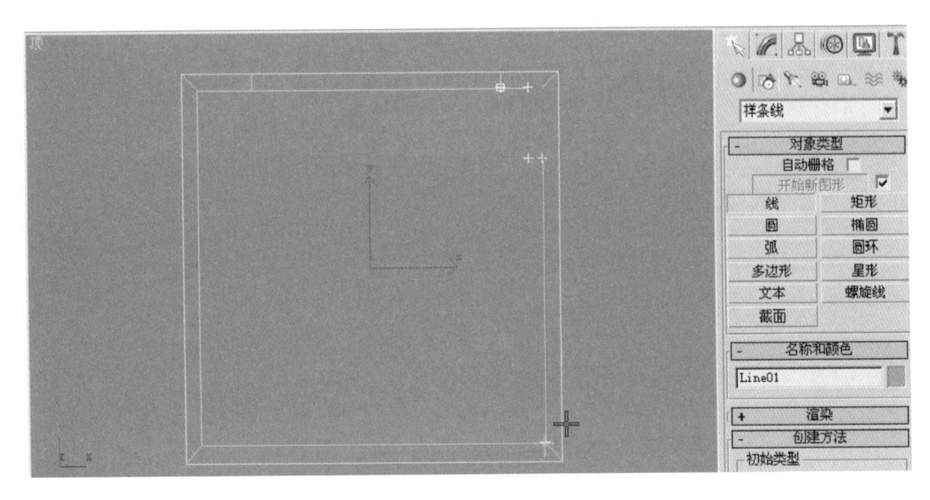

图 12.19　绘制直线

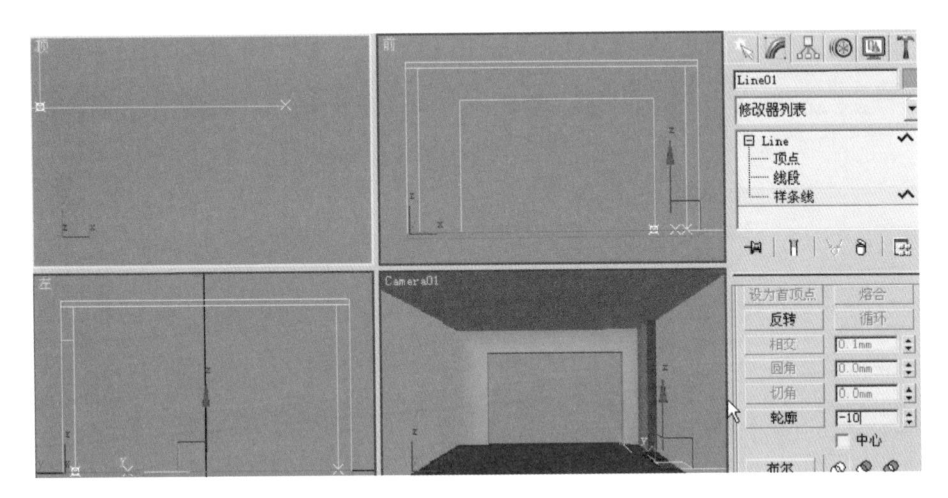

图 12.20　设置踢脚线的轮廓值

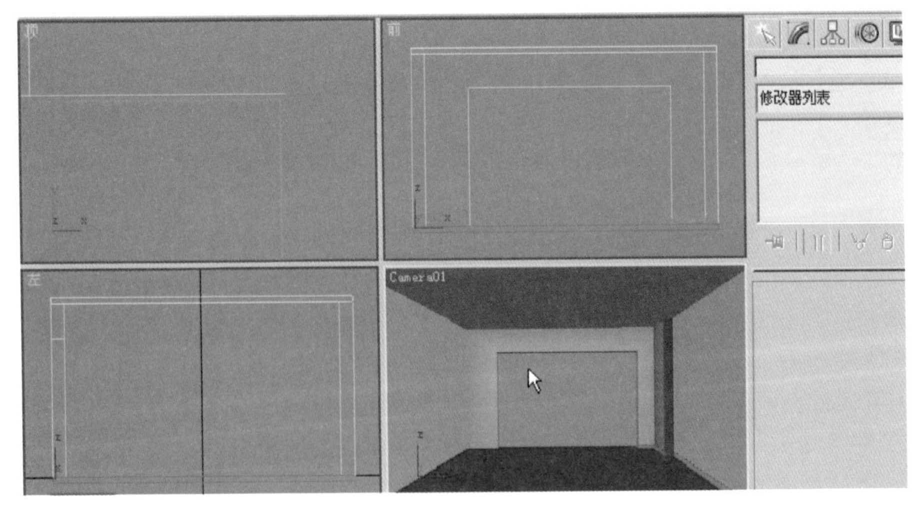

图 12.21　制作右边的踢脚线

（22）下面开始制作左边的踢脚线。按 Alt＋W 键将顶视图放大，选择【2.5 维捕捉】工具，用【线】命令画出如图 12.22 所示的踢脚线。

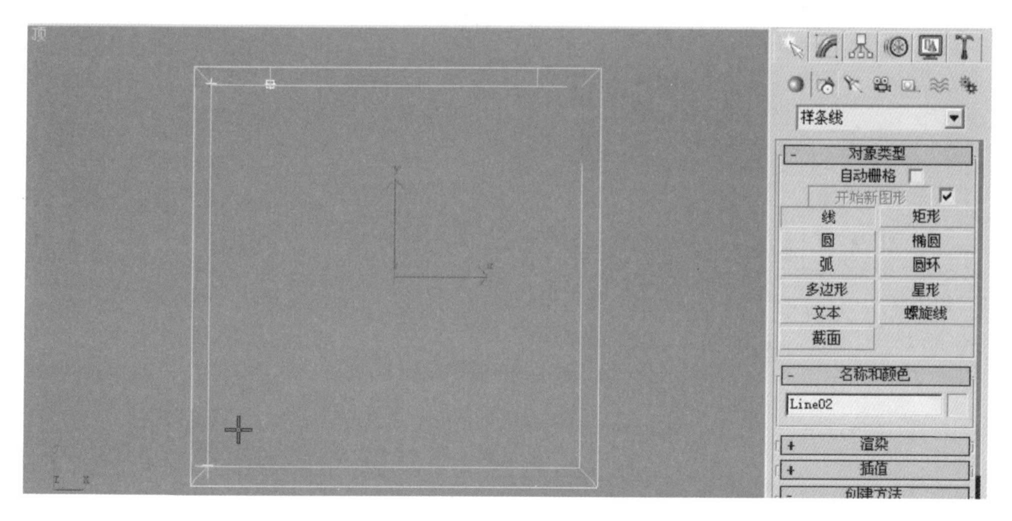

图 12.22　绘制左边的踢脚线

（23）在【样条线】级别下，选择【轮廓】命令，设置轮廓的值为 10mm。

选择【修改器】|【网格编辑】|【挤出】命令，挤出一个厚度，挤出数量为 100mm，至此，左边的踢脚线已经制作好。按 F9 键渲染一下，得到如图 12.23 所示的图形。

图 12.23　渲染后的效果图

（24）制作灯槽，最终制作的一个灯槽的效果如图 12.24 所示。

上层：轮廓值为 200mm，挤出值为 150mm。

下层：轮廓值为 500mm，挤出值为 100mm。

筒灯半径为 50mm。

（25）在顶视图中制作一个矩形，如图 12.25 所示。

（26）在顶视图中右击此图形，将其转为可编辑样条线，在【样条线】级别下将轮廓值设置为 200mm，如图 12.26 所示。

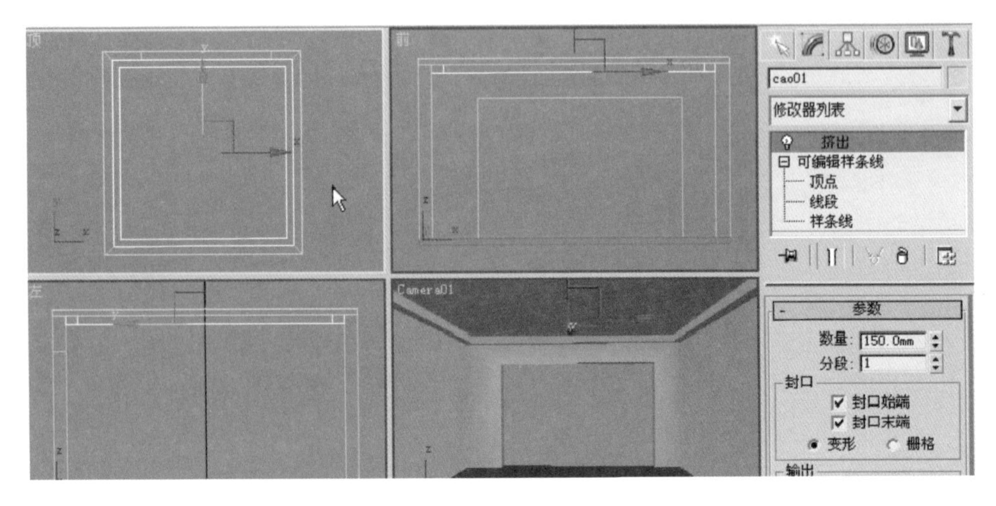

图 12.24 灯槽的制作效果图

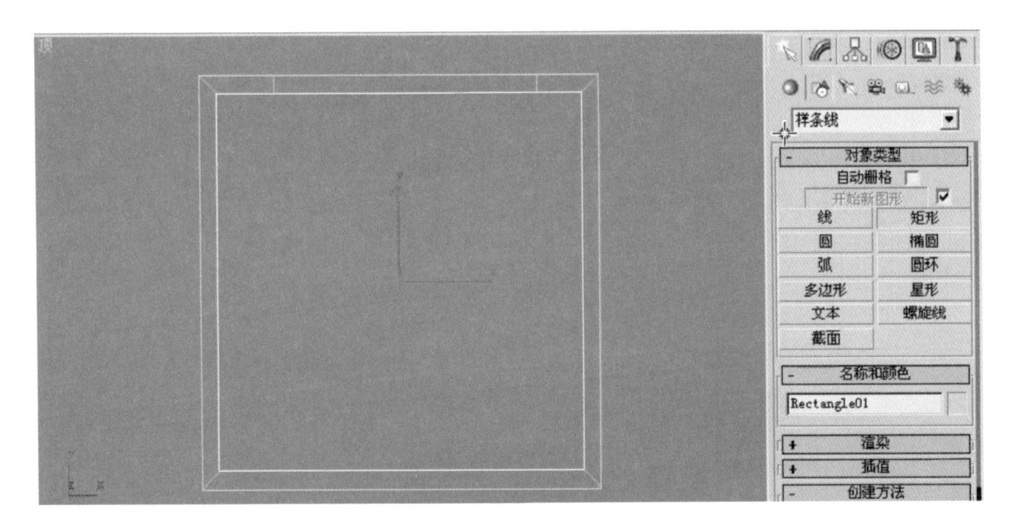

图 12.25 绘制矩形

图 12.26 设置灯槽的轮廓值

选择【修改器】|【网格编辑】|【挤出】命令，挤出一个厚度，设置挤出数量为150mm，名字改为“槽01”。

用同样的方法，制作出另一个槽，轮廓值为500mm，挤出数量为100mm，名字改为“槽02”，如图12.27所示。

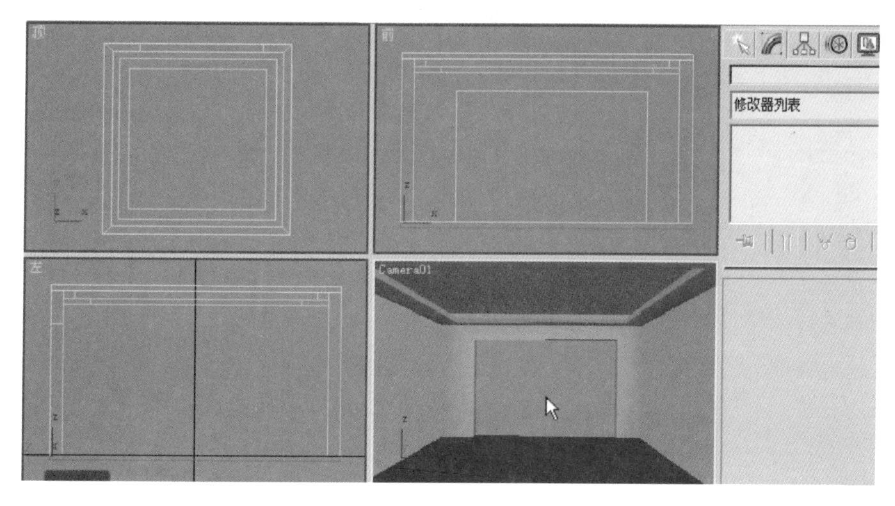

图12.27 制作第二个灯槽

至此，灯槽部分制作完成，下面制作筒灯部分。

(27) 在顶视图中画一个圆，圆的半径为50mm，在菜单栏中选择【修改器】|【网格编辑】|【挤出】命令，挤出一个厚度，设置挤出数量为2mm，名字改为“筒灯”。

(28) 按M键进入材质编辑器，将【标准材质】转为【建筑材质】，亮度设为200，参数设置如图12.28所示。

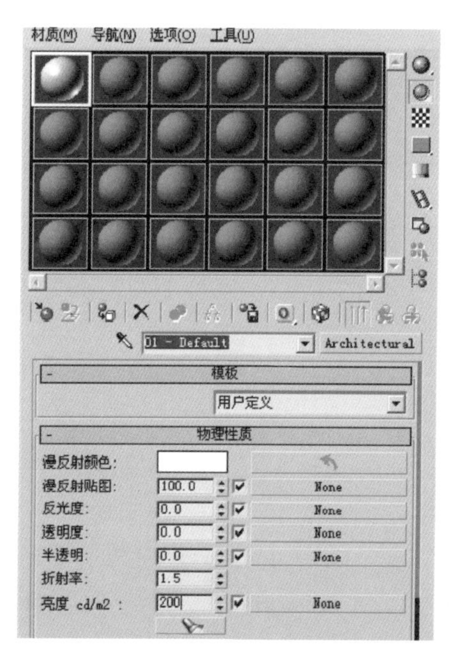

图12.28 设置材质的参数

至此,一个筒灯制作完成,复制移动两个,如图 12.29 所示。

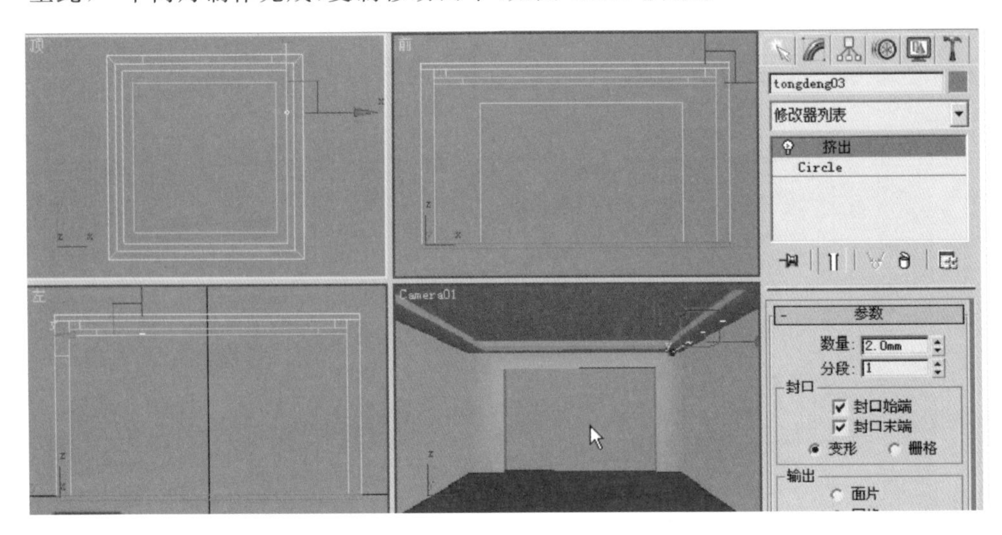

图 12.29 复制移动筒灯

按 F9 键渲染,灯槽和筒灯部分如图 12.30 所示,至此所有部分制作完成。

图 12.30 渲染后的灯槽和筒灯

参考文献

[1] 孙巍.交互式多媒体关键技术的研究[M].大连：大连理工大学出版社，2009.

[2] 冼俊峰，赵小侠，钟玉斑.多媒体技术的应用现状与发展趋势[J].南宁：广西广播电视大学学报，2002(9).

[3] 王子凯.交互式多媒体中的艺术形态研究[J].北京：艺术与设计—理论，2009.

[4] 康凯.三维动画在中国的发展及现状分析[J].长春：电影文学，2008(9).

[5] 叶华，程科，王谋.论多媒体技术的应用现状和发展[J]，合肥：《电脑知识与技术》杂志社，2007.

[6] 盛维娜.市场需求视角下二维动画与三维动画的关系研究[J]，河北：价值工程，2012(8).

[7] 武志强，康利刚.嵌入式三维地形可视化技术的研究与实现[J].计算机工程，2008，34(9)：251-253.

[8] 林锐，石教英.基于 OpenGL 的可复用软构件库与三维交互设计[J].计算机研究与发展，2000.11，37(11)：1360-1366.

[9] 王行仁.建模与仿真的回顾与展望[J].系统仿真学报，1999，11(5)：309-311.

[10] 李亚昆.三维动画及运动仿真技术的研究[D].大连：大连理工大学，2004.

[11] 杨跃东，王莉莉，郝爱民.运动串：一种用于行为分割的运动捕获数据表示方法[J].计算机研究与发展，2008，45(3)：527-534.

[12] Lita L，Pelican E. A low-rank tensor-based algorithm for face recognition[J]. Applied Mathematical Modelling，2015，39(3)：1266-1274.

[13] Kovar L，Gleicher M. Automated extraction and parameterization of motions in large data sets[J]. ACM Transactions on Graphics，2004，23(3)：559-568.

[14] 肖俊.智能人体动画若干关键技术研究[D].杭州：浙江大学，2007.

[15] 刘丰.基于运动捕获数据的若干动画技术研究[D].杭州：浙江大学，2004.

[16] 朱登明，王兆其.基于运动序列分割的运动捕获数据关键帧提取[J].计算机辅助设计与图形学学报，2008，20(6)：787-792.

[17] 朱登明，王兆其.基于动作单元分析的人体动画合成方法研究[J].计算机研究与发展，2009，46(4)：610-617.

[18] Tenenbaum J B，De Silva V，Langford J C. A global geometric framework for nonlinear dimensionality reduction[J]. Science，2000，290(5500)：2319-2323.

[19] Miiller M，Roder T，Clausen M. Efficient content-based retrieval of motion capture data[J]. ACM Transactions on Graphics，2005，24(3)：677-685.

[20] 高岩.基于内容的运动检索与运动合成[D].上海：上海交通大学，2006.44-59.

[21] 冯林，沈骁，孙焘，等.基于运动能量模型的人体运动捕捉数据库的检索[J].计算机辅助设计与图形学学报，2007，19(8)：1015-1021.

[22] 胡西伟.基于三维动画与虚拟现实技术的理论研究[D].武汉：武汉大学，2005.

[23] 王欣东.数字艺术三个发展阶段之时间划分探析[J].影视技术，2011，03(28)：64-68.

[24] 卢风顺，宋君强，银福康.CPU/GPU 协同并行计算研究综述[J].计算机科学，2011，38(3).

[25] Nickolls J，Dally W J. The GPU Computing Era[J]. IEEE Computing Society，IEEE Micro，2010：56-69.

[26] Sanders J，Kandrot E. CUDA by Example-An Introduction to General-Purpose GPU Programming[M]. Addison-Wesley，2010.

[27] 方旭东.面向大规模科学计算的 CPU-GPU 异构并行技术研究[D].北京：国防科学技术大学研究

生院，2009.
[28] 岳俊，邹进贵，何豫航. 基于 CPU 与 GPU/CUDA 的数字图像处理程序的性能比较[J]. 地理空间信息，2012，10(4).
[29] Parent R. Computer Animation-Algorithms and Techniques[M]. Academic Press，2002.
[30] 徐鹏. 软件开发模型在三维动画模型制作中的应用[D]. 上海：复旦大学软件学院，2009.
[31] 刘姚新. 基于 GPU 的实时绘制算法研究[D]. 重庆：重庆大学，2007.
[32] Luebke D，Reedy M，Cohen J D，et al. Level of Detail for 3D Graphics[M]. Morgan Kaufmann Publisher，2003.
[33] 3ds Max 园林表现教程[D]. 北京：科学出版社，2005.
[34] 赵宁. 嵌入式三维图形系统的研究与实现[D]. 武汉：华中科技大学图书馆，2006.
[35] 沈军行，孙守迁，潘云鹤. 从运动捕获数据中提取关键帧[J]. 计算机辅助设计与图形学学报，2004，16(5)：719-723.

图 书 资 源 支 持

感谢您一直以来对清华版图书的支持和爱护。为了配合本书的使用，本书提供配套的素材，有需求的用户请到清华大学出版社主页(http://www.tup.com.cn)上查询和下载，也可以拨打电话或发送电子邮件咨询。

如果您在使用本书的过程中遇到了什么问题，或者有相关图书出版计划，也请您发邮件告诉我们，以便我们更好地为您服务。

我们的联系方式：

地　　址：北京海淀区双清路学研大厦 A 座 707

邮　　编：100084

电　　话：010－62770175－4604

资源下载：http://www.tup.com.cn

电子邮件：weijj@tup.tsinghua.edu.cn

QQ：883604(请写明您的单位和姓名)

扫一扫

资源下载、样书申请

新书推荐、技术交流

用微信扫一扫右边的二维码，即可关注清华大学出版社公众号“书圈”。